高等职业教育新形态精品教材

劳动教育与实践

主　编　马洪波　李莉馥　曾荣侠
参　编　王天佳　齐　莹　张　吉
　　　　赵茉莉　黄晓娜

北京理工大学出版社
BEIJING INSTITUTE OF TECHNOLOGY PRESS

内 容 提 要

本书共包含三大版块：理论篇、实践篇、榜样篇，分别对应劳动教育体系的三个阶段：第一阶段为劳动理论课程；第二阶段为劳动实训；第三阶段为职业技能和工匠精神实训。整个劳动课程的学习按照理论—校内实训—校外实训的路径进行，理论知识指导校内实训，校内实训经验充实校外实训工作，校外实训工作中凝练劳动的理论知识，学习过程形成一个完整的闭环。本书中讲授的劳动理论知识可与专业课程中的劳动精神有效衔接。通过本书的学习，学生可有目的性、有针对性地按照时间线、空间线、专业群分类完成各项劳动计划任务，熟练掌握必备的生活劳动技能和服务性劳动技能。同时，通过"劳动故事""知识拓展""劳动箴言"等教学环节培养积极参与、吃苦耐劳、爱岗敬业、团队协作等职业素养。

本书可作为高等院校各类专业的教学用书，也可作为广大读者的参考书。

图书在版编目（CIP）数据

劳动教育与实践/马洪波，李莉馥，曾荣侠主编
. -- 北京：北京理工大学出版社，2023.10
ISBN 978-7-5763-3054-0

Ⅰ.①劳…　Ⅱ.①马…②李…③曾…　Ⅲ.①劳动教育－高等学校－教材　Ⅳ.①G40-015

中国国家版本馆CIP数据核字（2023）第207427号

责任编辑： 李慧智		**文案编辑：** 邓　洁	
责任校对： 刘亚男		**责任印制：** 王美丽	

出版发行 / 北京理工大学出版社有限责任公司

社　　址 / 北京市丰台区四合庄路6号

邮　　编 / 100070

电　　话 / （010）68914026（教材售后服务热线）
　　　　　　（010）68944437（课件资源服务热线）

网　　址 / http://www.bitpress.com.cn

版印次 / 2023年10月第1版第1次印刷

印　　刷 / 河北鑫彩博图印刷有限公司

开　　本 / 787 mm×1092 mm　1/16

印　　张 / 16

字　　数 / 349千字

定　　价 / 49.00元

FOREWORD 前言

党的二十大报告提出："全面贯彻党的教育方针，落实立德树人根本任务，培养德智体美劳全面发展的社会主义建设者和接班人。"劳动教育是促进人的全面发展的重要内容，是落实立德树人根本任务的有利举措。增强新时代劳动教育育人实效是培育和造就德智体美劳全面发展的社会主义建设者和接班人的必然要求。

2020年7月教育部印发的《大中小学劳动教育指导纲要（试行）》中提出：职业院校要围绕劳动精神、劳模精神、工匠精神等方面开设劳动专题教育必修课不少于16学时。根据此项要求，编者试图编写一本在理论、实践、榜样力量三个方面着力的高质量高职劳动教育教材，本书既可作为高等院校各类专业的教学用书，也可作为师生课余阅读和劳动实践的指导用书。

本书既注重劳动理论知识的传授，也注重劳动文化的熏陶；既注重劳动技能的训练，也注重劳动习惯的养成。师生在使用本书过程中能达到可教可学、可读可思、可用可练的目标。

一、编写理念

本书共包含理论篇、实践篇、榜样篇三大版块，分别对应劳动教育体系的三个阶段：第一阶段为劳动理论课程；第二阶段为劳动实训；第三阶段为职业技能和工匠精神实训。整个劳动课程的学习按照理论—校内实训—校外实训的路径进行，理论知识指导校内实训，校内实训经验充实校外实训工作，校外实训工作中凝练劳动的理论知识，学习过程形成一个完整的闭环。本书中讲授的劳动理论知识可与专业课程中的劳动精神有效衔接。通过本书的学习，学生可有目的性、有针对性地按照时间线、空间线、专业群分类完成各项劳动计划任务，熟练掌握必备的生活劳动技能和服务性劳动技能。同时，通过"劳动故事""知识拓展""劳动箴言"等教学环节，培养积极参与、吃苦耐劳、爱岗敬业、团队协作等职业素养。

二、主要内容

理论篇共分为三个主题，按照认知劳动、劳动准备、践行劳动的学习进程规律进行。从劳动的不同阶段入手，循序渐进地讲述劳动基本理论知识。实践篇共分为四个主题，按照劳动的不同类型分为正确看待劳动、校园劳动、生活劳动、社会劳动。基于学生在校、实习、走入社会不同时间节点中的劳动特点，布置各项劳动任务。经过"学—记—做—评"，完成10个实操任务。榜样篇为学生的阅读模块，按照烹饪管理、旅游管理、艺术设计、商业管理四个专业群分类，收录了13个各行业的经典人物、大国工匠故事。学生通过阅读，找寻行业大师、劳动模范的技艺特色，结合专业知识进行分析和消化，将自己的所感所想填入故事后的劳动故事心得表中，记录成长过程中对劳动、对生活的感悟。

三、主要特色

1. 在理念逻辑上，紧密配合劳动教育方案各环节

本书的三大版块刚好对应学习的三个阶段，帮助学生完成理论—实训—实践的完整劳动过程，可作为每一阶段学习的理论指导材料，也可成为知识梳理的复习材料。

2. 在内容实施上，针对学生实际特点

针对学生进行的调查问卷数据显示，大部分学生对待劳动这件事的态度还是积极的，劳动意识和认知偏差不大，但普遍没有良好的劳动习惯，劳动理论技能有欠缺。因此，本书从理论出发，细致讲解劳动的步骤、方法、内容，在任务进行的过程中完成纠正和评价过程。本书中三大版块分别从意识、理论、实践入手，解决学生存在的具体问题。

3. 在结构设计上，符合教学设计要求

本书设置三个教学版块 11 个模块，11 个模块中包含 3 个理论模块、10 个实操任务、13 个劳模典范故事，开展任务式教学，通过"劳动任务"来诱发、加强和维持学生的劳动动机。

理论模块从劳动的历史、劳动的发展和劳动与个人的时间顺序入手，在时间轴上完全符合学生个人发展历程，在每一个人生转折点为学生解决实际问题。

实操任务根据任务的具体特点，设置劳动目标、劳动内容、劳动方法、劳动过程等若干环节，符合学生的学习特点。通过任务实操，促进学生积极参与劳动、团结协作，感受劳动后的成就感。

4. 在资源配置上，配套精品课程

本书计划建设线上精品课程，通过丰富的立体化数字资源、教师讲解视频、教师示范视频、学生展演视频、同行师兄分享感受等形式，带领学生感受劳动魅力，改变学习方式单一的现状。

由于编者水平有限，书中难免存在疏漏之处，欢迎广大读者批评指正。

编　者

CONTENTS 目录

榜样篇

理论篇

模块一
认知劳动

劳动是人类社会发展和生存的前提基础。劳动不仅为人类的发展提供必要的物质条件和精神条件，还为人类的发展搭建实践的平台。马克思认为，人类的发展是一个通过劳动而自我诞生、自我创造和自我发展的历史过程，劳动既是人类满足生存需求的基础，也是人类发展的基石，更是整个社会源源不断向前发展进步的动力。

本模块主要带领大家认知劳动这件事情与人本身的关系、劳动的相关概念、劳动的分类、劳动的价值、由劳动衍生出的人类文化几个问题。希望同学们通过学习正确认识劳动，树立正确的劳动观念，扎实地掌握劳动的理论基础。

单元一　劳动与人类发展

劳动箴言

> 劳动创造了人本身。
> 　　　　——恩格斯

学习目标

【知识目标】

（1）了解劳动的概念；

（2）了解人类发展与劳动发展的关系；

（3）理解劳动的本质，掌握劳动与个人、社会之间的关系。

【能力目标】

（1）能够阐述劳动对于个体和社会的意义；

（2）能够正确认识劳动价值。

【素质目标】

（1）培养尊重劳动、热爱劳动的意识和习惯，树立正确的劳动观；

（2）自觉弘扬新时代的劳动文化。

　　1876 年，恩格斯著《劳动在从猿到人转变过程中的作用》一文，对于猿类何时、如何进化成人这个问题给予了科学精准的回答。他提出"劳动创造了人类本身"的理论。在这篇经典文献中，恩格斯深刻地指出人与自然之间存在着劳动关系，劳动既是人类生活的第一基本条件，又是改造自然的对象化活动。人类区别于动物的一切特征，如四肢、语言、大脑、思维、社会等要素，都是在与大自然共生和改造自然的过程中得以快速形成和发展的，人在根本上是一种劳动性的存在。劳动不仅是人的本质，更是人类对自身进行生产和再生产的过程。"劳动创造人类"这一科学论断，为我们正确把握人类的起源问题提供了非常重要的思想指引。

一、劳动与身体机能

（一）劳动与肢体的相互促进

　　恩格斯指出，直立行走是"从猿转变到人的具有决定意义的一步"。生产生活性劳动促使猿的体质改造成为人的体质，首先是四肢的改造。由于生存的需要，古猿被迫从树上下到地面，经常使用木棒、石块等天然工具觅取食物，防御敌人。前肢和后肢开始从事不同的活动，前肢主要从事攀摘的活动，后肢主要用于支撑行走，并逐渐形成直立行走的习惯。经过长期演化，古猿的前后肢得到了彻底分工。后肢变成了脚，前肢变成了手。由于直立行走，手与脚的分工固定化（图 1-1）。

　　猿手与人手虽然在骨节排列、肌肉数目上非常相似，但是在功能的灵活性上却存在天壤之别。人类在面对自然、改造生活的过程中，自身特征在不自觉中悄悄地发生着改变。为了适应生活中的精细劳动，人类的手日渐适应复杂的各类动作，由此，手的骨骼、肌肉、韧带都随之发生了改变。手的功能越多，获得的新技巧也越来越多，获得了更大的灵活性，并且传承下来。在漫长的劳动过程中，欠缺活动功能的类人猿的手终于发展成为能够制造工具的完美的手。"手不仅是劳动的器官，也是劳动的产物。"正由于双手被解放出来了，人手的自由制造和使用工具成为可能。才使人类从动物群体中脱颖而出，成为高级动物。四肢功能的确立分工，揭开了劳动工具的飞跃式进步，同时也意味着人类学习、改造、支配和控制自然界的能力被开发出来。而劳动工具的进步反过来作用于人类身体其他

人 / 猿进化过程	人猿	人类
运动方式	臂行	直立行走
制造工具	使用自然工具，不会制造工具	制造、使用各种简单、复杂工具
脑发育程度	脑容量小，没有语言	脑容量大、有很强的思维和语言能力

图 1-1　猿到人的进化过程

器官功能，进一步增加了人类在自然界中谋发展的劳动能力。人不再像动物那样单纯地适应自然界。因此，劳动创造了人类本身，劳动是人区别于其他动物最本质的标志。

除详细阐述劳动对手的基本构造的塑造作用外，恩格斯还进一步完善了达尔文在《物种起源》中提出的"生长相关论"，认为手的演变并不是孤立的，手作为人类身体的一部分，在特定形态的构造上与其他脊椎动物的前肢构造存在某种相似性。也就是说，人类之所以能够形成不同于动物的生理构造，部分归因于生物进化规律的影响和客观自然法则的支配。劳动让人类在进化过程中开始占据主导地位，它加快了人类自身的进化历程，让人类彻底从猿类中独立出来。经由四肢机能的完善，劳动促进了人的感觉系统和人脑的发育，并让手脑相互作用和影响。恩格斯的这些观点充分体现了相互联系的辩证法，揭示了劳动在从猿到人的进化过程中对人的肢体机能演变发展的独特作用。

知识拓展：肢体运动能力及感知能力

（二）劳动与语言的相互促进

人类的语言能力通过劳动才最终形成。这是因为伴随着人类集体劳动的出现，相互支持和共同协作的生产活动项目逐渐增多，不仅人与人之间的关系变得更加紧密，而且每个人都清楚地意识到加强彼此协作的好处。在一些共同的劳动活动中，人类逐渐发现需要发明出一种沟通的媒介以便于彼此交流。基于这一需要，人的身体器官再次发生进化，人逐渐学会发出一个个清晰的音节，语言也就应运而生。

语言的产生同时促进思维的发展，而思维的发展又促进了大脑和感觉器官的发展。这样在劳动和语言的双重推动下，古猿的脑髓逐渐变成了人的脑髓，并且日益完美，从而使猿的本能意识也逐渐发展为人的意识。随着各种器官的发展，语言和意识的出现，人类终于能够制造各种生产工具。劳动实现了人与大自然更多的物质交换，同时，在各种形式的劳动实践中，在与自然界不断建立新的联系的过程中，人类特有的属性得到了扩展和提升。所以，人终于脱离了动物界，成为真正意义上的人，在自然界中获得了独特的位置。因此，语言是从劳动中并和劳动一起产生出来的。

不过，人类语言的产生在历史中也存在争议。达尔文在研究自然界中鸟类的声音现象时，发现鸟类发出这些声音与人类的语言行为较为相似，从而推断出原始人类最初的交流近似于鸟类在求偶、交配时发出的鸣唱，这意味着语言很可能只是一种保存种族的生理本能。然而，他完全忽略了两者的根本差别，忽视了语言本质上是一种人类独有的社会现象，语言的本质是它的社会性。语言作为人类交流思维的独特工具，是一种音义结合的符号系统。对动物而言，它们的发音并不是出于主观意志，而主要是一种在周遭环境刺激和逼迫下的生存竞争本能。它们之间也只有很少的东西需要传达，因而只需要借助一些较为简单的音节。这种发音的根源在本质上与人类截然不同。相较于动物，人类的发音器官在构造上显得极为复杂。手脚分工和直立行走这些生理的变化和复杂的劳动分工决定了人类的祖先能够熟练地利用声带和肺部，并让口腔和咽喉之间的气流通道形成直角，这些因素客观上决定了人类的语言在一开始就是有声语言（图1-2）。

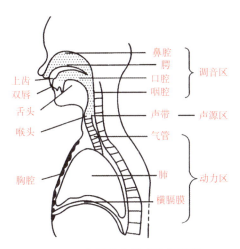

图 1-2 人类发音器官协作示意

恩格斯对于语言的产生有这样的评价，"语言和劳动，它们是两个最主要的推动力，在它们的影响下，猿脑就逐渐地过渡到人脑；人脑和猿脑虽然十分相似，但要大得多和完善得多。"正是在劳动的直接推动下，人类经历了从早期猿人到晚期智人的发展过程。

总之，语言是人类劳动的一个重要伴生现象，它是从劳动中并和劳动一起产生出来的，并成为人类区别于其他动物的一个重要标记。劳动是人类发展语言能力的重要动力，人与人之间的劳动交往将语言需求提升到了社会生活的层面。因此，一旦脱离人类的社会生产活动，无视人类改造自然的劳动需要，就不能对语言的形成做出科学的解释。实际上，语言作为连接人类和自然界的重要媒介，本质上是建立在人类生产实践基础上的一种有意识的劳动产物，是使人与人之间的劳动关系得以实现的基本工具。语言的功能也只有在人类劳动活动的过程与目的中才能得到完整的显现。

（三）劳动与思维的相互促进

人类语言能力的形成，必然伴随着其他感觉器官机能的完善。由于直立行走和手脚分工，猿的其他器官也发生了一系列变化。例如，人类的听觉器官随着语言能力的发展而完善。由于直立行走，头部由向前倾变为垂直，脊柱托住了头部，为大脑进一步扩大为球形创造了条件，而且扩大了视野，促进了头部器官的发展。随着脑容量的增加，大脑技能逐渐成熟，为思维的产生提供了最重要的物质器官。同时，大脑作为人体中枢神经系统的重要组成部分，它的完善和发展同样会对脊髓和其他生理器官的成熟、各种心理成分和思维意识的激发起到统领性的作用，作为思维器官的大脑逐渐得到了进化，它的形成意味着人的真正诞生。

大脑之所以能够快速进化，与人类的劳动紧密相关。人类在每天劳动的过程中，接触的自然环境越来越广阔，大脑接受和需要处理的外界信息也就更多。在制造和使用劳动工具的日子里，人类更是需要不断训练和提升大脑的抽象能力和推理能力。这种思维能力的锻炼并没有在人同猿类分离成功的时刻而停止，而是至今仍然在劳动中锻炼大脑技能，站

在科学的巨塔上延续思维的活力。大脑思维的形成，意味着人类自身的潜能将得到最大限度的发掘，意味着人类的生存与发展有了智力上的保证，意味着人类从事物质资料生产的效率得到了显著提高。由此，人类与动物出现了真正的分化，人类彻底从动物界中独立出来，并有了独特的体态特征。

拥有了思维，人类发展进程变得更快速，主要体现在两个方面。

（1）确立了手脑并用的行为模式。人类形成自我意识的思维后，无论是体力劳动，还是脑力劳动，都开始手脑并用。手与脑的协同工作凸显了人类与动物的根本不同之处。

①大脑指挥手做出各种各样的复杂动作，手部的触觉因为劳动方式和劳动工具的多样化而变得更加灵活。

②手部的发育又反过来促进大脑的发育和优化，大脑的信息处理能力因为手部动作的复杂而变得强大。

知识拓展：
人的思维能力

正是通过劳动和语言，人类最重要的大脑才逐渐得以形成和成熟，人类可以进行复杂细致的思维。无论是量的大小还是质的完善程度，人脑都远远超过了猿脑，这也使人类在体态特征上与猿的区别越来越大。

（2）思维意识的发展还促进猿群发展成为社会的雏形。在长期的劳动过程中，不仅猿类的体质逐渐进化为人的体质，最终实现能够通过制造工具并利用工具成为自然的支配者，而且还加强了群体成员之间相互协作的关系，每一个成员都意识到自己离开群体很难生存，这就是人类社会的原始组织。人类社会就是随着社会生产力的发展，在原始组织的基础上逐步演变进化而来的。

劳动故事：
蔡伦造纸

▶ 职业思索

列出日常生活中你经常做的劳动活动，并从积极性、成效、心情、方法四个方面打分。若10分为满分，你会给自己打几分？你会从哪几个方面判定一项活动是不是劳动活动？

二、劳动与个人发展

劳动箴言

劳动已经不仅仅是谋生的手段，而且本身成了生活的第一需要。

——《马克思恩格斯全集》

人的一切活动，包括经济活动、政治活动与文化活动，在本质上都是价值的运动，都是各种不同形式的价值不断转化、循环、增值的过程，只有通过劳动，才能实现这种价值的循环，否则一切都是纸上谈兵。劳动不仅满足人类生存必需的物质资料，还为人们创造出舒适的生存环境、精彩的精神世界。现代科学对劳动意义的研究越来越清晰地揭示出，劳动是人类自身发展的必要条件。它关乎人类的健康、智慧、快乐、发展和美好生活。

（一）劳动是获取知识的源泉

我们生活在一个教育普及的社会。一个没有知识的人，抑或者知识贫乏的人，是无法适应现代生活的。我们往往只意识到了教育是获取知识的途径，却没有认知到劳动是获得知识更重要的途径。在劳动中获得的知识更加实用，这种知识能更加有效地促进智慧的发展，提高人们应对环境的能力。陶行知先生曾在《行知行》中说道："行是知之始，知是行之成。"指实践是获取认知的必须途径，只有实践才能出真知。整句话阐述了实践和认知的关系，知行合一，实践是认知的开始，而认知又是对实践的升华。突出了马克思主义原理中实践和认知的关系，认知来源于实践，但认知不可以代替实践。突出实践的重要性。除书本和学校所讲授的知识外，新时代大学生应积极投身到劳动实践中，汲取更多的实践知识养分。

人类许多璀璨的文化和文化艺术作品都是在劳作中诞生的。祭祀活动都与农业耕种有关；节日节气是根据生活劳动规律得出；舞蹈绘画大多描绘的是日常劳动的形式和方法，用艺术手段记录下劳动的程序……因此，在不断的劳动实践中，人类发现了蕴藏在身边的科学符号，创造了艺术文化的基本雏形，后人受益于这些总结完善的知识宝库，使日常生活变得更加舒适、幸福。

例如，二十四节气，它是上古农耕文明的产物，是我国古代文化的瑰宝。上古先民认识到，农耕生产与大自然的节律息息相关，农业耕种只有按照相应的节气进行，顺应农时，才能获得好的收成。先民通过观察天体运行，总结出了一年中时令、气候、物候等方面的变化规律（即自然的节律）。他们把地球绕太阳运动一圈划分为 24 节，每 2 节之间相差 15 度，每个节被分别命名，每个节就是一个节气，如芒种、夏至、小暑等。二十四节气（图 1-3）既可以帮助人们把握气候变化，也可以帮助人们把握农作物种植的关键时节，提高收成。这对于农业社会来说尤其重要。如人们总结出了"谷雨前后，种瓜点豆"的口诀，如果要种红薯，就要选择谷雨至立夏，这是最佳时节；再比如"处暑就把白菜移，十年准有九不离"，即栽种白菜的最佳时节是处暑。

（二）劳动是培养意志力的手段

意志是人自觉地确定目标，根据目标调节并支配自身行动，进而克服困难，去实现预定目标的心理倾向。意志是人的心理素质中非常重要的组成部分，能否成就一件事情，首先取决于人们是否有意愿为追求目标付出精力、克服困难。人们的所有行为都需要意志来驱动。追求的目标大小不同，所需要的意志力也不同。追求的目标越高远，需要付出的精力就越多，需要克服的障碍就越大，所需要的意志力也就越强。一个人的成功，不仅取决

于有多强的能力，更取决于有多强的意志。强大的意志能给予人们巨大的力量。

图1-3 二十四节气与公历对照图

比如，同一班级的学生之间学习成绩会有差异。智力并不是影响成绩的决定性因素。如果智力水平差异化不大，那么决定学习差异的关键因素就是差异，是不同学生投入学习的精力。学习成绩好的学生往往都有一种良好的品质——能够持之以恒地投入大量精力进行学习。要做到这一点，是需要强大意志力作为支撑的，比如抵制各种娱乐活动的诱惑，合理安排时间，充分利用碎片时间来学习。

获得坚定的意志力的途径多种多样，艰苦学习本身就是锻炼人们意志力的一种途径。劳动也是锻炼意志力非常重要、有效的另一种手段，其效果甚至优于体育运动。一直劳动的人往往都有很坚强的意志力。如泰山山路上的挑山工、纺织厂中的女工、高温作业的建筑工人等。劳动过程本身很艰苦，艰苦的过程容易锻炼人的意志力。刨除劳动可以给人们带来生活所需的物质资料外，劳动也是一种以获得成果为目标的活动，获得的劳动成果会使人们产生强烈的满足感和成就感，从而提升人们的意志水平。因此，我们的时代弘扬劳模精神，高职学生们也都能够具备匠人们坚守岗位的意志品格，大力发扬劳动精神。

▶ 实践守则

培养意志力	
积极主动	主动的意志力能克服惰性，把注意力集中于未来。在遇到阻力时，想象克服它之后的快乐，积极投身于实现目标的具体实践中，就能坚持到底
下定决心	抵制——不愿意转变； 考虑——权衡转变的得失； 行动——培养意志力来实现转变； 坚持——用意志力来保持转变

续表

培养意志力	
目标明确	普罗斯教授曾经研究过一组打算从元旦起改变自己行为的实验对象，结果发现最成功的是那些目标最具体，明确的人，其中一名男子决心每天做到对妻子和颜悦色，平等相待。后来，他果真办到了。而另一个人只是笼统地表示要对家里的人更好，结果没几天又是老样子，照样吵架
权衡利弊	总结归纳一件事情的优势和劣势，分析清楚对自身有利和不利的方面
改变自我	光知道收获是不够的，最根本的动力产生于改变自己的形象和主动把握自己生活的愿望，道理有时可以使人信服，但只有在感情被激发出来时，自己才能真正加以响应
注重精神	大量的事实证明，暗示好像自己有顽强意志一样地去行动，有助于使自己成为一个具有顽强意志的人
磨炼意志	早在1915年，心理学家奥利弗·博伊德－巴雷特提出一套锻炼意志的方法。包括从椅子起身和坐下30次，把一盒火柴全部倒出然后一根根地装回盒子里，他认为，这些练习可以增强意志力，以便日后去面对更严重、更困难的挑战。巴雷特的具体建议似乎有些过时，但他的思路给人以启发，如你可以事先安排星期天上午要干的事情，并下决心不办好就不吃午饭
坚持到底	有志者事竟成
实事求是	从实际对象出发，探求事物的内部联系及其发展的规律性，认识事物的本质
逐步培养	坚强的意志不是一夜间突然产生的，是逐渐积累的，还会不可避免地遇到挫折和失败，必须找出使自己斗志涣散的原因，才能有针对性地解决
乘胜前进	实践证明，每一次成功都将会使意志力进一步增强，如果你用顽强的意志克服了一种不良习惯，那么就能获取面对另一次挑战并且获胜的信心，每一次成功都能使自信心增加一分，给在攀登悬崖的艰苦征途上提供一个坚实的"立足点"。或许面对的新任务更加艰难，但既然以前能成功，那么，这一次乃至今后也一定会胜利

（三）劳动是促进人全面发展的良好途径

苏联教育家苏霍姆林斯基提出："劳动教育既是对年轻一代参加社会生产的实际训练，同时也是德育、智育和美育的重要因素。"劳动不仅能够满足人的生存需要，还能够促进人的全方位的发展。劳动具有"励志、树德、增智、强体、育美"的综合育人价值，劳动应该是学生成长的必要途径。可以通过积极参与劳动不断提升德智体美各方面的素质，完成五育并举的教育目标，促进自身的持续全面发展。

1. 以劳树德

（1）劳动需要道德作为前提。道德作为一种社会规范体系，是在长年累月的劳动和生产实践中形成的。在劳动中，人们逐渐结成社会关系、形成社会分工，进而产生调节社会利益关系而形成的需要，道德正是为调节、规范和制约社会利益关系而形成的规范总和。几千年来，人类的道德规范不断随劳动和生产实践的变化而发生改变，劳动作为一种上层建筑的制约前提，发挥着重要的社会调节作用。今天，我们想要在全社会树立起正确的道德规范，同样需要依靠劳动的力量。总体来说，劳动可以在提升人的社会公德、职业道德和个人品德水平方面发挥积极作用。

（2）劳动促进社会公德的形成。社会公德是公共生活中的道德规范，是指人们在社会交往和公共生活中应该遵守的行为准则，本质是为了维护公共利益、调节公共秩序、

保证社会和谐。社会公德产生于人们的社会集体劳动，在集体劳动中，人们彼此配合、相互沟通，为使劳动活动中每个个体的利益都能获得最大保证，人们便制定出一套尽可能公正的行为规范，以制约和调节公共行为和公共利益。社会公德往往是在亲身劳动中得来的。例如，我们从小就在学校中承担值日任务，通过亲身的辛勤劳动，认识到保持环境卫生的不易与重要性，于是，基于亲身体会对爱护公物和保护环境的社会公德产生认同。

（3）劳动中形成职业道德。职业道德本身就是一种关于"劳动"的道德。职业道德是职业生活中的道德规范，是指从事一定职业的人在劳动过程中应当遵循的道德要求和行为准则。正确的劳动观念和高尚的职业道德是维系人们职业活动和职业生活的思想观念保障，劳动者在从事劳动时，不仅能够学习和掌握劳动技能，更能在劳动体验中加深对自己所从事工作的了解，树立正确的工作态度和工作习惯，形成对职业的热爱，最终认同和践行敬业精神、契约精神、诚信精神、反思精神、合作精神、创新精神等积极的职业道德。

▶职业思索

写出你所学专业未来面对行业的一个岗位，写出这份工作的职业道德是什么。

行业岗位名称	职业道德

（4）劳动塑造人的个人品德。个人品德是个体对某种道德要求认同和践履的结果，集中体现了道德认知、道德情感、道德意志、道德信念和道德行为的内在统一。人的个人品德是在劳动中形成与发展的，与劳动方式、劳动观念有着直接的联系。劳动本身就是真善美相统一的实现过程，在劳动中，个体能够学会勤俭节约、学会感恩、助人，学会谦让、宽容，学会自省、自律，最终形成健全的人格，真正领会"幸福是奋斗出来的""空谈误国，实干兴邦"的真意，养成奋斗精神，形成自立自强、吃苦耐劳的精神品质，形成正确的世界观、人生观、价值观。

劳动故事：心许敦煌——记全国道德模范樊锦诗

2. 以劳增智

人类从农耕时代到工业时代，再到当今的信息化时代，一直通过劳动实践发现自然规律、提升生产效率，不断发明和创造更加先进的生产工具，加深对自然世界和人类社会的了解。人们从劳动中开启智慧，增加经验。从自然进化的角度而言，劳动有助于人的大脑发育和智力发展；从社会演进的角度来看，劳动是人掌握知识与技能的必要途径。这一内容在"劳动与身体机能"中已经有详细的阐述，此处不再赘述。

3. 以劳强体

随着科技的进步，生产方式在近30年发生了重大的变革，体力劳动越来越让位于脑力劳动。已经实现了"坐在家里看世界"的梦想。因此导致了很多"现代病症"的出现，包括因过于高度发达的科技带来的劳动方式而造成的习惯对身体产生的副作用，使身体出现了"亚健康"的报警信号。同时，也出现了因过度劳动而发生的各种心理问题等，这都向人类提出了重新思考劳动与身心健康关系的要求。劳动与人的身心健康密切相关。只有通过劳动，人们才能够强健体魄、涵养心灵。无论我们未来从事何种职业，走上哪条工作道路，都要保持日常的脑力和体力劳动的平衡，通过科学、健康的劳动方式保证身心健康，发挥好劳动的"强体"功能。

明末清初思想家、教育家颜元提倡读书人应该进行农业生产劳动，还应重视劳动教育。同时，他认为劳动可以使人"正心""修身"，去除邪念，还可以使人勤劳，克服怠惰、疲沓。他还认为劳动具有体育意义，可以强健体魄，是重要的养生之道，这和新时代归纳的劳动可以树德、增智、强体和育美的核心思想不谋而合。又如，清代学者汪辉祖在其所著的家训《双节堂庸训》中批判"幼小不宜劳力"观点时指出："欲望子弟大成，当先令其习劳。"这句话的意思是，要想子孙有所成就，必须先令其学习劳动。可见，中国人自古认为劳动能够促进人的身体健康。开展力所能及且具有一定负荷的劳动活动，能够促进个体身体机能发育、强身健体。人的身体素质，既包括体力也包括脑力、心理适应力及社交能力等，劳动能够将以上要素全部唤醒，使其得到锻炼、提高与发展。

在日常生活中形成"劳动锻炼—体能训练—体质增强"的良性循环。体育与劳动都是人类为一定目的通过人的肢体而进行的有意识、有组织的活动，劳动以人类维持自我生存和自我发展为目的，而体育以增强体质、提高运动技术水平为目的，两者的目标不同，但对身体的锻炼作用是相通的。通过科学合理、安全适度的劳动实践和体育锻炼，可以增强个体的肌肉力量和耐力，加速疲劳肌肉恢复，优化心肺功能和新陈代谢，提高肌肉运动效率和关节灵便程度，促进人的健康发展。因此，劳动锻炼与体育锻炼两者相互作用、相互提升。

人的心理健康同样离不开劳动。劳动不仅能够强健人的体魄，还能够慰藉人的心灵。通过劳动，人们能够实现身心的全面发展，增加不同的情绪体验，在收获劳动成果的同时，体验到劳动的快乐，增加生活的乐趣，在心理上感受到充实和愉悦。热爱劳动的人能够在劳动中忘却自我、忘却烦恼，从而有效地转移不良情绪，实现精神的放松，缓解心理压力。正所谓"天行健，君子以自强不息"，中华民族的优秀品格也正是在几千年来的辛勤劳动中形成的。

4. 以劳育美

马克思认为"美是人的本质力量的对象化"，而这种对象化是通过劳动实现的。劳动可以帮助人们形成对美的认知，获得美感和审美能力，并通过劳动来创造美。劳动课程的培养目标最终必然延伸到对学生审美能力的培养上。通过一系列的校园劳动、生活劳动、

实训劳动、职业劳动，在劳动中发现美和创造美，在自我价值感的获得中达到一种美的人生境界。

（1）通过劳动发现美。"生活中不是缺少美，而是缺少发现美的眼睛"，劳动正是为人们打开了这样一扇发现美的窗口。人对美的认知也是随着生产劳动的不断进步而不断变化的。我国古代强调"天人合一"，因此欣赏空灵寂寥的柔美；西方则强调主题自身的和谐与客观自然世界的和谐并举，则发挥了写实夸张的现实美，这与东西方的地域文化、历史发展、劳动方式都有着紧密的联系。虽然表现方式不同，但与马克思的"人化自然"与"自然的人化"思想在本质上是一致的。在漫长的劳动发展中，这些美逐渐被发掘出来，不断加深对美的认知，感受人与自然的和谐之美，感受勇于实践的创造之美，感受心灵手巧的人性之美。

（2）通过劳动创造美。现代人的劳动在满足人的吃、穿、住、用的基础上，拥有更高层次的追求，美贯穿于生活的全过程。人们希望形象美、住宅美、城市美、生活美。劳动打造生活之美，也使劳动具有创造美的本质。同时，劳动的收获给人类带来成功与幸福，带来美的体验。学生可以通过自己脚踏实地的劳动实践，提升理性思考能力和辩证思维能力，亲身感受和感知劳动后获得物质和精神收获的那种快感和美感。

近年来，在全国各行各业中广泛开展的"中国梦劳动美"主题活动，旨在通过对劳动者所从事的"美的劳动""美的创造"实践及其社会价值的颂扬，在全社会广泛深入地弘扬劳模精神、劳动精神和工匠精神，启发人们深刻认识各行各业的优秀劳动者都是这个时代最美的劳动者、所从事的都是最美的劳动、所彰显的精神也都是最美的精神，进一步领会劳动创造美、劳动美托起"中国梦"的道理。

（四）劳动是发展个体社会能力的基础

马克思说："人是一切社会关系的总和。"人是什么？人能够成为人，不仅是因为有着人的生理结构，有着人应该掌握的知识和能力，更重要的是每个人身上都有着非常复杂的社会关系，如家庭关系、亲戚关系、朋友关系、同学关系、合作者关系、同事关系、上下级关系等。社会是一个非常复杂的关系网络，每个人都是这个网络中的一个节点。这个复杂社会关系网络中的每一个个体，都必须掌握良好的社会能力，这既是社会关系网络正常运行的需要，也是每个个体适应这个社会关系网、健康生活的需要。不具备良好的社会能力，就会出现社会适应不良问题。

在人类所有活动中，劳动是最为重要、最为基本的活动形式。一个成年人的大部分时间都要用于工作，人们的最大利益也与工作相关，因为工作是人们获得收入的重要途径。因此，在劳动中形成的人际关系，如同事关系、上下级关系，是人类最为基本的社会关系。早期人类由于生存需要聚居在一起，社会本身就起源于人类劳动。随着生产力水平的提高，有了剩余产品，于是，人类开始构建起了非常复杂的社会关系。在当今世界，围绕物质构建起的关系仍然是最为核心和复杂的关系，如国际贸易关系、军事关系、政治关系，无不与物质财富有关。

劳动是最能刺激个体社会能力发展的途径之一，这是由劳动的本质特征决定的。劳动是以具体成果为追求目标的活动，是一种过程极不确定的活动，而且劳动往往需要以集体的形式进行，需要参与劳动过程的人合理分工、紧密合作。通过劳动过程中的合作和劳动成果的共享，人们最容易建立起紧密的人际关系。劳动对人的社会能力发展的刺激作用是其他类型的活动所不能比拟的。学习活动虽然也是在集体中进行的，教师常常鼓励学生在学习中相互帮助，但学习活动总体上还是一种个体行为，个体只有通过独立地进行理解、记忆、练习等学习活动，才能获得知识与能力的增长。体育活动虽然有许多是以团队形式进行的，但团队式体育活动有着清晰的规则和角色分工，每个团队成员都是按照规则、以团队分配给自己的角色进行运动的。这对个体之间结成紧密的人际关系、发展高水平的社会能力有一定局限性。

因此，尽管个体社会能力形成的途径多种多样，但只有深刻体验了劳动，懂得劳动在社会关系构建中的基础作用，才能真正懂得人类社会关系的本质，发展良好的社会能力。

理论阅读

一切劳动者，只要肯学、肯干、肯钻研，练就一身真本领，掌握一手好技术，就能立足岗位成长成才，就能在劳动中发现广阔的天地，在劳动中体现价值、展现风采、感受快乐。让劳动本身成为享受是劳动幸福权，这是马克思主义的重要内容。

劳动幸福包含两层含义，一是让劳动成为幸福的源泉，只有通过辛勤劳动、诚实劳动、创造性劳动而获得的幸福才是真正的幸福。二是让劳动本身成为享受的事情，让劳动本身成为一种快乐。虽然现代社会的高度分工化使人越来越难以从事自己喜欢的工作，在择业方面不能自主选择，但我们对劳动的喜欢和兴趣不是盲目和抽象的，也是要结合自己的兴趣爱好，尤其是能力和技能，在社会上寻找匹配适合自己的劳动形式和工作岗位。在这种条件下，劳动者的个性和聪明才智不再受到压抑，可以充分发挥和表现。

劳动本身是一种自主性活动，它要求劳动者能够自主地选择、支配和展开自己的劳动过程，自主劳动、自由劳动才能激发劳动者的热情，培养克服困难的意志，激发创造性才能。在这个劳动过程中，劳动者运用自己的创造性劳动克服种种困难，得到预期的物质或者精神成果时，就会产生极大的愉悦感和成就感。因此，创造性劳动本身就是充满幸福感和让人愉悦的，当通过劳动获得相应的回报和肯定时，所产生的愉悦感和成就感也正是劳动价值的一种体现。这种过程与结果的统一才能真正让劳动者获得享受，从而保持劳动的可持续性，使劳动成为持久性的愉悦。

❖ 实践守则

参与劳动的方式	
选择自己感兴趣的劳动	每个人除必须从事职业劳动以获得生活资源外，还应在生活中选择一种自己感兴趣且有条件实施的劳动，并坚持下去。这种劳动要习惯化，成为自己生活的一部分。比如，烹饪、打扫卫生、种植花草、修理物品等。这些劳动在为生活增添情趣色彩的同时，也带来了许多实惠的享受，使我们的生活变得更加美好
下定决心从此刻开始劳动	从事劳动需要的是下定决心，从此刻行动起来。只要有决心，迈出了第一步，你就会发现劳动其实并没有预想的那么辛苦，尤其是在有了大量工具可供使用的现代社会，劳动已经变得轻松许多。相反，劳动会给予我们充实感、自主感，劳动成果带给我们的喜悦更是其他成果所不能比拟的
学会从劳动中学习	劳动可以给人们的身心发展带来许多益处，但这些益处多数是不会自动产生的，需要我们对劳动过程进行仔细观察、认真体悟、深入反思。有的人从事了一辈子艰辛的劳动，但他们从这些劳动中获得的，只有自然产生的劳动成果和强壮的身体，而没有意志的提升、知识的丰富和思维的敏锐。这是为什么呢？因为他们在劳动过程中缺少反思和有意识的学习。要使劳动成为身心发展的重要途径，我们就需要学会从劳动中学习
劳动中的学习方法	
观察与模仿	通过观察与模仿他人的劳动过程来获得劳动知识和劳动技能。学习的对象可以是真实的个人，如教师、父母、亲友、同伴，也可以是从网络上寻找到的资源。比如：发现烹饪肉类菜品时总是容易粘锅，希望解决这个问题；在家里发现了很多蚂蚁，需要灭蚁。那么，从哪里能获得解决这些问题的方法呢？直接的方法是询问周边的人，观察他们的操作方法，并进行模仿。另外，现在是网络时代，在网上可以很容易地搜索到解决这些问题的方法说明或演示视频，通过阅读方法说明或观看视频，通常就能获得解决这些问题的有效方法
感知与总结	主动感知自己的知识和技能在劳动中的有效性，有意识地总结其中的规律。常常可以看到，劳动中的许多技能，即使劳动者对规则、方法已经掌握得很熟练了，甚至还观察了别人的劳动过程，而且劳动内容并不复杂，但自己操作时还是会出现许多差错，结果总是不能令人满意。怎么办？解决这个问题的方法就是亲自操作，认真感知劳动过程，并总结操作过程中具有个性的方法，这样就能把通过学习获得的普遍性规则、方法转化为自己的技能。比如，把一个钉子钉到墙面上用于挂画，这样一个看似简单的操作，如果不经过对操作过程的不断感知和总结，那么大多数人都是做不好的
尝试与验证	在劳动过程中经常会遇到运用已有方法和技能所不能解决的问题。这种情境一方面会让我们遭遇劳动过程的挫折感，另一方面也给我们提供了进一步思考并获取新方法的机会。遇到这种情况，我们首先要有积极的应对心态，不要躲避问题。然后要努力假设解决问题的各种可能的方法，并按解决问题的可能性、操作的便利性依次进行尝试，验证所提出的方法的可行性。如果有多种可行的方法，那么还可通过比较来获得效果最好、最为简便的方法。许多重要的技术发明就是这样产生的

▐ 职业思索

（1）根据所学专业知识与社会调查，预测一下在自己专业内未来 10 年有哪些新职业的诞生？

（2）结合自身专业思索，人工智能的产生与发展对行业有何影响？如何应对？

三、劳动与社会发展

劳动箴言

> 任何一个民族，如果停止劳动，不用说一年，就是几个星期也要灭亡，这是每个小孩都知道的。
>
> ——《马克思恩格斯选集》

劳动既创造了人，也创造了社会。劳动不仅是人类社会生活的基本需要，也是维持社会存在的重要基础，更是人类美好社会生活的价值源泉。人只有通过劳动才能建立起自身与外界、自身与他人之间的多种关系，并以此建立积累、传递和发展人类创造力量的社会机制。因此，劳动在整个人类社会存在和社会历史运行中处于关键性地位。劳动不仅是把握历史唯物主义的钥匙，也是历史唯物主义得以建构的根本出发点和落脚点。具体而言，劳动是社会发展的根本动力，是社会财富的重要源泉，是人类文明的创造之源。

（一）劳动是获取物质资料的唯一途径

保障物质资料是一个社会得以发展的根本前提。只有具备了一定的物质基础，人类才能发展政治、文化、法律等各种上层建筑。物质决定上层建筑。

人们日常生活的保障，社会的正常运行，都必须有物质资料作为基础，如食物、衣服、住房、交通工具等。随着社会发展水平的提升，人们所需要的物质资料越来越多，并且对高新技术物质资料的需求也越来越多。现代人已不再满足于填饱肚子，而是需要各种外观精美、口味独特的食物；人们也不再满足于仅仅有一个居所，而是希望拥有环境优美、空间宽松、布局合理的房子；人们已很难适应没有高铁、飞机、手机、计算机的生活。这些只是我们日常生活所需要的物质资料。除了这些，人类社会的存在和发展还需要大量用于其他领域的物质资料，如用于科学研究、文化创造、维护国家安全的物质资料。

从自然界直接获取物质资料，是原始人类采用的方法。自然界蕴藏着丰富的可供人类使用的物质资源。自然生长的动植物可以给人们提供食物、建造房屋的材料、产生热能的各种材料。虽然这些物质资料来源于大自然，但要被人类可利用，通常需要通过初级的简单劳动来实现。原始人类通过劳动满足自我生活需求。

人类在进化的过程中，对生活质量的要求越来越高，仅从自然界直接获取的物质资料已远不能满足生活所需，他们意识到了主动征服自然、改造自然的重要性。例如：采集桑蚕制丝使穿着变得更加精美；利用初级劳动中获得的力学知识使房屋更加高大、宽敞；发明并制作更加快捷的交通工具……这些物质资料是大自然无法供给的，需要人类运用智慧

并通过辛勤的劳动去创造来满足安全需求及社交的基本需求。

拥有丰富物质资料的人，成为人群中的领袖。他们往往更加聪明、善于思考。渐渐地，利用自身强有力保障去压榨、抢夺他人物质资料的人或人群出现了。大众为了反抗这样的不耻行为，出现了战争、法律、民族、国家。劳动创造了人类的各种高级需求，使人成为更加高级的动物。

知识拓展：国内生产总值（GDP）

劳动帮助人们源源不断地、稳定地获得物质资料，以完成漫长又完美的进化过程。

（二）劳动是社会发展的根本动力

人类通过劳动创造价值，以获得生存所需的物质资料。伴随着劳动能力的提升和劳动范围的扩大，人类适应、改造环境的能力也逐渐变强。在不同地理环境和各种偶发性因素的交互影响下，人类逐渐形成了不同族群的生存方式、交往模式和群体生活。而伴随着日渐丰富的人类对社会生活的需求，人类通过劳动创造出来的行业也更加精细和多元。除打猎和畜牧外，又出现了农业，农业之后又有了纺纱、织布、制陶、冶金和航海等。这些不同的劳动行业代代相传和不断衍生，构成了维持不同社会运行的基本劳动形态。原始农耕劳动与现代农业进步的对比，如图 1-4 所示。

（a）　　　　　　　　　　　　（b）

图 1-4　原始农耕劳动与现代农业进步的对比
（a）原始农耕劳动；（b）现代农业

与此同时，异质性的人类共同体不断扩大，逐渐从氏族部落发展成了民族和国家。而在这个过程中，大脑和思维的活动在劳动中的重要性日益凸显。人接触自然界的范围日益广阔，人类的实践活动逐渐复杂，科学、法律、艺术、宗教等人类意识发展的高级形态也就开始兴盛。另外，生产方式和生产工具的变革意味着社会的生产效率和生产力水平的显著提高，而生产力的发展又反过来推动了社会制度的变革。在生产工具、生产方式和生产力的不断变革中，人类社会的形态也逐步由原始社会向奴隶社会、封建社会和资本主义社会过渡。尤其是 18 世纪以来，由于自然科学与劳动实践相互结合，科学知识与生产流程紧密配合，人类社会逐渐拉开了工业革命的序幕，这在客观上为人类改造、支配自然界提供了强大的技术支持和丰富的物质资料。可见，从原始社会到现代社会，劳动始终是延续和发展人类社会的根本动力。

知识拓展：农业劳动工具的变革与社会发展

在马克思看来，人类的历史其实就是一部劳动史。只有人类的生产劳动才真正构成了人类社会发展的基础，才是解开人类历史发展秘密的钥匙。他说："人们为了能够'创造历史'，必须能够生活。但是为了生活，首先就需要吃喝住穿以及其他一些东西。因此第一个历史活动就是生产满足这些需要的资料，即生产物质生活本身，而且，这是人们从几千年前直到今天单是为了维持生活就必须每日每时从事的历史活动，是一切历史的基本条件。"由此可见，只有立足于生产劳动才能真正理解人类历史的发展，只有劳动人民才是历史的创造者，而人类创造历史的实践就蕴含在日常生产劳动之中。马克思由此批判了各种独立于人的生产劳动之外的唯心主义历史观，并将劳动看成建立历史唯物主义的基石，认为人类历史发展的一切现实性都离不开人的劳动过程。对于马克思的这一伟大发现，恩格斯鲜明地指出，"历史破天荒第一次被置于它的真正基础上，一个很明显的而以前完全被人忽略的事实，即人们首先必须吃、喝、住、穿，就是说首先必须劳动，然后才能争取政治、宗教和哲学等，这一很明显的事实在历史上的应有之义此时终于获得了承认。"

总之，在马克思的历史唯物主义中，劳动被看作"一切历史的基本条件"和"人类的第一个历史性活动"。劳动既是人类历史发展的事实起点，也是整个历史唯物主义建构的逻辑起点。马克思正是通过劳动来揭示物质资料生产的作用，发现了社会关系体系发展的客观规律性；并由此肯定了人的主体地位，继而发现劳动人民的伟大作用。可以说，只有从劳动当中，我们才能够洞悉人类社会进步和发展的真正秘密。

（三）劳动是社会财富的重要源泉

自然界只是为劳动提供材料，只有劳动才能把材料变为财富。英国古典政治经济学家威廉·配第有一个著名的说法："土地是财富之母，劳动是财富之父。"而衡量一种劳动行为与另外一种劳动行为的差距，则需要一个科学的论证方法。经济学家们在研究过程中形成了一个著名的理论，即劳动价值理论。亚当·斯密作为劳动价值论的奠基者，认为劳动是衡量一切商品交换价值的真实且唯一的尺度，是包含在产品中的无差别的人类劳动。他在《国富论》开篇指出："劳动是一切国民财富的源泉。"马克思高度评价了以上观点，并在《资本论》中提出了较为完整的劳动二重性理论，即把劳动区分为具体劳动和抽象劳动。具体来看，劳动的二重性统一于劳动过程之中，"一切劳动，一方面是人类劳动力在生理学意义上的耗费；就相同的或抽象的人类劳动这个属性来说，它形成商品价值。一切劳动，另一方面是人类劳动力在特殊的有一定目的的形式上的耗费；就具体的有用的劳动这个属性来说，它生产使用价值"。在这里，马克思把商品看成使用价值和价值的统一体，不同形式的具体劳动主要决定使

知识拓展：马克思主义之前的劳动价值论思想

用价值，而凝结在商品中的一般的、无差别的抽象劳动则是形成商品价值的唯一源泉。由此，马克思确定了价值是凝结在商品中的抽象劳动，抽象劳动的价值成为衡量商品价值的一般尺度，而劳动的自然尺度是劳动时间，因而就可以用抽象劳动时间量来衡量商品的价值量。只有劳动才会产生价值，为社会创造更多的可衡量的财富。

可以看出，马克思强调商品的价值是由劳动者创造的，要生产出一个商品，就必须在这个商品上投入或耗费一定量的劳动。这实际上就表明，商品中有一种体现了的、凝固了的或所谓结晶了的社会劳动。正是从这个角度而言，劳动是价值的唯一源泉。

劳动是财富的源泉，也是幸福的源泉。人世间的美好梦想，只有通过诚实劳动才能实现；发展中的各种难题，只有通过诚实劳动才能破解。生命里的一切辉煌，只有通过诚实劳动才能铸就。因此，重申劳动创造社会财富这一观点，在新的历史条件下极具现实意义。虽然当代社会的劳动形态已经发生了巨大变化，但是劳动是社会财富的重要源泉这一观点仍然是颠扑不破的真理。

劳动故事：国民生产总值

（四）劳动是人类文明的创造之源

劳动是一切人类社会物质财富和精神文明的来源，是确保人类社会存在、发展的动力和条件。正是通过劳动，人类的社会生活发生了天翻地覆的变化，人的生理需要、安全需要和自我实现需要等均得到了满足。无论是饮食、服饰、器具等日常生活资料，还是道路、桥梁、通信等基础设施，均依赖人类的辛勤劳动，都是人类通过劳动对自然物质进行改造或创造的结果，是人类消耗体力和脑力的劳动成果。通过种植农作物和驯化家畜，人类自身得以繁衍；通过设计和生产服饰，人类得以遮身藏体和防寒保暖；通过筑造房屋，人类得以抵御风雨侵袭和野兽伤害；通过创造性劳动，人类得以充分享有现代文明生活。劳动不仅创造了社会物质财富，也创造了人类的灿烂文明。

世界上绝大多数精神文明的成果，都是人类在进行物质生产劳动的过程中创造出来的。在一定意义上讲，艺术的产生与劳动也有着极其紧密的联系。作为人类历史上最早的艺术形式之一，舞蹈最初就是对人类劳动生活的复刻和模仿，继而成为人类抒发感情的文化活动。在原始人创造的一些洞窟壁画中，我们常常能发现原始人为庆贺狩猎成果和种植收获而载歌载舞的场景。原始人通过舞蹈做出的节奏性动作，充分再现了他们的劳动方式和劳作生活。这些艺术形式的劳动尽管不像物质生产活动那样作为维持人类生存、发展的手段而存在，但却淋漓尽致地展现了人类劳动的精神品性，它们同样是人类创造性劳动的物化形式。

广大劳动人民在进行物质生产的过程中，不仅追求实用价值，还重视审美体验。

劳动还促成了诗歌、神话、传说等文学作品的诞生。劳动是所有人类文明得以存在和发展的基本条件，也是人类审美活动的主要内容。有充分资料证明，文学诞生于以劳动为中心的人类生产活动，最早的

劳动故事：傣族妇女的劳动舞

文学样式就是原始劳动歌谣。考察这些最早的文学作品，可以发现它们往往和原始的宗教祭祀活动相结合。而原始的宗教祭祀多源于人类早期的劳动行为，如狩猎、种植、烹饪、炼药等。换言之，正是因为劳动，人类才有了创作文学作品的需要。女娲补天、精卫填海、愚公移山、大禹治水等神话传说无一不是在体现中华民族对劳动生活和劳动智慧的崇尚和赞美。在中国最早的诗歌总集《诗经》中，就有大量劳动题材的内容，质朴的文字描绘出一幅幅欢快愉悦的劳作场面。通过吟诵这些劳动歌谣，古人得以在劳作中减轻疲劳，以及获得一种审美体验。

知识拓展：《诗经·国风·周南·芣苢》

劳动是人类的本质活动，劳动光荣、创造伟大是对人类文明进步规律的重要诠释。这意味着，实现中华民族的伟大复兴和中华文明的繁荣昌盛，离不开各行各业人们的辛勤劳动和创造性劳动。全面建设小康社会，建成富强、民主、文明、和谐的社会主义现代化国家，从根本上需要依靠劳动，依靠千千万万的普通劳动者来完成。人类社会的所有智慧皆源于劳动，所有的人类文明成果皆是从劳动中而来。劳动永远是人类生活的基础，是人类文明和幸福生活的源泉。

（五）劳动是社会人应有的责任

社会是由个体组成的，我们每个人都是社会的一员。社会要良好地运行，需要每一个人遵守它的运行规则，为它贡献一份力量。这就要求我们树立公共意识，认识到社会对我们行为规范的要求，并主动承担自己应该承担的责任和义务。

自私自利的人是为人们所不齿的。自古以来，社会鄙视任何一个不劳而获的人，不合理占有他人劳动成果的行为都是可耻行为。

▶ 实践守则

做一个社会主义劳动者	
自己的事情自己做	个体在年幼的时候，受身体力量的限制，没有能力参加劳动，在日常生活中需要长辈照顾，这正如人衰老以后，身体功能衰退，需要年轻人照顾一样。这两个阶段的个体不从事劳动，是为社会所接受的。尊老爱幼是人类的美德，体现了人类的互帮互助。这是每个人一生都要经历的发展阶段。但是随着年龄的增长，当我们有了一定的力量时，就要主动帮助父母承担一些力所能及的家务，至少自己的事情自己做，如打扫、清洁、整理自己的房间，清洗衣物。他人为我们做每一件事情，都意味着要为此付出劳动，即使是父母的劳动，我们也不能视作理所当然
珍惜他人对自己的帮助	在工作和生活中我们要互相帮助，这是人类的美德。因为每个人的能力都是有限的，有些人拥有这方面的能力，有些人则拥有那方面的能力，当我们互相帮助时，能力就产生了叠加效应，我们就能做成一个人不能胜任的许多事情。人类的伟大不仅在于善于创造，而且在于善于把不同人的智慧集中起来进行创造。现代社会中的大多数劳动都需要依靠团队合作来完成。团队合作能让我们拥有无穷的力量。比如，任何一个人都无法独自完成载人飞船的升空，只有把几万、几十万人的智慧集中起来，才能带领人类飞出地球、飞向太空。当需要他人帮助时，接受帮助是合乎道德规范的，但一定要学会珍惜他人的帮助，因为帮助中包含了他人的劳动

续表

做一个社会主义劳动者	
积极主动地参与创造社会财富的劳动	随着年龄的增长，有了更大的力量后，我们就要积极主动地参加工作，为社会创造财富。当达到法定工作年龄时，除在校生外，年轻人都应参加工作，通过职业活动为社会创造财富。现代社会的劳动已经由个体劳动演变成了职业化劳动，从事职业工作就是从事劳动。职业有不同的类别，有的职业对体力要求更多，有的职业对脑力要求更多，有的职业则对人际交往要求更多，但这只是社会分工的不同，从事这些职业工作的劳动都是人类社会所需要的。到了工作年龄的个体，应该积极主动地去寻找职业，争取获得最适合自己的工作，任何逃避劳动的"啃老"现象都是令人不齿的，因为个体不工作，就意味着在侵占他人的劳动。通过工作，个体为社会付出了劳动，也将获得社会给予的回报。通过正常劳动获取财富，使生活变得更加美好的行为，不应被视为追名逐利的行为，而应当被看作完全合乎道德的行为
尊重一切劳动者	劳动者之所以值得尊重，就是因为他们为社会创造了财富。每一个为社会创造了财富的人都值得我们尊重。即使有些劳动者，由于所从事的工作比较辛苦，环境比较脏，如农民、建筑工人等，他们的衣着可能不够洁净、美观，但他们也应该受到尊重，因为他们同样在为社会创造财富，都是自食其力者。与那些外表光鲜却对社会财富增长没有任何贡献，只会通过非劳动途径获取财富的人相比，他们要高尚得多

◆ 职业思索

（1）公交车上满身泥泞的建筑工人不肯坐在座位上，你如何看待这一社会事件？

（2）社会上流行一种说法："服务行业就是伺候人的行业。"你如何看待和理解这句话？

四、劳动与劳动文化

劳动箴言

> 克勤于邦，克俭于家。
>
> ——《尚书·大禹谟》

文化是一种社会现象，它是人类长期创造的产物。确切地说，文化是凝结在物质之中又游离于物质之外的，是能够被传承和传播的国家或民族的思维方式、价值观念、生活方式、行为规范、艺术文化、科学技术等；它是人类进行交流时普遍认可的一种能够传承的意识形态，是对客观世界在感性上的知识与经验的升华。

劳动文化具有精神性、主体性、主观性等特性，立足于工人阶级的阶级意识的形成和发展，把劳动哲学意识、劳动经济意识、劳动政治意识、劳动心理、劳动伦理、劳动法律意识、劳动审美意识、劳动文学、劳动艺术、劳动文化传播等内容整合起来，形成一个具有强烈价值取向的劳动文化体系。

在中华文明的不断演变中，有很多精彩的华章来自劳动实践。用优美的旋律、画面、文字记录下劳动过程中的思想、价值观及劳动精神，得以传承和发展。这些共同形成了我国传统文化中独特的劳动文化。我国传统文化中的劳动文化具有以下特性。

劳动故事：庚戌岁九月中于西田获早稻

（一）崇尚劳动、重视劳动价值、提倡勤俭节约

"勤劳"是中国人的性格特征，中华民族是勤于劳动、并且善于创造的民族。热爱劳动、崇尚劳动的精神一直存在于中华民族传统文化之中。

明代著名的思想家、教育家、"阳明心学"创立者王守仁认为"四民异业而同道"。在王守仁看来，士、农、工、商这 4 种不同的社会阶层的人尽管所从事的行业有所不同，但都是"有益生人之道"，都进行了有价值、有意义的劳动。中国古代阶层关系如图 1-5 所示。

中国古代阶层关系	
皇族	皇家一家
贵族	公、侯、伯、子、男诸爵位
士	士是最低一等的贵族和奴隶主，没有固定的不动产，需要给更高等级的贵族打工才能得到土地和人民
农	自耕农
工	指受人雇佣的手工业劳动者，还有乐工、画工等下层文艺劳动者
商	指拥有一定资产的工商业人员

图 1-5 与现代平等劳动关系不同的古代阶层示意

北宋哲学家邵雍的"一日之计在于晨，一年之计在于春，一生之计在于勤"为传世佳句，道出了中国百姓对辛勤劳动的认知态度。在中国古代社会中，农业是生产的基本模式，从事农业劳动是劳动的主要形式。因此，历代统治者都十分重视民生思想、鼓励进行农业生产，积极"劝农"。很多皇帝每年在特定的日子都要举行籍田大礼，地方官员也有相应之举。战国农学家和思想家许行提出："贤者与民并耕而食，饔飧而治。"他主张贤明的君主应该与普通的劳动人民一起耕种、自己做早晚餐，要求无论贵贱，人人都要劳动。

另外，中华优秀传统文化提倡勤俭节约，更包含着吃苦耐劳、开拓进取、百折不挠之意。"故天将降大任于斯人也，必先苦其心志，劳其筋骨，饿其体肤，空乏其身，行拂乱其所为，所以动心忍性，曾益其所不能。"这种面对艰难困苦豁达乐观的精神和积极向上的人生态度也是中华民族的劳动意识、劳动价值和劳动情感的重要内容。"只要功夫深，铁杵磨成针"等谚语也鼓励劳动者持之以恒、坚韧不拔，这与当代倡导的"工匠精神"有异曲同工之妙。

（二）尊重劳动规律

《尚书》是儒家的核心经典著作，反映了先民对自然社会和人生的认识和理解。其中《虞书·尧典》中明确指出："历象日月星辰，敬授民时。"意为制定历法的目的是让百姓

按照时令从事生产活动。"日中，星鸟，以殷仲春。厥民析，鸟兽孳尾"，意为依照昼夜时间相等和黄昏时鸟星出现在南方的规律，确定仲春时节。百姓们在这个时候就要到田野上耕作了，鸟兽也开始繁育。管仲也认为发展农业要遵循季节规律，这样才能提高粮食产量。《管子·轻重甲第八十》记载："今为国有地牧民者，务在四时，守在仓廪。"《管子·乘马》记载："时之处事精矣，不可藏而舍也。故曰，今日不为，明日忘货。昔之日已往而不来矣"。意为要按照农时进行农事活动。《礼记·中庸》提出"万物并育而不相害，道并行而不相悖"和"致中和，天地位焉，万物育焉"的思想，表达了古人关于人与自然的观点。

（三）认同劳动是幸福的源泉

幸福自古以来就是人类追求的目标。我们的先人也知道，幸福来自他们自己的辛勤劳动。《小雅·楚茨》是一首描述祭祀场景的诗，该诗通过开始描写人们辛勤地清除田间杂草，播种黍稷并喜获丰收的场景，为接下来庄重的祭祀场景和祭祀结束后家族宴饮的欢乐场面作铺垫，表达了生产劳动是幸福源泉的感悟。《周颂·良耜》将春天播种的场景、夏天管护农作物的场景、秋天丰收的场景，以及人们享用丰收果实的幸福场面串联起来，生动地表达了幸福来源于劳动这一生活感悟。

（四）提倡耕读传统

我国古代社会有提倡读书人"耕读传家"（既从事农业劳动又读书或教学）的传统。

通过耕读，许多读书人既具有文学家的文采，又具有农学家的实践经验，他们以田园生活和务农经济为本，彰显了对美好操行的坚守。例如，张履祥所作的《补农书》被现代著名农学家陈恒力评价为"总结明末清初农业经济与农业技术的伟大作品之一，是我国农业史上最宝贵的遗产"。颇有今日生活要有仪式感的时代氛围。

通过耕读，许多读书人接近劳动生产，接近劳动人民，创作了大量反映底层人民生活、反映劳动人民喜怒哀乐的作品。例如，颜之推在《颜氏家训》的治家篇中提出，"生民之本，要当稼穑而食，桑麻以衣"，就是告诫子孙生存之根本在于自食其力，通过种植庄稼来吃饭，通过栽种桑麻来穿衣。颜之推尤其反对读书人轻视劳动、好逸恶劳的陋习，勉励子孙们身体力行、经世致用，学习劳动生产，关注社会现实与求知问学的统一。这些都是中华优秀传统文化中将劳动谋生与读书治学相结合的生动案例。

（五）提倡"以劳树德""以劳健体"

劳动可以使人拥有优良的品德意志，并帮助人强身健体。如陶渊明归隐田园，创作出许多传世的田园诗，且对劳动的意义提出了新的见解，那就是虽然辛苦，但自食其力、艰苦奋斗的人生是充实而快乐的。他提到："人生归有道；衣食固其端；孰是都不营，而以求自安？"人人都要自食其力，艰苦奋斗，如果什么事都不做，又怎么能解决自己的温饱问题呢？亦如贤母敬姜在教育儿子勤俭节约，不要贪图安逸时指出："夫民劳则思，思则善心生；逸则淫，淫则忘善，忘善则恶心生。"这句话的意思是劳动可以促进思考总结，从而激发人的良善之心，而安逸享乐则容易导致无所节制，从而滋生邪恶之心。

（六）提倡诚信劳动

人的成长体现在为了实现目标而奋斗的过程中，坚守初心。通过历练不断磨炼意志，信守承诺，坚定前行，就一定会在美好的青春时代挥洒激情，不负韶华。

"志不强者智不达，言不信者行不果"出自《墨子·修身》，意为如果意志不坚定，人的智慧很难达到预期；说话不诚信，不遵守诺言，做事也不会有好结果。中华民族历来推崇重信守诺，只有目标与行动一致，才能更好地实现个人和集体的理想。

（七）提倡团结协作的劳动

中华民族的悠久历史发轫之始，处于劣势的原始先民自发组织起来与各种敌人斗争，于斗争中求存活，团结协作应运而生。春秋时期的政治家管仲有云："以众人之力起事者，无不成也。"中华优秀传统文化蕴含着团结的精神，无论是造就天府之国的都江堰水利工程，或是气势恢宏的京杭大运河，还是蜿蜒曲折的万里长城，无一不体现了自古以来中国劳动人民团结协作的美德。儒家经典《周易·系辞上》中曾说："二人同心，其利断金；同心之言，其臭如兰。"这句话的意思是，同心协力的两个人，他们的合力就像利刃一样能斩断坚硬的金属；心意相同而说出来的话，就像兰草一样芬芳、高雅。团结协作的力量让中华民族砥砺前行，迈向伟大复兴。

（八）珍视劳动果实

劳动果实来之不易，珍惜劳动果实就是尊重劳动和劳动者，这也是中华民族的传统美德。例如，《周颂·丰年》通过阐述劳动人民的丰收表达其对美好生活的向往："丰年多黍多稌，亦有高廪，万亿及秭。为酒为醴，烝畀祖妣。以洽百礼，降福孔皆。"又如，《尚书·洪范》在讲述"五行"时讲"稼穑作甘"，将"可种植庄稼的土"与"甜味"联系起来；在讲述"八政"时，将"管理粮食"作为第一要务，还将"富"作为"五福"的重要内容，充分体现了对劳动和劳动果实的珍视。

（九）以不劳而获为耻

自古以来，我国人民就有以劳动致富为荣、以不劳而获为耻的文化传统。"不劳而获"出自《孔子家语·入官》："所求于迩，故不劳而得也"，指自己不劳动却占有别人的劳动成果。

《魏风·硕鼠》将不劳而获的统治者比作硕鼠，通过对硕鼠从食黍、食麦到食苗层层递进的描写，表达了劳动人民对贪婪、残酷的剥削者的痛恨。

劳动故事：《诗经·国风·魏风·硕鼠》

❯ 职业思索

敬业与乐业（节选）
梁启超

孔子说："饱食终日，无所用心，难矣哉！"又说："群居终日，言不及义，好行小慧，难矣哉！"孔子是一位教育大家，他心目中没有什么人不可教诲，独独对这两种人便摇头叹气说道："难！难！"可见人生一切毛病都有药可医，唯有无业游民，虽大圣人碰着他也没有办法。

唐朝有一位名僧百丈禅师，他常常用一句格言教训弟子，说道："一日不做事，一日不吃饭。"他每日除上堂说法之外，还要自己扫地、擦桌子、洗衣服，直到80岁，日日如此。有一回，他的门生想替他服务，把他本日应做的工作悄悄地都做了，这位言行相顾的老禅师，老实不客气，那一天便绝对地不肯吃饭。

我征引儒门、佛门这两段话，不外证明人人都要有正当职业，人人都要不断地劳作。"百行业为先，万恶懒为首。"今日所讲，专为现在有职业及现在正做职业上预备的人——学生——说法，告诉他们对于自己现有的职业应采何种态度。

第一要敬业。敬字为古圣贤教人做人最简易、直截的法门，唯有朱子解得最好，他说："主一无适便是敬。"用现在的话讲，凡做一件事，便忠于一件事，将全副精力集中到这事上头，一点不旁骛，便是敬。业有什么可敬呢？为什么该敬呢？人类一面为生活而劳动，一面也是为劳动而生活。人类既不是上帝特地制来充当消化面包的机器，自然该各人因自己的地位和财力，认定一件事去做。凡可以名为一件事的，其性质都是可敬。当大总统是一件事，拉黄包车也是一件事。事的名称，从俗人眼里看来，有高下；事的性质，从学理上解剖起来，并没有高下。

凡职业没有不是神圣的，所以凡职业没有不是可敬的。唯其如此，所以我们对于各种职业，没有什么分别拣择。总之，人生在世，是要天天劳作的。劳作便是功德，不劳作便是罪恶。至于我该做哪一种劳作呢？全看我的才能何如、境地何如。因自己的才能、境地，做一种劳作做到圆满，便是天地间第一等人。

第二要乐业。"做工好苦呀！"这种叹气的声音，无论何人都会常在口边流露出来。但我要问他："做工苦，难道不做工就不苦吗？"今日大热天气，我在这里喊破喉咙来讲，诸君扯直耳朵来听，有些人看着我们好苦；翻过来讲，倘若我们去赌钱去吃酒，还不是一样在劳神费力？难道又不苦？须知苦乐全在主观的心，不在客观的事。人生从出胎的那一秒钟起到绝气的那一秒钟止，除了睡觉以外，总不能把四肢、五官都搁起不用。只要一用，不是淘神，便是费力，劳苦总是免不掉的。会打算盘的人，只有从劳苦中找出快乐来。我想天下第一等苦人，莫过于无业游民，终日闲游浪荡，不知把自己的身子和心摆在哪里才好，他们的日子真难过。第二等苦人，便是厌恶自己本业的人，这件事分明不能不做，却满肚子里不愿意做。不愿意做逃得了吗？到底不能。结果还是皱着眉头，哭丧着脸去做。这不是专门自己替自己开玩笑吗？我老实告诉你一句话："凡职业都是有趣味的，只要你肯继续做下去，趣味自然会发生。"为什么呢？第一，因为凡一件职业，总有许多层累、曲折，倘能身入其中，看它变化、进展的状态，最为亲切有味。第二，因为每一职业之成就，离不了奋斗：一步一步地奋斗前去，从刻苦中将快乐的分量加增。第三，职业性质，常常要和同业的人比较骈进，好像要球一般，因竞胜而得快感。第四，专心做一职业时，把许多胡游思、妄想杜绝了，省却无限闲烦闷。孔子说："知之者不如好之者，好之者不如乐之者。""其为人也，发愤忘食，乐以忘忧，不知老之将至云尔。"这种生活，真算得人类理想的生活了。

我生平最受用的有两句话：一是"责任心"，二是"趣味"。今天所讲，敬业即是责任心，乐业即是趣味。我深信人类合理的生活应该如此，我望诸君和我一同受用！

[来源：《饮冰室合集》(中华书局 1936 年版)]

📚 分析

"将一种劳作做到圆满"的人是"天地间第一等人"！这篇文章节选自 1922 年梁启超先生给上海中华职业学校的学生做的一次题为"敬业与乐业"的演讲。这次演讲既是对学生进行职业启蒙，也是针对社会上轻视劳作的不良风气进行的规劝。虽然这次演讲已过去百年，但是它对于今天我们正确看待职业发展问题仍有发聋振聩的功效。敬业乐业是实现梦想的基本条件，也是实现人生价值的前提。

单元二 劳动的相关概念

👤 劳动箴言

劳动是整个人类生活的第一个基本条件，而且达到这样的程度，以致我们在某种意义上不得不说：劳动创造了人本身。

——恩格斯

📝 学习目标

【知识目标】
掌握马克思主义劳动观，认识劳动并且明确劳动的概念及其分类。

【能力目标】
能够结合实际案例，运用科学研究成果深刻理解劳动对人类发展的根本意义。

【素质目标】
树立正确的马克思主义劳动观，掌握劳动精神、劳模精神、工匠精神内核并服务社会。

劳动是马克思思想体系中的核心观念，是马克思主义理论研究的基础。马克思在对政治经济学进行全面、系统、深入研究的同时，进一步丰富和发展了唯物史观和人的解放学说，从而使自己的劳动思想获得很大发展，内涵更加丰富，理论愈加成熟。我们对劳动的理论概念的学习，要以马克思主义劳动观为主要依据，在新时代中国特色社会主义社会中发挥其作用。

一、马克思主义劳动观

马克思和恩格斯说："当人开始生产自己的生活资料，即迈出由他们的肉体组织所决定的这一步的时候，人本身就开始把自己和动物区别开来。人们生产自己的生活资料，同时间接地生产着自己的物质生活本身。"也就是说，唯有人类能够创造自己的生活资料，而动物只能从大自然获取生活资料，生产劳动是区分人和动物的根本标志。

在马克思主义劳动力理论出现之前，人类对劳动的价值评价一直不高，劳动基本上处于被贬低的地位。例如，古代思想家，无论是中国的还是西方的，对劳动少有论及，而且他们常常把劳动与个体的自由及幸福和安宁对立起来。这就是说，通过劳动虽然能够获得生存必需品，但在这个获取生存必需品的过程中，劳动在不同程度上牺牲了个体的自由、安宁和幸福。劳动是需要辛苦付出的活动，而这个辛苦的付出则是以自由为代价的。对劳动的这种认识，导致了如阿伦特所说的"对劳动的蔑视"。《论语》中有一段孔子与樊迟关于种植的对话，樊迟想学稼与圃，孔子的评价是樊迟成不了大器，而只能成为"小人"。亚里士多德的《尼各马可伦理学》论述了三种生活方式：理论的、政治的和日常的，恰恰不见劳动的生活方式。在《政治学》中，亚里士多德更是将劳动与闲暇相对立，并且明确地说"闲暇是劳作的目的""凡是最少机遇的职业就是最真正的技术，凡是对身体伤害最大的职业就是最低贱的，最需要体力的职业是最卑微的，最不需要德形的职业是最无耻的。"在生产力水平低下的经济时代，劳动恰恰意味着身体的辛劳，或者说会在不同程度上对身体造成伤害。劳动之所以被蔑视，在于劳动是属于用身体工作的活动。身体的劳动使他们无法逃避其被奴役的本性。由此，劳动被排斥在那些体面的社会生活之外，而劳动者也不被看作真正意义上的人。对劳动价值的无视导致了这样一种结果：那些对于我们生活最有用的人，如鱼贩、屠夫、厨师、农民，他们所从事的工作活动就成为最"卑贱"的职业。

近代以来，劳动的价值逐渐得到思想家的认识，劳动开始在不同程度上得到崇尚。洛克首先提出了劳动的真正价值所在，劳动是物质财产之源。在亚当·斯密的《国富论》中，我们也可以看到类似的观点——劳动是一切财富的源泉。与前现代社会对劳动价值的全然贬低不同，近代西方社会的思想界对劳动价值观有了两个不同的判断，特别是劳动创造财富的价值观的出现，使劳动本身并不全然被看作被蔑视的活动。然而，对于亚当·斯密来说，"在通常正常的健康、体力和精神状态下，在工人能够掌握通常的技能和技巧的条件下，他总要牺牲同样多的安逸、自由和幸福"。这意味着，劳动的价值尽管已经开始得到承认，但劳动自身的辛劳及由此而带来的其他方面的损失，使其价值大打折扣。在这种观念中，劳动意味着牺牲和付出，没有看到劳动其实也是获得。劳动与安逸的对立，使得劳动仍然是被轻视的对象。

从某种劳动形式来看，劳动的确是一件令人厌恶的事情。在基督教的文化中，"你必须汗流满面地劳动"，便是这种"诅咒"的最明确的表达。即便在马克思的劳动理论中，剥削社会中的劳动也是令人厌恶的，例如，"在奴隶劳动、徭役劳动、雇佣劳动这样一些劳动的历史形式中，劳动始终是令人厌恶的事情，始终表现为外在的强制劳动"等。这些劳动的一个共同特征，就是它们都具有外在的强制性，而外在的强制劳动是令人厌恶的事情，是与"自由和幸福"相对立的。这样的劳动不能成就个人的自我实现。

将劳动从最低级、最卑贱的地位提升到最高级、在人类所有活动中最受尊重地位的是马克思。劳动地位的反转，是与马克思主义劳动价值观紧密相连的。而正是在马克思的劳动理论中，劳动的价值才得到了真正的认识，劳动是一切财富的源泉，不仅如此，劳动还创造了人本身。然而，劳动原本具有的崇高地位，何以会被贬低至此呢？关于这个问题，恩格斯在《反杜林论》中有精彩的分析。劳动促进了个体的发展，促进了工商业的发展，进而促进了社会的发展，在此基础上出现了艺术和科学、民族和国家、法和政治、宗教等。"在所有这些起初表现为头脑中的产物并且似乎支配着人类社会的创造物面前，劳动的手的较为简陋的产品退到了次要地位；何况能做出劳动计划的头脑在社会得很早阶段上（如在简单的家庭中），就已经能不通过自己的手而是通过别人的手来完成计划好的劳动了。迅速前进的文明完全被归功于头脑，归功于脑的发展和活动；人们已经习惯于用他们的思维而不是用他们的需要来解释他们的行为（当然，这些需要是反映在头脑中，是进入意识的）。这样，随着时间的推移……认识不到劳动在这中间所起的作用。"

理解马克思主义劳动观，必须把生产和劳动联系起来，把生产方式和劳动生产力联系起来。劳动是人类独有的创造性活动，劳动的最伟大意义是创造了人类美好生活。人类生产方式的变革是人类劳动创造性的集中体现，也是人类文明进步的集中体现。

知识拓展：
劳动精神

1. 从"集体劳动"到"个体劳动"

人类生产自己的生活资料的方式，决定了每个人劳动的方式。我们今天说到"劳动"，首先想到的是"就业"，"劳动"好像是每一个"个人"的大事。道理很简单，如果找不到"就业"单位，也就没有"劳动"机会。但是，在古代，绝大多数人并不上学，男孩从小跟着父亲在田地里"耕种"，女孩从小跟着母亲学习"纺织"。而现代，大多数人都先去上学，完成"学业"再"就业"，这才开始生产"劳动"，而且每个人各有自己的就业行业和劳动方式，这是从农业社会向工业社会、从封建社会向资本主义社会转变的结果。从此，以家庭为主体的"集体劳动"，被以个人为主体的"个体劳动"所取代。

2. 从"农业劳动"到"工业劳动"

"脸朝黄土背朝天""三朝三暮，黄牛如故"，这是中国传统农业的真实写照。资产阶级却使以自给自足为主的、依靠人畜风水等自然力的、小规模小范围的生产劳动，逐步变成以

满足市场需求为主的、依靠蒸汽和机器的、世界规模和超大规模的商业化、机械化、全球化生产劳动。这是人类历史上从未有过的生产方式，从而也带来人类劳动的革命。资产阶级之所以是新兴阶级，就在于它很快摆脱了传统的劳动人民，如牧民、渔民、农民和工人的命运。资产阶级也从事畜牧业、渔业、农业和工业，但不是像祖祖辈辈一样放牧、打鱼、种田和做工。资产阶级曾经是劳动人民的一分子，也曾经是被压迫阶级。马克思和恩格斯在《共产党宣言》中明确指出，"从中世纪的农奴中产生了初期城市的市民，从这个市民等级中发展出最初的资产阶级分子"，也就是说现代资产阶级社会是"从封建社会的灭亡中产生出来的"。毫无疑问，资产阶级兴起，一方面是依靠殖民马来群岛、印度和对中国的鸦片走私，美洲的殖民化和贩卖黑奴，对殖民地的军事征服和贸易掠夺等罪恶的行径；但另一方面，资产阶级推动科技革命、工业革命、世界市场和商业、航海业和铁路交通相互促进，共同推动资本主义经济不断发展壮大，最终造成了人类生产方式和交换方式的革命性变革。

封建时代也曾出现过地跨欧亚非的大帝国，但是，没有一个封建帝国带来了生产方式和交换方式的根本变化，而只是带来了帝国疆域的改变，最终人类还没有改变农耕、畜牧、渔猎等传统劳动和生活方式。

3. 从"产品劳动"到"商品劳动"

马克思在《资本论》中指出："资本主义生产方式占统治地位的社会的财富，表现为庞大的商品堆积，单个的商品表现为这种财富的元素形式。"过去劳动都是为了生产产品、农产品或手工产品，也用于销售，但主要是自给自足。但是，资本主义的生产劳动完全是为了生产商品，也就是生产满足他人需要的销售品。商品具有使用价值和交换价值二重性，因此，生产商品的劳动也具有个人有用劳动和社会必要劳动二重性。个人有用劳动创造商品的使用价值，社会必要劳动创造商品的交换价值。马克思的《资本论》从商品出发，分析了劳动在商品生产中的价值创造作用。

二、劳动的认知

🧑 劳动箴言

> 　　子适卫，冉有仆。子曰："庶矣哉！"冉有曰："既庶矣，又何加焉？"曰："富之。"曰："既富矣，又何加焉？"曰："教之。"
>
> 　　　　　　　　　　　　　　　　　　　　　　　　——《论语·子路》

上述劳动箴言的大意为：孔子到卫国去，冉有为他驾车子。孔子说："人口真多啊！"冉有说："人口已经如此众多了，又该做什么呢？"孔子说："使他们富裕起来。"冉有说："已经富裕了，还需要怎么做？"孔子说："教育他们。"中华人民共和国的成立结束了长期战乱，中国人口快速增长，中国人民的生活水平不断提高；2021年，中国全面建成小康社会，中国人民逐步富起来了。我国经历"庶矣""富矣"，到了该"教之"的时候了，否则必将出现"小富即安"的社会风气。2012 年 11 月 15 日，习近平在十八届中央政治局常委同中外记者见面讲话时说："人民对美好生活的向往，就是我们的奋斗目标。人世间的一切幸福都需要靠辛勤的劳动来创造。""人民对美好生活的向往"和"辛勤的劳动"，就像发动机和离合器，共同驱动着中国人民实现民族复兴、国家富强和人民幸福的中国梦。

劳动是劳动主体自由创造的过程，是使人类社会从野蛮、原始的过去，发展到文明、先进的今天的推动力。没有劳动，就没有人类的生存和发展，就没有人类的今天和明天。恩格斯指出，劳动的作用不仅在于创造财富，而且在某种意义上"创造了人本身"，创造了属于人的世界。在自由自觉的劳动中，人的生命得到了确证，意义和价值得到了彰显。在人类社会漫长的历史演进中，从刀耕火种的原始农业时代，到现在的信息化和智能化时代，劳动创造美好生活的事实和规律始终没有改变，变化的只是劳动形式。

❯ 实践守则

劳动最光荣、劳动最崇高、劳动最伟大、劳动最美丽			
价值判断	目标追求	历史创造	审美取向
劳动最光荣	新时代劳动价值观的评判标准。它彻底否定了人类历史上把劳动看作卑贱活动的陈旧的劳动价值观念，确立了劳动对于每个人来说都是无上光荣的全新观念		
劳动最崇高	新时代劳动价值观的目标追求。劳动的崇高性在于，劳动是马克思主义唯物史观的基本原则，是中华民族的优良传统，更是社会主义核心价值观的应有之义。中华民族自古以来就以勤劳勇敢为美德，以勤劳和奋斗作为民族精神之魂		
劳动最伟大	新时代劳动价值观的核心内容。马克思主义劳动价值观始终确认，劳动是一切财富和价值的源泉，劳动创造了人本身，也创造了人类社会和人类历史，推动了人类社会不断向前发展		
劳动最美丽	新时代劳动价值观的审美原则。在赋予新时代劳动价值观核心内涵的基础上，习近平总书记反复强调，全社会都要贯彻尊重劳动、尊重知识、尊重人才、尊重创造的重大方针，维护和发展劳动者的利益，保障劳动者的权利		

三、劳动的概念

劳动是指创造物质财富和精神财富的过程，是人类特有的基本社会实践活动。由于在不同的历史时期，人类创造财富的方式不同，因此，劳动在不同的历史阶段有不同的表现形式。生产力的变革是决定劳动形式变迁的根本力量。通过总结劳动形式的变迁及其背后的决定力量，马克思得出了一般意义上的劳动的基本内涵。

劳动是人类实践活动的一种特殊形式，多指创造物质财富和精神财富的活动。在《中国大百科全书（哲学卷）》中，劳动被定义为"是人类特有的基本的社会实践活动，也是人类通过有目的的活动改造自然对象并在这一活动中改造人自身的过程"。在经济学中，劳动则是指劳动力（含体力和脑力）的支出和使用。马克思主义劳动观认为"劳动是人类的本质活动"，是区分人与动物的重要标志。

劳动是人类社会最普遍的活动，是每个人每天都需要进行的活动。劳动就发生在我们身边，是我们最为熟知的活动。然而，如此普遍、无时无刻不在的劳动，我们却未必能够说得清楚它的内涵、过程、类型、属性、价值、意义及价值观念等，也未必能够正确认识到劳动教育对社会及对个体的价值和意义所在。本章主要通过阐述劳动、劳动价值观和劳动精神等内容，使大学生形成对劳动清晰而正确的认识。

四、劳动的意义

我们为什么要劳动？当生产力还不是很发达时，人们为了获取食物、衣服、住所等生活必需品，不得不每天辛勤地劳动。在这种生产力发展水平的社会中，大多数人的大部分时间都要用于劳动，但他们未必喜欢劳动，而只是把劳动看作不得已而从事的活动，是艰苦的事情，许多人在为脱离劳动，成为"有闲阶级"而不懈努力。社会因此被分离为剥削阶级和被剥削阶级，剥削阶级自己不参加劳动，而是依靠掌握的权力或资本来占有他人的劳动；被剥削阶级通过辛苦劳动而获得的财富大部分被他人剥削，留下的部分甚至连维持自己的基本生活都不够。

随着生产力的发展，社会财富日益丰富，人们开始有时间来反思劳动的价值，逐步认识到劳动对于社会和个人发展的深刻意义。历史进入现代，人类的生产、生活条件发生了根本性的改变，人们已经能设计自动生产物品的智能工厂，城市生活把我们的日常生活与生产劳动割裂开来，这些因素导致我们对劳动的意义越来越缺乏来自生活的直接体验。重新理解劳动的意义成了当代青少年要着重探讨的重要课题。

1. 劳动的双重塑造意义

因劳动而改变的并不仅仅是对象物，还有人自身。"臂和腿、头和手运动起来"作用于自然对象，一方面改变了劳动对象，另一方面也改变着劳动者自身的"臂和腿、头和手"。"当他通过这种运动作用于他身外的自然并改变自然时，也就同时改变他自身的自然。他使他自身的自然中蕴藏着的潜力发挥出来，并且使这种力的活动受他自己控制。"从劳动即对劳动力的使用角度看，劳动既是个体应用其智力和体力的过程，同时也是普遍增加和改善个体智力和体力的过程。正是在后一种意义上，劳动才具有了真正的教育意义和价值。劳动作为个体对自己劳动力的使用，即通过身体的智力和体力的付出而介入对象物。由此，劳动一方面使得对象物发生改变，从而实现劳动的对象化；另一方面则实现个体的自我改变。劳动是一种塑造活动，并且是一种具有双重塑造特征的实践活动，它将"一种给定的结构转化为另一种更高级的结构"。在主体的意义上，它塑造着劳动者自身或马克思所说的"自身的自然"，这属于劳动的主体化范畴；在客体的意义上，或者如阿伦特所说的那样，它塑造劳动对象或"身外的自然"，这属于劳动的对象化范畴。通过劳动实现对劳动者自身的塑造，进而完成个体的自我实现和自我解放，这体现的正是劳动的育人价值。

2. 劳动创造世界

劳动改造了自然，人类经过长时间的辛勤劳动，克服了寒冷、战胜了天灾、充分利用自然界的力量，如热力、水力等，使它们为人类服务。瓦特改进了蒸汽机，把煤燃烧时产生的热力有效地转变为蒸汽机的动力；人类修建了水力发电厂，利用水位差产生的动能进行发电，供给人类各方面的需要。随着技术的进步、劳动的发展，人类越来越了解自然界运动、发展的规律，并通过有目的的劳动有意识地改造了自然，在地球上留下了自己劳动的痕迹。

3. 劳动创造了适合人类生活的世界

人类劳动有一个根本特点——使用工具和制造工具。人使用工具进行劳动，征服了猛兽、驯养了家畜、改造了植物、种植了农作物、开采矿源并加以冶炼，用工业劳动把原料制作成各种生产工具与生活资料，创造了适合人类生活的世界。是劳动建造了今天的万丈高楼；是劳动筑就了现代化的高速公路；是劳动让偌大的地球变成了一个小小的村落。

4. 劳动创造历史

劳动是历史前进的根本动力。马克思主义理论指出，历史是人类通过主观能动性和客观实践创造的。人类正是通过劳动不断改进自己的实践能力，提高科技水平，推动社会向信息化、智能化的方向发展，从而推动整个历史长河的演变。从哲学的角度看，劳动是主体、客体和意义的内涵集成体。劳动人民创造了物质世界，同时创造了精神世界，而且他们还是社会变革的主体力量。因此，劳动是人类社会生存和发展的基础，是人类维持自我生存和促进自我发展的唯一手段，更是历史前进的根本动力。以井盐生产技术发展史为例，四川省自贡市井盐生产历史悠久，在长期的生产实践中，盐工们创造了一系列独特的生产工艺。"井盐生产技术发展史"陈列，从钻井、采卤、天然气开采、制盐等方面再现了井盐生产技术的演进和发展，表现了以深井钻凿技术为中心的古代井盐生产工艺，体现了历代劳动人民的智慧和创造才能。陈列中的清代凿井机械碓架，靠人力踩动，以铁质钻头冲击井底岩石，可将盐井凿至千米以上的深度，用以钻进各种岩层的钻头多达 10 余种。这些实物是世界钻井史上的重要文物。

5. 劳动创造人本身

劳动使人从自然界中分离出来，在人类社会的产生和形式中起了决定性作用，劳动创造了人本身。考古学和人类学的研究，以及近百年来世界各地所发现的古人类化石和石器时代的遗物，都不断证明劳动在从猿到人进化过程中的重要意义。古猿通过劳动获得丰富的营养，然后前后肢分工、手脚形成，直立行走后获得了开阔的视野，发音器官的发展促进了语言的产生，脑髓的发展促进了思维的形成，最终促进了人脑的发展，这一切都是劳动的结果。制造工具是人和猿的根本区别。恩格斯指出，首先是劳动，然后是语言和劳动一起，成为两个最主要的推动力，在它们的影响下，古猿的脑髓逐渐地变成了人的脑髓。正是由于劳动，人才从自然界中分离出来，形成了与动物不同的生存方式。

6. 劳动是人类赖以生存、发展的决定力量

在劳动的直接推动下，早期人类大体经历了早期猿人、晚期猿人、早期智人（或称古人）、晚期智人（或称新人）4 个发展阶段。在从早期猿人到晚期智人的发展过程中，人类的脑容量不断增大，体态特征越来越区别于猿而近似于现代人，劳动工具日益多样化，物质生活逐渐丰富，并开始出现原始精神文明。从晚期智人开始，人类逐渐发展成现代世界的各色人种。

物质生产劳动是人类最基本的实践活动，原始人经过了数百万年的劳动实践，才逐渐锻炼出灵巧的双手和发达的头脑，形成了人的各种感觉器官，以及人所特有的感觉能力和思维能力，并且逐渐形成了表达思想感情的语言系统。从这种意义上讲，劳动创造了人本身，没有劳动就没有人类。

7. 劳动创造文明

劳动使人类丰衣足食，让人类住得舒坦、行得方便。在劳动的过程中，人类通过发明改进了劳动工具和生产技术，提高了劳动效率，促进了物质文明的发展。在劳动过程中，人类也创造了宝贵的科学、技术和文化成果。专门从事精神劳动的思想家、科学家、艺术家，他们在人类精神生产领域艰苦劳动，辛勤地创造着文化、科学、艺术等精神财富。无论时代条件如何变化，无论技术进步和知识更新到什么样的程度，无论经济社会发展达到什么样的水平，劳动始终是文明进步的重要源泉。

8. 劳动促进人的成长与发展

劳动不仅是提高社会生产的一种方式，而且是造就全面发展的人的唯一方法。首先，在劳动过程中，人类的四肢等身体器官及其功能得到了锻炼和发展，人类的智能素质，如观察力、思维能力和创造力等得到了发展；其次，劳动能够培养和发展人的道德品质，提高人的精神境界，通过劳动，我们不但能形成艰苦奋斗、吃苦耐劳、坚强不屈的优秀品质，而且能养成艰苦朴素、勤俭节约的良好习惯；最后，劳动与个人的成才、事业的成功紧密相关。它可以锻炼我们的能力，磨砺我们的意志，强化我们自强、自信、自立的意识。这一切都是我们走上社会后建功立业、实现个人全面发展的必备素质。

> **▶ 职业思索**

（1）阐述劳动对于个体和社会的价值。

（2）结合本专业岗位，列举该岗位发展的历程，用马克思劳动价值观阐述其每个发展阶段的不同历史意义。

单元三　劳动的分类

劳动箴言

> 劳动的发展必然促使社会成员更紧密地互相结合起来，因为它使互相帮助和共同协作的场合增多了，并且使每个人都清楚地意识到这种共同协作的好处。
>
> ——《马克思恩格斯全集》

📝 **学习目标**

【知识目标】
掌握劳动的分类。
【能力目标】
能够依据不同的分类标准，更好地理解和认识劳动。
【素质目标】
认识到劳动不分贵贱，各种类别的劳动都是推动社会发展进步的实践活动，都是值得肯定和尊重的。

马克思指出："劳动首先是人和自然之间的过程，是人以自身的活动为中介，调整和控制人与自然之间的物质变换的过程。"因此，人类以自己的智力和体力为依托，所开展的改造自然、创造财富，进而助推社会发展的所有实践活动都应属于劳动的范畴。劳动是人类生存和发展的前提条件。劳动是人类社会存在和发展的基础，无论人类社会发展进步到什么程度，人类都离不开劳动。同时，在人类社会的不同历史阶段，由于社会普遍的生产力水平不同，劳动的突出表现形式和侧重点也有不同。按照不同的标准，劳动可以划分为不同的种类。

一、具体劳动和抽象劳动

按照马克思主义政治经济学的观点，商品兼具自然属性和社会属性，即同时具有使用价值和价值。因此，生产商品的劳动也可以据此划分为生产使用价值的具体劳动和生产价值的抽象劳动。

1. 具体劳动

具体劳动是指人类具有特定目的的劳动，其是商品使用价值的来源。由于劳动的目的、使用的工具、加工的物质对象和采用的操作方法不同，生产出的商品便具有不同的使用价值。以木匠制造家具为例，木匠为实现制造家具的劳动目的，利用斧子、锯、刨、凿等劳动工具对劳动对象木材进行加工、组合，进而生产出桌、椅、床、柜等家具产品。同样，农民耕作是以生产农产品为目的，利用犁、耙等传统农具或播种机、收割机等现代农业机械，开展平整土地、播种施肥、喷洒农药、收割收获等具体农业生产劳动。由此不难看出，由于商品的使用价值千差万别，因此，相应的具体劳动方式也有很多。具体劳动体现着人和自然的关系。

2. 抽象劳动

抽象劳动是指一般的无差别的人类劳动，抽象劳动形成商品的价值。撇开生产各种商品劳动的具体体现形式，无论是木匠的劳动，还是农民的劳动，其实质都是人类劳动力（脑力和体力）一般生理学意义上的消耗，即人类的脑、肌肉、神经、手等的生产性耗费，这是一切劳动共有的东西。生产各种商品的具体劳动，尽管在特殊性质和具体形式上千差

万别，但是，它们所创造的各种各样的商品都可以互相比较和交换，这表明在各种不同的具体劳动背后隐藏着某种共同的东西，即由抽象劳动形成的商品的价值。抽象劳动是价值的源泉，凝结在商品中的抽象劳动是价值的实体，但抽象劳动不等于价值，抽象劳动是一个经济范畴，反映的是商品生产。抽象劳动是一个历史范畴，只有在商品生产的条件下，当人们的经济联系通过劳动产品的互相交换来实现的时候，耗费在这些劳动产品上的人类的脑力和体力，才能被当作形成价值的一般人类劳动而被社会"抽象"出来。作为价值实体的抽象劳动是劳动的社会属性，它体现人与人之间的一定社会关系，是商品经济所特有的。

知识拓展：从事适合自己的工作

同一劳动过程中的具体劳动和抽象劳动是不可分割的，两者在时间和空间上均密不可分。性质不同的具体劳动，生产性质不同的使用价值，它表明怎样劳动、为什么劳动的问题；性质相同的抽象劳动，形成性质相同的价值，它表明劳动了多少、劳动的时间有多长的问题。

二、生产劳动和非生产劳动

由于劳动结果既有以物质实体呈现的商品，也有以非物质的、虚拟呈现的商品，因此，以劳动结果的物质形态为标准进行划分，劳动应有生产劳动与非生产劳动之分。

1. 生产劳动

从劳动产品的自然形态来看，生产劳动主要是从事物质资料生产的劳动，具体包括工业、农业、建筑业、交通运输业等生产部门中开展的劳动，以及生产过程在流通领域中继续的那部分劳动，如商品的分类、加工、包装、分管等。从事生产劳动的劳动者并不一定都亲自动手或直接参加生产，但是，只要其劳动属于生产劳动全过程的一部分，如从事劳动管理、技术管理、人事管理、工艺流程设计等，就都属于生产劳动。

2. 非生产劳动

非生产劳动是相对于生产劳动而言的，是指直接或间接进行非物质资料生产的劳动。非生产劳动的产生晚于生产劳动，它是在物质资料生产发展到一定程度，人们对于精神文化生活、医疗教育、生活服务等方面需求不断增长的情况下应运而生的。

生产劳动是人类社会存在与发展的基础，是非生产劳动存在和发展的前提；而非生产劳动是生产劳动不断发展的重要支撑，它为生产劳动的发展进步提供了精神动力和智力支持。在非生产劳动出现之后，其与生产劳动一样，都是人类社会分工体系中不可或缺的部分。例如，作家创作净化心灵、启迪思想的文艺作品，以满足读者的精神文化需求，这属于非生产劳动。但是，如果作家想将自己的作品编印出版成书，供读者阅读和欣赏，就必须要联系印刷厂，交给工人排版印刷，而其中一定会使用到纸张、油墨等生产资料，印刷成书的过程中也必然存在排版、校对、装订等活动，这些又都属于生产劳动。

三、脑力劳动和体力劳动

人类在劳动的过程中，不仅有体能消耗，也有脑力消耗。也就说，在劳动中脑力劳动和体力劳动是共存的。但是，两者在整个劳动过程中所占的比重不同，对于某项或某类具体劳动来说，从计划到完成的过程中，其脑力的复杂程度及体力消耗的强度常常是不均衡、不对称的。习惯上，人们将脑力活动占有较大比重的劳动称为脑力劳动，将体力活动占有较大比重的劳动称为体力劳动。古人所讲的"劳心"与"劳力"就是对脑力劳动与体力劳动的通俗表述。

劳动故事："80后"李灵创办"德育为首"的希望小学

我国封建社会时期强调"劳心者治人，劳力者治于人"，提倡脑力劳动高于体力劳动，或者把劳动等同于体力劳动，把脑力劳动与体力劳动割裂乃至对立起来，这些观念和做法显然是不客观、不准确的。其实质是为了维护封建统治的合法性、合理性。实际上，无论是"人生在勤，不索何获""业精于勤荒于嬉"，还是"成由勤俭败由奢"到"一勤天下无难事"，无不说明中华民族不仅重视劳动、热爱劳动，更将勤劳、勤奋、勤俭作为共同的价值观念。所谓的勤与劳，不仅是指体力劳动，也必然包含脑力劳动。例如，古语"宵旰忧勤"中的勤、"宵旰忧劳"中的"劳"，强调的就是脑力劳动。今天，以对职业的热忱、对劳动的热爱、对技术的钻研为我们所称道的"大国工匠"们，虽然他们从事的是一些具体的操作性工作，但是如果没有思考、改革和创新，没有脑力的大量付出，他们是不会取得今天的成绩的。因此，职业无所谓高低贵贱，无论从事什么工作，无论是脑力劳动多，还是体力劳动多，都是同样的劳动付出，只是呈现的具体形式不同罢了。

四、简单劳动和复杂劳动

人类开展的劳动形式各异，其所需的生产资料和生产技术在复杂程度上也各不相同。因此，劳动也可以根据其工作的复杂程度划分为简单劳动和复杂劳动。

所谓的简单劳动，一般是指无须经过专门训练，一般的正常劳动者均可从事的劳动。与之相对，所谓的复杂劳动是指需要对劳动者进行专门的训练，使其达到必要的技术水平才可以从事的劳动。复杂劳动涉及相对较多的技巧和知识的运用，是加倍的简单劳动。马克思指

劳动故事：身体是革命的本钱

出："比社会平均劳动较高级较复杂的劳动，是这样一种劳动力表现，这种劳动力比普通劳动力需要较高的教育费用，它的生产要花费较多的劳动时间，因此它具有较高的价值。"

简单劳动和复杂劳动的界定标准取决于国家的科学技术和教育水平，这种区分不是绝对的。在经济发展的不同时期和经济发展程度不同的国家对于简单劳动和复杂劳动有

不同的划分标准，但是在同一国家的同一时期内，简单劳动和复杂劳动的区别是客观存在的。

五、数字劳动和传统劳动

随着信息技术迅速发展，数字化已经成为世界发展不可逆转的大趋势，数字技术已经成为影响世界进程的关键要素。在这种背景下，数字劳动的概念应运而生。数字劳动是与传统劳动相对应的概念，其摆脱了对于土地、能源等传统生产资料的依赖，颠覆传统的劳动模式，以非物质的数据、信息为生产要素，以科学技术的实时更新为内核，以互联网为生产领域，对传统劳动进行重新分工，推动传统产业和实体经济的升级改造，进而重构全球经济形态的发展。

当前，数字劳动已经成为当今世界和中国经济发展中不容忽视的劳动形式。2020 年 2 月 25 日，在人力资源和社会保障部等向社会发布的 16 个新职业中，网约配送员、人工智能训练师、全媒体运营师等都均可以归属于数字劳动群体范畴，这就意味着这一全新的劳动形式已经得到国家层面的认可和确认。

知识拓展：正确看待职业分类

另外，依据其他分类标准，还可以将劳动分为必要劳动和剩余劳动、生产性劳动和劳务性劳动、物质生产劳动和精神生产劳动、私人劳动和社会劳动……但是，我们应该认识到，无论是什么类型的劳动，只要能够创造财富、推动社会发展进步，就应该得到赞赏和肯定。

▶ 职业思索

（1）结合自身专业的特点，分析其属于哪一种职业分类。

（2）如何在平凡的岗位上做出不平凡的事。

单元四　劳动的价值

劳动箴言

"不劳动者不得食"，这是任何一个劳动者都懂得的。

——《列宁全集》

📝 学习目标

【知识目标】

理解劳动是人类生存和发展的基础，是创造财富和价值的源泉，是实现自我价值和社会责任的重要途径。

【能力目标】

能够掌握一定的劳动技能和知识，以提高自己的职业素养和就业竞争力。

【素质目标】

需要认识到劳动行为对社会和他人的影响，具备良好的职业道德和文明素质，积极履行社会责任，为社会进步和国家繁荣做出贡献。

"不劳动者不得食"是社会主义社会分配个人消费品的一项原则，即在社会主义制度体系下，一切有劳动能力的成员都必须参加劳动，凭借劳动获得个人消费资料，它与社会主义制度下的按劳分配原则是一致的。2020 年 3 月，《中共中央、国务院关于全面加强新时代大中小学劳动教育的意见》中指出，当前仍然存在学生"不珍惜劳动成果、不想劳动、不会劳动"的问题。现在部分青少年沉浸在虚拟网络空间的时间过长，对现实生活的酸甜苦辣体会不深，"五谷不分""不辨菽麦"的现象不在少数。"生活即教育、社会即学校"。劳动教育并非要与网络虚拟空间绝缘，而是不能让学生脱离劳动、远离真实生活，体会不到劳动的艰辛，感悟不到生活的冷暖。加强劳动教育，正是从家庭、学校、社会多个时空场景鼓励学生参加劳动，体验真实生活，引导他们掌握生活技能，增强生活自理能力，在劳动生活大课堂中历练成长，明白"不劳动者不得食"的真谛。

一、劳动推动国家发展

无论哪个国家或民族都是靠着劳动来发展壮大的，广大青年只有热爱劳动，积极投身于劳动建设当中去，国家才会富裕，才能创造出更多的社会财富。劳动让中华民族从站起来到富起来再向强起来发生了根本的转变，人民用辛勤的劳动提高了中国的综合国力，实现社会主义现代化建设目标，实现全面建成小康社会，实现"两个一百年"的奋斗目标，实现中华民族伟大复兴，托起了中华民族伟大复兴梦想。劳动对国家层面的推动作用主要体现在以下三个方面。

1. 劳动推动民主

社会主义国家民主表现在少数服从多数的原则，劳动的发展方式决定了民主的程度，人民用劳动实现自己的生存权和平等权，每一个劳动者都可以成为国家的主人，为自己主张权利，成为社会主义国家民主形式的创造者和参与者。

2. 劳动推动文明

劳动创造了物质文明和精神文明。在具有五千年悠久历史的中国，劳动人民推动了人类文明的发展，无论时代发展到何种程度，劳动都推动着人类历史的前进，书写人类文明史。

3. 劳动是财富的源泉

劳动是一切成就的基础，是创造社会物质财富和精神财富的必要手段。劳动既是人类生存生活之本，也是社会不断进步的根本动力。

纵观人类文明史，劳动都是推动人类社会进步的重要力量。"民生在勤，勤则不匮"就是告诉我们一个最朴素的道理：勤劳致富。"富贵本无根，尽从勤里得。"被称为"政治经济学之父"的威廉·配第曾指出"劳动是财富之父，土地是财富之母"；"古典经济学之父"亚当·斯密在《国富论》中提出，劳动是财富的源泉，一个人的财富由其所能支配的劳动数量决定，劳动是衡量一切商品内在交换价值的真实尺度。恩格斯说："用自己勤劳的双手，辛勤的劳动认识和改造客观世界，创造丰裕富足的物质生活和多姿多彩的精神生活。"从古至今，人世间一切美好的梦想，只有通过劳动才能实现，也只有通过劳动才能铸就辉煌。事实证明，唯有通过勤劳方能致富，企图靠投机取巧、贪污腐败等不法手段攫取财富的人，终将逃不过法律的制裁和良心的审判。

人世间的美好梦想，只有通过诚实劳动才能实现；发展中的各种难题，只有通过诚实劳动才能破解；生命里的一切辉煌，只有通过诚实劳动才能铸就。财富的积累是以辛勤劳动为基础。脚踏实地的生产经营，不断超越自我，才能开拓属于自己的天地，从而不被投机取巧、急功近利、一夜暴富的捷径所遮蔽和诱惑。例如，"老干妈"辣酱的创始人陶碧华，她依靠自己的双手创造财富，让生产的辣酱从路边小摊走向全国，走出国门。又如，义乌从人们最初摇着拨浪鼓鸡毛换糖发展到全球最大的小商品市场，依靠的是义乌人点滴劳动的积累。许多企业家通过辛勤劳动、诚实劳动、创造劳动，实现了从小作坊到大企业的腾飞。无论是在遥远的古代还是瞬息万变的今天，劳动才是个人、企业、国家创造财富的源泉，是无数人梦寐以求的财富密码。

知识拓展：劳动节的由来

二、在社会和谐中创造劳动价值

（一）在个人与社会的统一中实现价值

1. 社会客观条件是实现人生价值的基础

马克思指出："人们的社会历史始终只是他们的个体发展的历史，而不管他们是否意识到这一点。他们的物质关系是形成他们的一切关系的基础。这些物质关系不过是他们的物质的和个体的活动所赖以实现的必然形式罢了。"社会的发展决定了人的个性的发展，社会提供的客观条件是一个人实现自己人生价值的基础和前提。人在创造价值时，必定离不开他人和社会。个人所做的一切总是构成他人和社会成果的一部分，没有谁能够真正脱离社会、脱离他人。作为具有社会属性的人，"没有大家的努力，什么事也做不成。"习近平总书记说："今天，中国人民比历史上任何时期都更接近、更有信心和能力实现中华民族伟大复兴。"国家为我们搭建了一个广阔的舞台，为我们提供了充分就业的机会，让我们通过劳动可以获得足够的收入、合理的社会保障，并且有相关的法律、法规保护我们的各项合法权益。在这样的环境中，我们"干一行爱一行"，劳动水平更容易提高，在同样的时间采用同样的劳动形式能够创造更多的价值。无论何时，身处何方，只要努力奋斗，任何人都可以在梦想的舞台上实现人生价值。

劳动故事：全国劳动模范艾爱国——一辈子当个好工人

2. 个性发展与社会发展的统一

人的个性发展与社会发展是相辅相成、辩证统一的，两者互为条件、相互促进。人的价值包括人的自我价值与人的社会价值。这就使得在社会中，人除了有自然属性和社会属性这样的共性外，能区别于他人最显著的特征就是个性。马克思认为，"人是一个特殊的个体，并且正是他的特殊性使他成为一个个体，成为一个现实的、单个的社会存在物"，个性的发展在社会历史发展进程中起着举足轻重的作用。在社会发展过程中，生产力的发展离不开人的劳动，也正是因为人的劳动实践，才推动了人类文明的进步。从刀耕火种的蒙昧时代到现代工业的高度文明时代，生产力的高度发展、劳动生产效率的提高，为个性自由而全面的发展提供了保障。劳动是创造人类文明成果的重要依托。

人类一切美好的梦想都不会唾手可得，我们的国家、民族能有今天的成就靠的就是一代又一代中国人的努力奋进。2020年，多个国家和地区出于粮食安全考虑，开始限制本国粮食出口，这引发了全球关于粮食危机的担忧。对于疫情有可能带来的粮食安全问题，袁隆平院士表示，中国完全有实现粮食生产自给自足的能力，不会出现"粮荒"。而几十年前，中国的粮食安全问题曾引起国际社会的关注，有外国学者发问：谁来养活中国人？经历几十年的努力，中国人用事实正面做出了回答，中国人完全可以自己养活自己。在这份出色的答卷中，追梦稻田的袁隆平院士功不可没。2004年"感动中国"评委会对袁隆平的评语："他是一位真正的耕耘者。当他还是一个乡村教师的时候，已经具有颠覆世界权威的胆识；当他名满天下的时候，却仍然只是专注于田畴。淡泊名利，一介农夫，播撒智慧，收获富足。他毕生的梦想就是让所有人远离饥饿。喜看稻菽千重浪，最是风流袁隆平！"将一生奉献于"让天下人都吃饱饭"的袁隆平院士，不仅实现了个人的梦想，也实现了14亿中国人民的粮食安全梦。

◆ 劳动实践

做一名普通劳动者

1. 任务概述

让学生利用寒暑假时间，选择一名普通劳动者角色（环卫工人、修理工、超市保洁等），近距离接触普通劳动者，和这些普通劳动者一起劳动一个星期以上，了解普通劳动者的劳动及其对社会的意义，培育学生的劳动情怀。

2. 任务实施步骤

（1）准备阶段。教师对学生进行本次活动意义的宣传教育，提前让学生了解普通劳动者的相关工作及意义，确定自己的劳动定位。

（2）实施阶段。学生根据要求，主动与普通劳动者联系，征得他们同意，协助他们工作。劳动中，要服从安排，不怕脏、不怕累，展现"00后"大学生积极向上的精神风貌；同时，劳动过程中，要注意劳动安全，防止各种意外事故的发生。劳动体验结束后，与劳动者合影留念，并请劳动者对自己的表现进行文字评价。

（3）总结阶段。根据劳动体验，结合实际写一篇劳动心得体会。

3. 任务实施过程提示

（1）在劳动过程中，要自觉遵守国家法律、法规；要讲文明、懂礼貌，展现当代大学生应有的素质和形象。

（2）劳动心得体会要写出自己真实的情感体验，严禁抄袭。

4. 任务小结

本次劳动探索的目的是了解普通劳动者的劳动及其意义。每一个普通劳动者，就好像那些不知名的星星，正是这无数不知名的星星，才汇聚成璀璨的星空。通过本次劳动实践，让学生深刻领会习近平总书记关于"劳动最光荣、劳动最崇高、劳动最伟大、劳动最美丽"的论断。

（二）在接续奋斗中实现人生的社会价值

青年一代应将个人抱负与国家前途命运紧密相连。习近平总书记指出，中华民族伟大复兴的中国梦，终将在一代又一代青年的接力奋斗中变为现实。当代大学生作为共产主义事业的建设者和接班人，如果能够珍惜韶华，志存高远，奋发有为，撸起袖子加油干，用汗水书写青春，用信仰成就梦想，就一定能够成就属于自己的人生精彩。

1. 做有作为的劳动者

有所作为即有所成就。"担当起该担当的责任"，就是有所作为。自古以来，肩负使命与担当离不开劳动的助力。例如：司马迁忍辱负重历时十余载，编著被誉为"史家之绝唱"的《史记》；李冰父子排除万难建成造福后世的都江堰；屠呦呦千百次实验萃取"青蒿素"解决疟疾难题；吴孟超终其一生拯救了超过16 000名患者的生命，将中国"肝癌大国"的帽子扔到太平洋去……古今中外，能够被后世铭记的人，无一不是一生都在为理想而奋斗，为使命而奉献，在平凡与忙碌中成就非凡。"担当起该担当的责任"，就是把事干成。中国特色社会主义是干出来的，不是轻轻松松、敲锣打鼓就能实现的。习近平总书记寄语青年"保持初生牛犊不怕虎的劲头，不懂就学，不会就练"，用真才实干在最火热的实践中摸爬滚打，去成就出彩的人生，去推动社会的进步，去实现中国梦。在劳动中充实青春的色彩，在奋斗中释放青春的能量，在将来的工作中做好本职工作，勇于担当作为，敢于创新创造，才能无愧于青春，无愧于这个时代。

2. 做有本领的劳动者

我国经济正处于向高质量发展的转型期，对于劳动者素质的要求也发生了变化。技能型人才是当今社会创新、创业、创造的重要力量，发展战略性新兴产业，必须要有技能型人才做支撑。"积财千万，不如薄技在身"，新时代有本领的劳动者，需要"一专多能""专精结合"。大学是大学生成长成才，积累各项知识，增长技能的"摇篮"。大学生要坚持知行合一，脚踏实地，奋发有为，自觉主动掌握各种本领，为今后的职业发展打下扎实的基础。非才无以为贵，非学无以广才。要克服本领恐慌，学习是唯一的出路。除在课堂教学中汲取养分外，还应当积极参加各类技术能力大赛，在"知行合一"的竞赛中不断提升专业技术水平，激发创新创造的潜能，努力使自己成长为一名优秀的高素质复合型人才，以适应新时代发展的需要，提升职业竞争力。

3. 做有担当的劳动者

历史告诉我们，中华民族的觉醒就是从青年人的觉醒开始的。毛泽东同志曾说，"世界是你们的，也是我们的，但归根结底是你们的。"习近平总书记也指出，"中国梦是历史的、现实的，也是未来的；是我们这一代的，更是青年一代的。"这些话让我们感受到，国家的前途、民族的希望始终落在青年一代肩上。一代人有一代人的长征，一代人有一代人的担当。站在时代的舞台上，肩负祖国的未来、民族的希望，就要勇挑重担，敢于担当；面对矛盾与危机，就要勤勉敬业、精益求精。

一个人有大能力就要有大担当，有小能力也要有小担当。工作岗位既是我们承载梦想的舞台，也是我们担负社会责任的平台。吉利集团青年技工吕义聪立下誓言，"希望通过我们这一代年轻工程师和产业工人的共同努力，使中国的自主品牌汽车享誉世界"；祖国西部大地上，年轻的大学生志愿者领着孩子们畅游知识海洋；在精准扶贫路上，青年"书记"躬身脱贫一线；寒风凛冽的边防线上，一批"00后"的年轻面孔昂首挺立，青年当建功新时代，我们要铆足砥砺奋斗的干劲，拿出"虽千万人吾往矣"的英雄气概，以"钉钉子"精神，和"绣花"功夫的毅力干好本职工作，我们要鼓足攻坚克难的韧劲，"青年之字典，无'困难'之字，青年之口头，无'障碍'之语"。不畏艰难，不畏风霜，只有把人生理想融入国家和民族的事业中，才能最终成就一番事业。我们要蓄足逢山开路的闯劲，与时俱进，追求创

劳动故事：干就干一流　争就争第一

新，"干一行爱一行，爱一行钻一行"，学真本领，练真功夫，展真作为，以蹄疾而步稳的节奏一马当先，在青春逐梦的路上脚踏实地，行稳致远。

三、劳动的社会需求

劳动在悄无声息中形成的文化环境中影响和改变着人类所构成的社会发展。在资本主义社会，劳动是受控制的，是一种劳动的异化，是不自由、不自觉的；马克思针对未来社会的发展指出了劳动必将实现自由和自觉，也会推动未来社会向着自由、自觉发展。劳动的发展离不开社会的支持，也对当下社会环境提出了要求。

1. 劳动要求人人平等

"三百六十行，行行出状元"，职业是平等的，劳动没有贵贱之分，没有优劣之别，每个人都应该劳动，从事于各行各业，社会才能得到全面发展。劳动者是平等的，每个人都是生来平等的，没有等级之分，我们要尊重劳动者、爱护劳动者。

2. 劳动要求人人公正

公平正义是劳动者在实践活动中追求的，坚持以实事求是、不弄虚作假的原则维护好正义一方的权利，在分配结果上坚持按劳分配，实行多劳多得的政策，推动整个社会的公正氛围的建设。

3. 劳动要求国家法治

我国是社会主义法治国家，我们拥有法律制度，劳动者可以依据法律维权，用《中华人民共和国劳动法》《中华人民共和国劳动合同法》等法律、法规保护自己的权利，履行应尽的义务。让劳动者懂得用法律的武器维护其自身的权益，社会的法治建设便会更上一层楼，更好地维持社会秩序的稳定。

❯ 劳动实践

阅读《习近平的七年知青岁月》

1. 任务概述

《习近平的七年知青岁月》一书为我们讲述了15岁的习近平离开家去千里之外的梁家河插队，很多人都说："陕北很苦，延安更苦，延川极苦，梁家河最苦。"但据与习近平一起插队的知青戴明回忆，他虽然年龄最小，抗压能力却很强。在贫瘠恶劣的环境下扎根陕北黄土高原，从一个孩子到支部书记，7年来同人民群众同甘共苦、情同手足，将他的青春孕育得丰厚而坚实。本书用真实的历史细节讲述了青年习近平"苦其心志、劳其筋骨、饿其体肤、空乏其身"的历练故事，再现了习近平总书记知青时期的艰苦生活和成长经历。通过"坚持打卡读好书"的方式，给同学搭建一个相互交流、分享读书心得体会的平台，并在阅读中思考青年人要如何度过自己无悔的青春。

2. 任务实施步骤

（1）21 天阅读打卡，在 21 天内每天坚持阅读，直至读完这本书。

（2）组织读书心得交流会。学生应在深读精读上下功夫，并在此基础上撰写心得体会。结合自己的学习和生活经历，交流自己的所思、所想、所感。

（3）教师点评。针对学生的读书分享，教师逐个加以点评。

3. 任务实施过程提示

（1）读书时间不得与上课时间冲突，安排好时间，确保完成进度。

（2）要求人人参与，心得体会不得抄袭，要表达自己的真实感受。

4. 任务小结

通过阅读活动，引导学生感受青春的底色是奋斗，应树立矢志不渝的理想追求，厚植爱国为民的家国情怀，发扬肯吃苦、不怕苦的奋斗精神。

单元五　服务业与农业、工业的互动发展

劳动箴言

> 劳动教育是对年轻一代参加社会生产的实际训练，同时也是德育、智育和体育的重要因素。
>
> ——苏霍姆林斯基

学习目标

【知识目标】

了解农业发展与劳动的关系；掌握近现代工业中产生的新型劳动类型；了解服务业的发展渊源。

【能力目标】

能够根据现代服务行业的特点，拥有创新劳动的能力。

【素质目标】

树立在各行各业中做有理想、有担当的劳动者的劳动信念。

随着技术的进步与社会的发展，农业、工业与服务业发生了翻天覆地的变化。"有机农业""农业职业经理人""农业互联网"等新兴词汇组成了我国新型农业的奇妙画卷，蛟龙号、北斗卫星、5G等科技成果描画出我国民族工业的宏伟蓝图，文旅融合发展、乡村振兴战略、生态文明建设等重要举措极大地提升了城乡居民的幸福感和获得感。这一切是如何发生的呢？让我们一起去感受服务业与农业、工业的互动发展历程吧。

一、农耕文明与现代农业

（一）农业发展与农耕文明

1. 农业的起源

我国是传统的农业大国，早在原始社会就有农业的相关传说。北方最著名的氏族是炎帝氏族和黄帝氏族。炎帝神农氏，又名烈山氏。"烈山"反映了原始农业的焚林开荒和刀耕火种。传说黄帝的妻子嫘祖是养蚕缫丝的创始者。这些传说依稀反映了原始农业生产的一些情况，而新石器时代遗址陆续出土的考古材料，则为了解中国各地的原始农业面貌提供了实物依据。

黄河流域的原始农业以粟为代表作物，重要的遗址是河南渑池仰韶文化遗址。长江流域的原始农业以水稻为代表作物，重要的遗址有著名的浙江河姆渡文化遗址。

2. 社会变迁与农业发展

夏、商、西周时期，随着农业生产的多样化，我国由原始公有制进入奴隶制。春秋战国时期，奴隶制走向崩溃，封建的生产关系开始出现。按亩征收赋税的制度开始被各诸侯国采用。在秦国商鞅、魏国李悝等人的倡导下，一些诸侯国的统治者纷纷实行变法，废井田、开阡陌，封建土地所有制逐渐形成。在封建土地所有制下，地主是土地的所有者，土地可以自由买卖，原来的奴隶则成为向地主租种小块土地的佃农，他们一般以家庭为单位，用自己的生产工具从事耕作，以实物或劳役形式向地主交纳地租。因可留下部分产品作为自己的生活资料，其生产积极性有了很大提高。

农业生产得到巨大发展的突出标志是铁质农具的出现。铁犁的出现将耕地的作业方式从间断式破土转变为连续式的前进，使生产效率大大提高。铁犁所需的动力大，用畜力做动力的牛耕便应运而生。这样，整个农业生产面貌大为改观。

1840年鸦片战争以后，中国沦为半殖民地半封建社会。帝国主义的侵略和日益苛重的封建剥削使农村经济江河日下。耕地很少增加，农具鲜有改进，许多地方水利失修。同时，随着侵略者对海上航线的侵占，迫使桑蚕、茶叶、棉花、烟草乃至花生、大豆等经济作物逐渐走商品性生产的道路。农村中带资本主义因素的经济成分（如经营地主和富农经济等）也进一步增长。但由于帝国主义国家为使中国成为其半殖民地和殖民地而继续维护中国的封建统治，农村的资本主义经济未能得到发展。

知识拓展：我国的农业发展

3. 农耕文明

农耕文明是人类史上的一种文明形态。原始农业和原始畜牧业、古人类的定居生活等的发展变化，使人类从采集食物变为生产食物，是生产力的一次飞跃，人类进入农耕文明。农耕文明地带主要集中在北纬20°～40°。这里也是人类早期文明的发源地。

农耕文明一直延续到工业革命之前。在此期间，经济生产以农业为主，政治体制一般为君主制，社会结构呈现为金字塔形。农耕文明发源于大河流域，是工业文明的摇篮。农耕文明本质上需要顺应天时、守望田园、辛勤劳作。农耕文明要求掌握争取丰收的农艺和园艺，企盼风调雨顺，营造人和的环境。尽管在农耕文明下人们的生活也不都是田园牧歌，也有争斗和战乱，但其较之游牧文明和工业文明，仍具有质的不同。

农耕文明对中华文化有着重要意义。聚族而居、精耕细作孕育了内敛式自给自足的生活方式、文化传统、农政思想、乡村管理制度等，其中部分与今天提倡的和谐、环保、低碳等理念不谋而合。而农耕文明的地域多样性、民族多元性、历史传承性和乡土民间性，不仅对中华文化的形成和发展具有重要意义，也是中华文化绵延不断、长盛不衰的原因之一。

(二) 现代农业

1. 现代农业的内涵

现代农业是在现代工业和现代科学技术基础上发展起来的农业。它萌发于资本主义工业化时期，形成于第二次世界大战以后。现代农业广泛运用现代科学技术，由顺应自然变为自觉地利用自然和改造自然，由凭借传统经验变为依靠科学，建立在植物学、动物学、化学、物理学等学科高度发展的基础上，成为科学化的农业。其将工业部门生产的大量物质产品投入农业生产中，以换取大量农产品，成为工业化的农业。农业生产也走上了区域化、专业化的道路，由自然经济变为高度发达的商品经济，成为商品化、社会化的农业。

2. 现代农业的特点

相对于传统农业，假日农业、休闲农业、观光农业、旅游农业等新型农业也迅速发展成为与产品生产农业并驾齐驱的重要产业。传统农业的主要功能是农产品的供给，而现代农业的主要功能除农产品的供给外，还有生活休闲、生态保护、旅游度假、文化传承、教育等，对满足人们的精神需求、构建人们的精神家园具有重要意义。

（1）以市场为导向。市场导向是现代农民采用新的农业技术、发展农业新功能的动力源泉之一。从发达国家的情况看，无论是分散的农户经济向合作化、产业化方向转化，还是新的农业技术的使用和推广，都是在市场的拉动或挤压下自发产生的，政府并无过多干预。

（2）重视生态环保。现代农业既突出现代高新技术的先导性、农工科贸的一体性、产业开发的多元性和综合性，又强调资源节约、环境零损害的绿色性。现代农业也是生态农

业，是资源节约和可持续发展的绿色产业，它担负着维护与改善人类生活质量和生存环境的使命。当前，可持续发展已成为一种国际性的理念和行为，各国在土、水、气、生物多样性和食物安全等方面均有严格的环境标准。这些环境标准，既包括产品本身，又包括产品的生产和加工过程；既包括对某地某国的地方环境影响，又包括对相邻国家和相邻地区及全球环境的影响。

知识拓展：
生态农业

（3）现代农业产业化组织。在现代农业中，农户要广泛参与专业化生产和社会化分工，要加入各种专业化合作组织，农业经营活动要实行产业化经营。这些合作组织包括专业协会、专业委员会、生产合作社、供销合作社、公司加农户等，它们活动在生产、流通、消费、信贷等各个领域。

知识拓展：新兴
职业——农业
经理人

3. 现代农业的发展阶段

（1）准备阶段。准备阶段是传统农业向现代农业发展的过渡阶段。在这个阶段，少部分现代因素开始进入农业系统，农业生产投入量已经较高，土地产出水平也已经较高。但农业机械化水平、农业商品率还很低，资金投入、农民文化程度、农业科技和农业管理还处于传统农业水平。

（2）起步阶段。起步阶段为农业现代化的初级阶段。其特点表现为现代物质投入快速增长，生产目标从物品需求转变为商品需求，现代因素（如技术等）对农业发展和农村进步有明显的推进作用。在这一阶段，农业现代化的特征已经开始显露出来。

（3）初步实现阶段。初步实现阶段是现代农业发展较快的时期，农业现代化实现程度进一步提高，已经初步具备农业现代化特征。具体表现为现代物质投入水平较高，农业产出水平，特别是农业劳动生产率水平得到快速发展。但这一时期的农业生产和农村经济发展与环境等非经济因素还存在不协调问题。

（4）基本实现阶段。基本实现阶段的现代农业特征十分明显，现代物质投入已经处于较大规模和较高程度，资金对劳动和土地的替代率已达到较高水平。现代农业发展已经逐步适应工业化、商品化和信息化的要求，农业生产组织和农村整体水平与商品化程度、农村工业化和农村社会现代化已经处于较为协调的发展过程中。

（5）发达阶段。发达阶段是现代农业和农业现代化实现程度较高的发展阶段，与同时期中等发达国家相比，现代农业水平已基本一致。与已经实现农业现代化的国家相比虽仍有差距，但这种差距是由于非农业系统因素造成的，就农业和农村本身而论，这种差距并不明显。这一时期，现代农业水平、农村工业、农村城镇化和农民知识化建设水平较高，农业生产、农村经济与社会和环境的关系进入了比较协调和可持续发展阶段，已经全面实现了农业现代化。

我国总体上已经进入加快改造传统农业、走中国特色农业现代化道路的关键时期，推进农业结构调整、增加农民收入、改善生态环境、加速农业产业化与现代化进程，最终还要依靠农业科技的进步与创新。现代农业园区作为农业技术组装集成、科技成果转化及现代农业生产的示范载体，是我国现阶段推进新的农业革命、实现传统农业向现代农业转变的必然选择。

二、近现代工业

（一）中国近代工业的兴起

1840年鸦片战争以后，西方资本主义国家利用特权，疯狂掠夺原料并向中国倾销商品，逐渐把中国卷入世界市场，致使自给自足的中国封建经济逐步解体。第二次鸦片战争后，列强侵略势力扩张到中国沿海各省，并伸向内地，方便了它们倾销商品、掠夺廉价的原料和劳动力，使中国难以抵挡资本主义经济侵略的冲击。中日甲午战争后，随着帝国主义侵略的加剧，中国的自然经济进一步遭到破坏。伴随着西方侵略和中国自然经济的瓦解，中国工业开始艰难萌芽。

鸦片战争后，随着西方侵略的加剧，外商在中国先设船坞，方便维修来华商船，继而开设加工厂，方便掠夺原材料和劳动力，再设各类厂矿企业，进一步扩大资本输出，控制中国的金融财政、交通运输和重工业。这些厂矿企业资金足、规模大、技术新、管理先进、产量高且成本低，在中国近代工业企业中居垄断地位，严重阻碍了中华民族工业的起步和发展。

19世纪60年代起，封建地主阶级洋务派先后以"自强""求富"为旗号，采用西方先进生产技术，创办了一批近代军事工业、民用企业，客观上推动了中华民族工业和民族资本主义的产生和发展。19世纪末，资产阶级维新派在戊戌变法中提出发展资本主义工商业，变法失败后民族资本家继续倡导"实业救国"，一定程度上促进了民族工业的发展。资产阶级革命派领导辛亥革命并建立"中华民国"后，确认了资本主义关系的合法性，使民族工业的发展迎来了短暂的春天。

中华人民共和国成立后，接收了帝国主义在华企业，并对民族资本主义工商业进行了社会主义改造，中国工业进入社会主义发展阶段。

（二）中国的现代工业

中华人民共和国成立以来，在中国共产党的领导下，我国建立起门类齐全的现代工业体系，实现了由一个贫穷落后的农业大国成长为世界第一工业制造大国的历史性转变。党的十八大以来，以习近平同志为核心的党中央高瞻远瞩，提出一系列治国理政的新理念、新思想、新战略，工业制造加快向高质量发展推进。现代工业为我国经济繁荣、人民富裕、国防安全，以及世界经济稳定发展做出了卓越贡献。我国现代工业具有以下特点。

1. 工业实现跨越发展，逐步成长为世界第一工业制造大国

由于列强入侵、长期战乱，中国的工业基础十分薄弱，工业企业设备简陋、技术落

后，只能生产少量粗加工产品。中华人民共和国成立以后，经过70余年特别是改革开放以来的发展，我国工业成功实现了由小到大、由弱到强的历史大跨越，使一个贫穷落后的农业大国成长为世界第一工业制造大国，为中华民族实现从站起来、富起来到强起来的历史飞跃做出了巨大贡献。

（1）工业产值突飞猛进。中华人民共和国成立70余年来，全国各族人民在中国共产党的团结带领下自力更生、艰苦奋斗，积极探索、大胆实践，成功走出一条中国特色的新型工业化发展道路。我国已建成门类齐全、独立完整的现代工业体系，工业经济规模跃居全球首位，工业增加值从1952年的120亿元增加到2020年的31.3万亿元，按不变价格计算增长近千倍，年均增长超过10%。我国工业国际影响力显著加强，2010年跻身全球制造业第一大国并连续多年稳居世界第一。

（2）工业供给能力迅猛增长，主要产品产量居世界前列。中华人民共和国成立初期，我国只能生产纱、布、火柴、肥皂等少数生活日用品。经过70余年的发展，我国工业生产能力迅猛增长，原煤、钢铁等工业产品产量大幅增长。

（3）工业国际竞争力不断增强。中华人民共和国成立初期，受半封闭型工业发展模式和国内主要工业品供应短缺的影响，仅有少量对外贸易，出口商品以初级产品和资源性产品为主。改革开放以来，依托完备的产业基础和综合成本优势，我国对外贸易量质提升，国际竞争力显著增强。自2009年起，我国已连续多年稳居全球货物贸易第一大出口国地位，出口产品结构不断优化，初级产品占比不断下降，工业制成品占比不断上升并超过90%。高技术、高附加值产品成为出口主力，出口产品档次和质量不断提高。2020年，我国货物出口总额为30.9万亿元，进口总额达22.6万亿元。

（4）自主创新能力显著增强，部分产品技术国际领先。中华人民共和国成立初期，我国工业技术能力比较落后，处于跟跑阶段。随着国家经济实力增强和创新驱动发展战略的实施，我国工业创新能力不断提升。根据国家统计局最新数据，2020年我国全年研究与试验发展（R&D）经费支出24 426亿元，比上一年增长10.3%。世界知识产权组织发布的报告显示，随着知识产权服务、条约和收入基础的强劲增长，2019年中国首次超越美国，成为提交国际专利申请最多的国家，提交量较1999年增长200倍。

2020年，我国成功完成35次宇航发射。"嫦娥五号"发射成功，首次完成我国月表采样返回。我国首次火星探测任务"天问一号"探测器成功发射，500米口径球面射电望远镜（FAST）正式开放运行，"北斗三号"全球卫星导航系统正式开通，量子计算原型系统"九章"成功研制，全海深载人潜水器"奋斗者"号完成万米深潜。我国发电设备、输变电设备、轨道交通设备和5G通信设备产业方面已经处于国际领先地位全球超级计算机排名的TOP500榜单上，中国部署的超级计算机数量为226台，占总体份额超过45%，位列全球第一。

2. 现代工业体系逐步形成，产业结构持续优化升级

中华人民共和国成立前，中国工业部门只有采矿业、纺织业和简单的加工业。中华人民共和国成立特别是改革开放以来，我国制定和实施

劳动故事：北斗卫星导航系统

了一系列重大产业政策，对工业经济内部结构进行了多次重大调整，现代工业体系逐步形成，产业结构不断优化升级。

（1）工业体系门类比较健全。中华人民共和国成立后，党和政府高度重视工业建设，在"一五"计划中将有限的资源重点投向工业部门，为国家工业化奠定了初步基础。经过70余年特别是改革开放以来的发展，钢铁、有色金属、电力、煤炭、石油加工、化工、机械、建材、轻纺、食品、医药等工业行业不断由小到大，一些新兴的工业行业如航空航天工业、汽车工业、电子通信工业等也从无到有，迅速发展。目前，我国已形成了独立完整的现代工业体系，成为全世界唯一拥有联合国产业分类当中全部工业门类的国家。

（2）传统产业转型升级步伐加快。中华人民共和国成立后，我国传统工业产业规模迅速扩大，不断淘汰落后产能，加快技术改造，顺利实现产业升级。水泥行业在2012年年底前基本淘汰了机立窑、干法中空窑、立波尔窑、湿法窑，实现新型干法水泥基本全覆盖。煤炭行业大力发展先进生产力，采煤机械化程度超过96%。钢铁行业拥有世界上最大、最先进的冶炼、轧制设备，钢材的品种质量迅速得到提升，大多数钢材品种的自给率达到了100%。有色金属工业实现了从主要技术装备依赖进口到出口高附加值产品、输出电解铝技术的转变，中厚板高端航空铝材已用于大飞机和军工等领域，高铁用铝材全部实现了国产化。

（3）新兴产业加快孕育发展。中华人民共和国成立初期至20世纪90年代，我国工业以钢铁、建材、农副食品、纺织等传统行业为主。进入21世纪，特别是党的十八大以来，我国大力发展高技术产业和先进制造业，积极推动战略性新兴产业集群发展，加快培育经济增长新动能，工业经济不断向中高端迈进。高技术制造业、装备制造业、工业战略性新兴产业增加值逐年增长，主要代表性产品增势强劲。移动通信、语音识别、第三代核电"华龙一号"、掘进装备等跻身世界前列，集成电路制造、C919大型客机、高档数控机床、大型船舶制造装备等加快追赶国际先进水平，龙门五轴机床、8万吨模锻压力机等装备填补了多项国内空白。

（4）智能制造取得积极成效。党的十八大以来，我国工业化和信息化深度融合进展加快，制造业数字化、网络化、智能化水平持续提升，"互联网＋制造业"新模式不断涌现，工业互联网发展已迈出实质步伐。随着《中国制造2025》的进一步实施，机械、航空、船舶、汽车、轻工、纺织、食品、电子等行业生产设备的智能化改造明显加快，精准制造、敏捷制造能力显著提高，智能交通工具、智能工程机械、服务机器人、智能家电、可穿戴设备等产品研发和产业化，有效推动基于互联网的个性化定制、云制造等新型制造模式发展，基于消费需求动态感知的研发、制造和产业组织方式初步形成。

3. 多种经济成分携手共同发展，经济活力大幅跃升

1956—1978年，我国工业所有制结构的经济成分较为单一。1978年，在全部工业总产值中，国有企业占77.6%，集体企业占22.4%。党的十一届三中全会以后，我国破除所有制问题上的传统观念束缚，为非公有制经济发展打开了大门，多种所有制经济携手共同

发展。

（1）国有企业在优化调整中发展壮大。1952年，我国国有企业实现利润总额28.2亿元，固定资产原值149亿元。经过几十年的努力，特别是改革开放40余年来的艰难探索，国有企业活力、创造力和市场竞争力不断增强，战略布局不断优化，在关系国民经济命脉的重要行业和关键领域保持主导地位。2020年，国有控股工业企业实现利润总额14 861亿元，为推进国家的工业化和现代化做出巨大贡献。

（2）民营经济和民营企业成为社会主义市场经济的重要组成部分。改革开放以来，民营经济一步步从无到有、由弱到强，逐步成长壮大。党的十八大提出"要毫不动摇地鼓励、支持、引导非公有制经济发展，保证各种所有制经济依法平等使用生产要素、公平参与市场竞争、同等受到法律保护"，党的十九大明确指出"要支持民营企业发展，激发各类市场主体活力，要努力实现更高质量、更有效率、更加公平、更可持续的发展"，进一步推动了民营经济和民营企业的发展。2018年，民营企业在规模以上工业企业中，数量已超过一半，资产总计、主营业务收入和利润总额占比均超过20%。

（3）港澳台商投资企业为内地工业经济持续发展注入活力。党的十一届三中全会以后，港澳台同胞积极响应改革开放，率先投资内地。自第一位港商在广东投资办厂后，大批港澳台商到内地投资兴业。2018年年末，内地规模以上港澳台商投资工业企业已达2.3万家，吸纳就业人数956万人，主营业务收入9.9万亿元。港澳台资企业不仅带来了资金、技术、人才，更为内地输入了管理经验，成为内地工业的重要参与者和贡献者。

（4）外商投资企业已成为我国工业建设不可或缺的重要力量。1979年，《中华人民共和国中外合资经营企业法》首次颁布并实施，为扩大国际经济合作和技术交流提供了法律保障。随着对外开放水平的不断扩大，该法数次修改完善，大大提振了外商投资信心。2017—2018年，在全球跨国投资连续下滑的背景下，我国分别吸引外资1 363亿美元、1 383亿美元，稳居世界第二位，实现了稳中有增、稳中提质。外商投资由最初的劳动密集型行业，逐步拓展到计算机、集成电路、智能制造等高新技术领域。2018年规模以上外商投资工业企业已有2.5万家，吸纳就业人数931万人，主营业务收入14万亿元。不断开放的中国制造业受益于国外资本、技术和人才的投入，持续发展壮大。

三、现代服务业

（一）现代服务业的内涵

现代服务业是指以现代科学技术特别是信息网络技术为主要支撑，建立在新的商业模式、服务方式和管理方法基础上的服务产业。它既包括随着技术发展而产生的新兴服务业态，也包括运用现代技术对传统服务业的提升。

现代服务业大体相当于现代第三产业。第三产业包括交通运输、仓储和邮政业，信息传输、计算机服务和软件业，批发和零售业，住宿和餐饮业，金融业，房地产业，租赁和商务服务业，科学研究、技术服务和地质勘查业，水利、环境和公共设施管理业，居民服务和其他服务业，教育，卫生、社会保障和社会福利业，文化、体育和娱乐业，公共管理和社会组织，国际组织等行业。

（二）现代服务业的分类

现代服务业是相对于传统服务业而言，适应现代人和现代城市发展的需求而产生和发展起来的具有高技术含量和高文化含量的服务业。主要包括以下四大类。

（1）基础服务：包括通信服务和信息服务。

（2）生产和市场服务：包括金融、物流、批发、电子商务、农业支撑服务，以及中介和咨询等专业服务。

（3）个人消费服务：包括教育、医疗保健、住宿、餐饮、文化娱乐、旅游、房地产、商品零售等。

（4）公共服务：包括政府的公共管理服务、基础教育、公共卫生、医疗及公益性信息服务等。

（三）现代服务业的特征

现代服务业具有"两新四高"的时代特征。

（1）"两新"：指新服务领域和新服务模式。前者是说现代服务业适应现代城市和现代产业的发展需求，突破了消费性服务业领域，形成了新的"生产性服务业"、智力（知识）型服务业和公共服务业的新领域；后者是说现代服务业是通过服务功能换代和服务模式创新而产生新的服务业态。

（2）"四高"：指高感情体验、高精神享受的消费服务质量；高增值服务；高素质、高智力的人力资源结构；高文化品位和高技术含量。

现代服务业具有资源消耗少、环境污染少的优点，其发展是地区综合竞争力和现代化水平的重要标志，现代服务业在发展过程中呈现集群性特点，主要表现在行业集群和空间上的集群。

（四）现代服务业发展的一般规律

根据英国经济学家克拉克和美国经济学家库兹涅茨的研究成果，产业结构的演变大致可以分为三个阶段。

（1）第一阶段是初级产品生产阶段，生产活动以单一的农业为主。农业劳动力在就业总数中占绝对优势。

（2）第二阶段是工业化阶段，其主要标志是第二产业大规模发展，工业实现的收入在整个国民经济中的比重不断上升，劳动力逐步从第一产业向第二产业和第三产业转移。

（3）第三阶段是后工业化阶段，其标志是工业特别是制造业在国民经济中的地位由快速上升逐步转为下降。第三产业则经历上升、徘徊、再上升的发展过程，最终将成为国民

经济中所占比重最大的产业。

对照产业结构演变阶段，服务业的发展和结构演变同样具有规律性。一般来说，在初级产品生产阶段，以发展住宿、餐饮等个人和家庭服务的传统生活性服务业为主。在工业化阶段，与商品生产有关的生产性服务业迅速发展。其中，在工业化初期，以发展商业、交通运输、通信业为主；在工业化中期，金融、保险和流通服务业得到发展；在工业化后期，服务业内部结构调整加快，新型业态开始出现，广告、咨询等中介服务业、房地产、旅游、娱乐等服务业发展较快，生产和生活服务业互动发展。到了后工业化阶段，金融、保险、商务等服务业进一步发展，科研、信息、教育等现代知识型服务业崛起成为主流业态，而且发展前景广阔、潜力巨大。

(五) 现代服务业与先进制造业融合的三种形态

1. 结合型融合

结合型融合是指在制造业产品生产过程中，中间投入品中服务投入所占的比例越来越大，如产品中市场调研、产品研发、员工培训、管理咨询和售后服务的投入日益增加。同时，在服务业最终产品的提供过程中，中间投入品中制造业产品投入所占比重也越来越大，如在移动通信、互联网、金融等服务提供过程中无不依赖于大量的制造业"硬件"投入。这些作为中间投入的制造业或制造业产品，往往不会出现在最终的服务或产品中，而是在服务或产品的生产过程中与之结合，成为一体。发展迅猛的生产性服务业，正是服务业与制造业结合型融合的产物，服务作为一种软性生产资料正越来越多地进入生产领域，导致制造业生产过程的"软化"，并对提高经济效益和竞争力产生重要影响。

2. 绑定型融合

绑定型融合是指越来越多的制造业实体产品必须与相应的服务产品绑定在一起使用，才能使消费者获得完整的功能体验。消费者对制造业的需求不仅是有形产品，而且是从产品购买、使用、维修到报废、回收全生命周期的服务保证，产品已经从单一的实体扩展到提供全面解决方案。很多制造业的产品就是为了提供某种服务而生产的，如通信产品与家电等。部分制造业企业还将技术服务等与产品一同出售，如计算机与操作系统软件等。在绑定型融合过程中，服务正在引导制造业部门的技术变革和产品创新，服务的需求与供给指引着制造业的技术进步和产品开发方向，如对拍照、发电子邮件、听音乐等服务的需求，推动了由功能单一的普通手机向功能更强的多媒体手机的升级。

3. 延伸型融合

延伸型融合是指以体育文化产业、娱乐产业为代表的服务业引起周边衍生产品的生产需求，从而带动相关制造产业的共同发展。电影、动漫、体育赛事等能够带来大量的衍生品消费，包括服装、食品、玩具、音像制品、工艺纪念品等实体产品，这些产品在文化、体育和娱乐产业周围构成了一个庞大的产业链，这个产业链在为服务业带来丰厚利润的同时，也为相关制造产业带来巨大商机，从而把服务业同制造业紧密结合在一起，推动它们共同向前发展。例如，电影产业比较发达的国家，票房一般只占到电影全部收入的1/3，其余收入则来自相关的电影衍生产品。又如在整个动漫、游戏的庞大产业链中，有70%～80%的利润是依靠周边产品来实现的。

（六）现代服务业的发展趋势

1. 现代服务业将成为经济发展的主要带动因素

以信息产业为主的高新技术产业是国民经济的先导产业，现代服务业的发展将极大地带动这一产业发展。首先，现代服务业将直接服务于高新技术产业的发展。高新技术产业的发展需要大量专业化、高效率服务的支撑，现代服务业是高新技术产业快速发展不可或缺的因素。其次，现代服务业将成为高新技术产业最重要的应用领域。服务业的发展离不开先进技术的应用，服务业的现代化就是服务业信息化的过程。因此，现代服务业的发展壮大将为高新技术产业的发展提供广阔的市场。最后，现代服务业将成为高新技术产业创新的主要动力。现代服务业的发展使其对信息、生物、新材料等高新技术及其产品的需求日益增长，这将促使高新技术产业不断进行创新和实现突破。

2. 现代服务业的分化与融合趋势将更加明显

伴随着技术进步、生产专业化程度加深和产业组织复杂化，制造企业内部的设计、研发、测试、会计审计、物流等非制造环节逐渐分离出来，形成独立的专业化服务部门，如商务服务业、信息服务业、物流业等。"微笑曲线"是对制造业企业服务环节分化的一种形象描述。其左端是研发、设计，右端是营销、售后服务，左右两端都属于分化出来的现代服务业行业，中间一段是生产和加工。服务业与制造业的融合，主要得益于信息技术的迅猛发展。信息技术孕育着未来重大技术的突破，也为现代服务业与制造业的融合发展提供了基础和条件。

以文旅融合为例，文旅融合是文化和旅游发展客观需要和必然趋势，现阶段我国文旅全面融合刚起步，还存在文旅融合观念差异较大、体制机制不顺、融合程度不高、融合创新不强、政策保障滞后等问题。因此，相关部门应遵循新的发展理念和"宜融则融，能融尽融，以文促旅，以旅彰文"的工作思路，积极探索文旅融合发展新途径，建立文旅融合发展新格局。一是文化保护与旅游发展有机结合，坚持保护第一，做到有效保护、合理开发，确保文化旅游资源永续利用，实现文旅产业可持续发展；二是文旅产业和文旅事业有机结合，在发展文化事业的同时，着力补救文化产业短板，推动文化旅游化在发展旅游产业的同时，着力补齐旅游事业短板，促进旅游文化化；三是继承传统与创新发展有机结合，尊重历史和传统，坚持古为今用，结合现实文化旅游需求，融入现代价值观念与现代生产生活方式，不断推陈出新，促进文化创造性转型和创新性发展；四是抽象文化与具体产品有机结合，将抽象的文化开发成具象的文旅体验项目；五是本土文化与外来文化有机结合，在突出本土文化的同时不排斥外来文化，通过跨文化交流和跨区域文化融合，实现独具特色的地域文化与开放包容的异地文化的完美结合。

3. 创新将成为现代服务业发展的重要引擎

现代服务业研发投入不断增大，技术创新对服务业的推动作用日益明显。商业模式创新也成为现代服务业企业竞争力的重要体现。现代服务业的商业模式比较复杂，且随着时代的进步，新的现代服务业商业模式层出不穷，如迪士尼公司的主题公园模式、eBay 的电子商务模式等。

乡村振兴也是现代服务业的创新标志之一。应坚持农业农村优先发展，按照产业兴旺、生态宜居、乡风文明、治理有效、生活富裕的总要求，建立健全城乡融合发展体制机制和政策体系，统筹推进农村经济建设、政治建设、文化建设、社会建设、生态文明建设和党的建设，加快推进乡村治理体系和治理能力现代化，加快推进农业农村现代化，走中国特色社会主义乡村振兴道路，让农业成为有奔头的产业，让农民成为有吸引力的职业，让农村成为安居乐业的美丽家园。乡村是具有自然、社会、经济特征的地域综合体，兼具生产、生活、生态、文化等多重功能，与城镇互促互进、共生共存，共同构成人类活动的主要空间。乡村兴则国家兴，我国人民日益增长的美好生活需要和不平衡、不充分的发展之间的矛盾在乡村最为突出，我国仍处于并将长期处于社会主义初级阶段的特征很大程度上表现在乡村。全面建成小康社会和全面建设社会主义现代化强国，最艰巨、最繁重的任务在乡村，最广泛最深厚的基础在乡村，最大的潜力和后劲也在乡村。实施乡村振兴战略，是解决新时代我国社会主要矛盾、实现"两个一百年"奋斗目标和中华民族伟大复兴中国梦的必然要求，具有重大现实意义和深远历史意义。

4. 服务外包将成为现代服务业国际化转移的重要途径

在新经济条件下，企业可以利用信息化和经济全球化所带来的好处，充分利用外部资源，把一些以前内部操作的业务（如后勤服务、咨询策划、财务会计、员工培训等）尽可能交给日益完善的现代服务企业，让专业性服务机构去完成，即实现企业活动外包。通过这种竞争战略，企业的内部资源就可以专注于最具优势的领域，集中力量培养和提高自身的核心竞争力，在提高效率、降低生产成本的同时实现"瘦身"，使企业更趋精干。

5. 品牌将成为现代服务业的核心价值之一

服务品牌是指在市场经济条件下，从市场竞争中脱颖而出，得到社会公众认可，受到法律保护，能够产生巨大效应的服务产品品牌、服务商标和服务商号。有关现代服务业的品牌有两个层面，即企业品牌和城市品牌。好的服务品牌在一定程度上可带动一个国家经济的发展，如美国的迪士尼、时代华纳等。

模块二
劳动准备

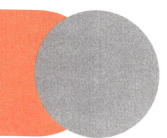

本模块主要帮助学生做好上岗前的劳动准备工作。帮助学生选择适合自己的劳动方式，通过实践任务、实训周、专题劳动的形式逐渐养成良好的、适合工作岗位的劳动习惯，从不同的劳动形态分析入手、掌握最基本的劳动技能知识。最后，通过对劳动保障权益的学习，为学生未来走向工作岗位保驾护航。

单元一　劳动习惯

劳动箴言

> 广大的青年群众也都懂得，祖国的美好未来和人民幸福的生活，只能靠艰苦的劳动来创造，他们生气勃勃地为新社会的建设而努力劳动。
>
> ——《朱德选集》

学习目标

【知识目标】

掌握劳动习惯的概念；了解劳动习惯的分类；学习劳动习惯的培养途径；理解劳动创造美好生活的重要作用。

【能力目标】

培养劳动习惯，学习劳动技能，能够在学校、家庭、社会中积极参与劳动。

【素质目标】

培养认同劳动创造美好生活的观念，提升对劳动的认知。

一、习惯的认知

奥维德说："没有什么比习惯的力量更强大。"习惯是思想与行为的真正领导者。习惯

让我们减少思考的时间，简化了行动的步骤，让我们更有效率；但它也会让我们封闭、保守、自以为是、墨守成规。在我们的身上，好习惯与坏习惯并存，而获得成功的可能性就取决于好习惯的多少。人生就是一场好习惯与坏习惯的拉锯战，把高效能的习惯坚持下来就意味着踏上了成功的快车。 如果你希望出类拔萃，也希望生活方式与众不同，那么，你必须明白一点：是你的习惯决定着你的未来。

劳动故事："老街坊"志愿者服务队合力守护美好家园

习惯是我们刻意或深思后而做出的选择，即使过了一段时间不再思考却仍持续每天都在保持的行为。这是我们神经系统的自然反应。习惯形成后，人们的大脑就会进入省力模式，不再全心全意地参与决策过程，所以，除非你刻意对抗某个习惯，或是意识到其他新习惯的存在，否则该行为模式会自然而然地启动。想要改变习惯，先要了解属于自己的"习惯回路"。

习惯回路由暗示、惯常行为和奖赏三部分组成。

印度谚语说："播种一种行为，收获一种习惯；播种一种习惯，收获一种性格；播种一种性格，收获一种命运。"行为变成了习惯，习惯养成了性格，性格决定了命运。原来命运的基石就是养成习惯的行为。

二、劳动习惯

发展教育的基本目标在于培养具有综合素质的劳动者。因此，加强对学生的劳动教育，培养劳动习惯，弘扬劳动精神，有助于引导学生崇尚劳动、尊重劳动，进而促进其综合素质养成，其意义重大而深远。

劳动是具有一定生产经验和劳动技能的劳动者使用劳动工具所进行的有目的的生产活动，是生产的最基本内容。劳动是专属于人和人类社会的范畴，是人类本身及自然界与社会关系的积极改造，其根本标志在于制造工具。劳动是人类赖以生存的方式，同时也是生命价值的至上体现。只有合理地加以教育、培养，人类才能形成良好的劳动习惯，进而借助习惯本身的这种顽强而巨大的力量来描绘未来的蓝图，缔造美好的生活，掌控自己的人生。

(一) 劳动习惯的认知

习惯是指因重复练习而固定下来并变成需要的行动方式。

劳动习惯是一个人在长期劳动中形成的，是通过千锤百炼、在一次次实践中练就的。个体如果能经常性地坚持劳动，时间久了，就会逐渐形成劳动习惯。

中华民族一直以来都是一个勤于劳动、善于创造的民族。从驯服了洪水骇浪的都江堰，到横卧于崇山峻岭之间的万里长城，从横贯大洋的港珠澳大桥，到窥探宇宙的FAST "天眼"望远镜，这些伟大的成就，凝聚了劳动人民的血与汗，展示了劳动人民的智慧与创造，昭示着劳动对于国家、对于民族、对于世界的重要意义。

劳动具有工具性、社会性和实践性的特点，大学生应在学习、生活中与习惯的培养相结合，通过力所能及的日常劳作，形成良好的劳动习惯，具备良好的劳动素养。认识到劳动的重要性，感受到劳动的趣味性，从而提高劳动的积极性。

（二）劳动习惯的类型

劳动习惯在人格完善、素质提升等方面的作用巨大。学生要养成良好的劳动习惯，首先要了解劳动习惯有哪些类型。

1. 学校劳动习惯

在学校的学习生活中培养劳动意识和劳动习惯，有利于践行社会主义核心价值观和开展公民道德建设。立德树人是教育之本，是教育的核心。在学校进行劳动教育和劳动习惯的养成，最现实的是要与美丽校园建设结合起来。学生不应该是校园建设的旁观者和单纯的享受者，建设美丽校园他们不应该缺席。至少，每一间教室的窗明几净、地面清洁，离不开学生的维护与付出。

让劳动成为习惯，人人文明，校园和谐，学生只有自觉维护校内外环境，参与劳动，体会到劳动的艰辛，才会感恩父母的付出，倍加珍惜自己和他人的劳动成果，从而感悟到"我为人人，人人为我"的真谛，促进培养爱岗敬业、吃苦耐劳和团队合作的精神，养成耐心细致的工作作风，为将来走向社会奠定良好的基础。

2. 生活劳动习惯

国内外大量的调查研究都证明，学生在青少年时期养成劳动习惯，成年后更具有责任心，更容易适应家庭生活和职场工作的需要。爱劳动、会劳动是生活能力强的体现，生活能力强能够促进学习，更有助于人的全面协调发展；而没有形成劳动习惯的人恰恰相反，更可能成为生活与职场的失败者。

注重抓住衣、食、住、行等日常生活中的劳动实践机会，自觉参与、自己动手，随时随地、坚持不懈地进行劳动，掌握洗衣做饭等必要的家务劳动技能，生活教育的核心内容之一就是劳动教育，正如著名教育家陶行知所说："好的生活就是好的教育，坏的生活就是坏的教育。"

3. 社会劳动习惯

社会劳动是商品经济中生产商品的劳动所具有的社会性质。劳动产品采取商品的形式，劳动采取价值的形式。社会劳动在商品生产中表现为抽象劳动，产生使用价值和价值。社会群体和个体应主动参加或参与社会劳动，形成社会劳动风尚。

（三）劳动的态度和观念

1. 善待自己的劳动岗位

劳动的一个重要特性就是平等性，意思是说劳动虽然有分工、专业、条件和环境等诸多方面的差别，但就劳动本身而言，是没有高低贵贱之别的。

2. 充分认清劳动与财富之间的关系

劳动创造财富，财富也体现劳动的价值。劳动不但创造有形的物质财富，也在创造无

形的精神财富。劳动在丰富物质生活的同时，也在塑造劳动者的精神世界。正确的劳动观是既重视物质财富的产出，又重视精神财富的产出，既重视物质上的回报，又重视精神上的满足。

（四）养成良好劳动习惯的重要意义

（1）养成良好的劳动习惯，对大学生的身心健康成长意义重大。

（2）养成良好的劳动习惯，可以培养大学生的集体意识、责任感、意志力。

（3）养成良好的劳动习惯，可以帮助大学生在专业技术领域中摸索、创新工作方式和方法。

（五）培养正确的劳动习惯

（1）自我服务。由于年龄和身体等特殊情况，可以从自我服务做起，包括整理自己的物品，承担家中的一些固定的劳动（扫地、倒垃圾、收拾碗筷、帮长辈盛饭等），通过劳动明白不但自己的事情应该自己做，同时也明白作为家庭中的一员，生活在这个家庭中，还有义务为这个家庭尽到自己应有的责任。

（2）树立正确的劳动观念。"劳动最光荣"的观念和习惯需要长期培养，它的价值不是在于完成了什么任务，在多大程度上减轻父母的负担，而是在于这是一种培养手段，真正树立起"一分汗水一分收获""没有付出就没有回报""天下没有不劳而获"的理念。

（3）参加公益劳动。如果有机会，在不影响学业的基础上，多参加所住区域公益性的义务劳动，如打扫卫生、社会服务活动等，通过身体力行，明白只有劳动才可以换来干净的生活环境，我们良好的生活环境正是无数人辛勤劳动换来的，懂得学会珍惜别人的劳动成果，当别人为自己付出劳动时要真诚地道谢，养成爱护环境、保持清洁的好习惯。

> **实践守则**

生活中练就劳动习惯的九办法	
自己的事情自己做	在家主动收拾自己的房间，如叠被、洗衣服、拖地等； 遇到小困难时能够自己解决的就自己解决； 学会做一些简单的饭菜，不"衣来伸手""饭来张口"
家里的事情主动做	主动帮父母做一些力所能及的家务，如帮助提东西、洗衣服、打扫家里的卫生； 家人做菜的时候可以帮助他们择菜、洗菜； 开饭时帮着搬凳子、摆碗筷，饭后帮助父母收拾桌子刷碗
别人的事情帮着做	主动帮助老人提东西、打扫卫生、整理衣物等； 帮助学习有困难的同学复习功课，做到用心讲解，不敷衍
集体的事情大家做	主动承担班级工作，同学之间团结互助； 集体劳动时听从安排，服从指挥，尽力完成劳动任务

续表

生活中练就劳动习惯的九办法	
按操作程序劳动	劳动前携带合适的劳动工具，做好劳动分工； 劳动时要做到井井有条、不抢干、蛮干、注意安全； 劳动后检查自己的劳动成果，劳动工具摆放合理，不破坏自己和他人的劳动成果
劳动中注意自我保护	在劳动的过程中要先观察周围存在的安全隐患，注意防范； 集体劳动时要保持安全距离，不打闹，不单独行动； 正确使用劳动工具，以防伤害到自己或他人
安静劳动会巧干	劳动前分好每小组的劳动任务，组长安排好每人的劳动范围； 小组内互相合作，主动帮忙，绝不互相推脱； 劳动时不追逐打闹，大声喧哗，做到安静值日
劳动结束后，整理现场	劳动结束后要整理好自己的工具，摆放整齐，不丢三落四
劳动中讲效率	合理安排自己的时间，劳动时做到安静、整齐、节奏快； 在规定的时间内完成任务，达到理想的效果； 劳动时不聚在一起聊天

单元二　劳动方式

劳动箴言

> 劳动创造世界，科学也是体力劳动和脑力劳动的产物。
>
> ——《周恩来选集》

学习目标

【知识目标】

掌握劳动方式的概念；区分劳动方式的分类；理解劳动方式的具体内容；了解劳动方式的社会影响。

【能力目标】

能够根据不同劳动条件，掌握不同方式的劳动技能；能根据自己擅长的劳动技能选择适合自己的就业方向。

【素质目标】

不断学习，提升职业素养，认识到劳动和就业的关系，提升劳动观念。

劳动方式是指劳动者参加生产时所采取的劳动组织形式，包括劳动组织之间及内部的分工协作形式。

一、劳动方式的分类

（一）按照劳动者劳动属性分类

在社会主义初级阶段，通常有两种形式的劳动。

第一种是以按劳分配为基础的社会主义劳动，这是我国目前最基本、最普通的劳动形式。

第二种是不计报酬的公益劳动。以公益为目的，不计较个人得失，自愿参与，旨在为社会做出贡献的劳动。公益劳动通常涉及环保、慈善、社会福利、教育、医疗卫生等领域，参与者可以是个人、团体或组织，并且公益劳动中又细分有义务劳动。义务劳动同样不计物质报酬，基于道义、信念、良知、同情心和责任，为改进社会而提供服务、贡献个人的时间及精力和个人技术特长的人和人群，主要是义务服务一些需要帮助的弱势群体，如养老院、孤寡老人、残疾人等。义务劳动是以社会服务为目的，而公益劳动则是以公益为目的，强调自愿参与和为社会做出贡献。同时，公益劳动也更注重组织性和纪律性，需要有计划地进行，有明确的目标和分工，而义务劳动则更注重自主性和灵活性。

1. 全日制方式

全日制方式是指用人单位与劳动者签订全日制劳动合同，实行固定时间用工的劳动方式。根据《中华人民共和国劳动法》的规定，我们国家实行每日工作时间不超过八小时，平均每周工作时间不超过四十四小时的全日制工时制度，超过这一时间的工作即视为额外劳动，用工单位需支付加班工资。

2. 非全日制方式

非全日制用工主要是根据对其用工时间来规定的，只有那些工作时间很短的岗位才能采用非全日制用工，如每天工作不能超过 4 小时，每周不能超过 24 小时。如果公司有岗位符合这种工作时间特征，企业就可以采用非全日制用工。否则，就不能采用非全日制用工。非全日制用工是可以不签订劳动合同的，双方可以通过口头协议，约定工作时间、工作内容、劳动报酬等问题。

3. 劳动派遣方式

劳动派遣又称人力派遣、人才租赁、劳动力租赁、雇员租赁，是指劳务派遣机构与派遣劳工订立劳动合同，把劳动者派向其他用工单位，再由其用工单位向派遣机构支付一笔服务费用的一种用工形式。

国家法律、法规规定只有岗位同时满足临时性、辅助性和替代性这三个条件时，企业才可以在这类岗位上使用劳务派遣用工这种方式。而且针对临时性、辅助性和替代性，国家也进行了细化。如工作连续性是在半年之内才能称为临时性岗位、非主营业务才能称为辅助性。在采用劳务派遣用工的时候，企业一定要仔细审核劳务派遣公司的资质和实力，签订明确和细化的劳务派遣协议。并同时审核企业用工岗位是否符合使用劳务派遣用工。为什么要认真审核劳务派遣公司资质和明确派遣协议呢？因为《劳动合同法》中规定，当企业在使用劳务派遣这种用工方式时，一旦劳动者与用人单位发生了劳动纠纷，一旦因劳务派遣单位的违法行为致使劳动者权益受到损害的，用工单位与劳务派遣单位要承担连带责任。为了避免承担这种连带责任，规避此类法律风险，企业就务必要重视这两个方面。

（二）按照劳动性质分类

1. 体力劳动

体力劳动是指以人体肌肉与骨骼的参与运动为主，以大脑和其他生理系统的参与运动为辅的经济活动。

2. 脑力劳动

脑力劳动是指以大脑神经系统的运动为主，以其他生理系统运动为辅的主体运动，如著书、管理、学习等。

3. 智能劳动

智能劳动是指掌握相当专业知识、具有熟练工作技能，从事以智能设备为基础的劳动。

二、劳动方式的具体内容

（一）就业方式

目前我国认定的就业方式主要有8种：毕业生与用人单位签订协议书就业；毕业生以劳动合同、接收函形式就业；以灵活方式就业（包括自主创业、自由职业者），自主创业指创立企业，或是新企业的所有者、管理者，包括个体经营和合伙经营两种类型；自由职业指以个体劳动为主的一类职业，如作家、自由撰稿人、翻译工作者、中介服务工作者、某些艺术工作者等；参加西部计划的和继续升学就读（包括考取博士、硕士研究生、第二学士学位、专升本）；国家、地方项目就业（包括志愿者服务西部计划、选调生、从医从教项目、"村官"计划、特岗计划等）；出国工作、留学；参军入伍；定向委培方式就业。

（二）劳动条件

劳动条件主要是指用人单位为使劳动者顺利完成劳动合同约定的工作任务，为劳动者提供必要的物质、技术和安全卫生条件，如必要的劳动工具、机械设备、工作场地（工作地点）、劳动经费、辅助人员、技术资料、工具书，以及其他一些必不可少的物质、技术条件和其他工作条件。

（三）劳动时间

劳动时间是指按照国家法律明文规定的劳动者最多工作的时间。如果超过劳动时间，一是劳动者有权利拒绝，二是要支付加班费用。劳动者工作时间包括作业准备、结束时间，作业时间，劳动者自然需要的中断时间和工艺中断时间。

（四）劳动态度

劳动态度是指劳动者对劳动较为稳固的、协调一致和有组织的心理反应。由对劳动的认识、情感反应及行为倾向三个成分组成。劳动态度是劳动者对劳动的肯定或否定的一种评价性反应。

知识拓展：劳动方式引发职业兴趣，助力正确择业

三、信息时代劳动方式的变化

人类社会的劳动方式，随着人类生产能力的进步，特别是生产工具的改进而变化。纺纱机、织布机、蒸汽机的出现，引起第一次产业革命，机器部分代替人类的体力劳动，从而使人类的劳动方式发生革命性的变革，即由手工作坊劳动转变为大机器生产条件下的工厂劳动。第三次科学技术革命，电子计算机的广泛应用、信息业的蓬勃发展，使机器部分代替人类的脑力劳动，并且在不同行业不同程度地实现了生产、工作的自动化，人类的劳动方式，便随之发生了根本的变化。

具体说来，信息时代的劳动与传统工业时代相比，具有以下几个鲜明的特点。

1. 脑力劳动的比重增加

在信息时代，相当数量的人所从事的将是创造性的脑力劳动，将为自动化机器、机器人所取代。传统工业时代，任何机器或机器体系本质上是由直接进行工作的工具机、提供动力的发动机和传递动力的传动机三个部分组成。在信息时代，由于使用了电子装置，特别是电子计算机，使得机器体系出现了一个极其重要的组成部分——自动控制机，它代替了劳动者在物质生产过程中必须执行的控制职能，如观察、控制、测量、操纵等。这样，就使劳动者直接操作加工的职能相对减少，于是，从事科学技术的研究和开发的职能便大大增加；另一方面，现代化大生产中的劳动工具与劳动材料都是现代科学知识的物化，并且出现了知识密集型产业，如电子计算机、宇航、海洋开发等。从事这些劳动没有相当的科学技术知识是不可能的。所以，物质生产过程中的智力因素同体力因素的对比，经过了工业时代的量变，到了信息时代，以电子计算机的出现为关节点，转化为质变，智力因素的地位和作用突然异常显著了。如果说在传统工业时代，材料、能源的开发利用对经济有着决定性的影响，那么在信息时代，知识和智力则成为重要的战略资源，知识的生产力已成为决定性的生产力、竞争力和经济成就的关键因素。据统计，在机械化的初级阶段，体力劳动与智力劳动消耗的比例为 9 : 1，在中等机械化程度时，两者的比例为 6 : 4，在全盘自动化的情况下，两者的比例为 1 : 9。第二次产业革命的分工使工人的劳动技能高度转化，使他们成为知识单一的劳动力个体，得到了意义空前的改造，即第三次产业革命具有一种导向知识化的社会强制性。用现代科学技术知识武装起来的劳动大军就是新技术革命为人类历史而创造的最伟大的生产力。未来的劳动主要依靠脑力，而不是体力。

2. 劳动的组织形式发生很大变化

劳动的组织形式发生很大变化，由传统工业时代的集中统一走向分散化；与此同时，生产制度也由传统的大规模生产走向非群体生产。微电子技术与光通信技术的迅速发展，不仅能使生产现场和办公室工作实现自动化，而且家庭也实现了电子化。将来，私人家里装上计算机终端、传真装置、文字处理机等各种电子设备，人们只需在家里通过各种电子设备便可以与外界取得信息联系。这样一来，人们就可以在家里进行工作，而不必像工业时代那样早出晚归地上下班了。

3. 管理作为劳动过程的第四要素日益重要

在传统工业时代，劳动、劳动对象和劳动资料是生产过程的三大要素。虽然管理活动已经分离出来，但是它主要属于工厂所有者，所有权管理权集中在厂主身上。而且，厂主只是凭个人的经验和才能来进行管理活动。物质生产过程的基本要素一般认为是劳动资料、劳动对象和劳动者。随着生产规模的空前扩大，特别是现代科学技术的发展，使劳动组织形式由集中走向分散化，管理在生产中占据越来越重要的地位。信息时代赋予管理以崭新的内容，产生了和工业时代不同的信息管理和智力劳动者的管理。它运用了不同于以前的单凭个人才能的展现的观点——系统论的观点，使用了运筹学方法，同时使用最先进的管理手段——电子计算机。这就把管理水平提高到一个崭新的阶段，大大提高了管理效率，保证了管理决策的准确性和及时性。现代科学技术在生产中的运用，使人类劳动方式发生了重大的变化，如前面谈到的脑力劳动比重增加、劳动组织形式和生产制度的变化、管理的作用日益突出。但有一点需要指出，科学技术的应用，优化了人们的生活生产方式。自动化的实现，在很大程度上消灭了许多传统意义上的人类劳动。却不会终止人类的活动，它将导致由创造性的、有趣的职业来取代以前的传统意义上的劳动。马克思在19世纪中叶已经预见到，传统的工人阶级将作为自动化的结果而减少以至于消失。这同样也适用于农业劳动者、办事员和现在服务部门中工作的很大一部分人。这必然会引起结构性失业等许多问题。但是，与智力功能有关的领域不仅会继续存在，而且会吸收更多的人，还会出现新的领域。因此，在新的社会中，大部分人仍然会找到就业机会，改变的只是就业结构和劳动方式。在信息时代，马克思主义政治经济学理论并没有过时，它仍然是我们分析问题的指导思想。

四、劳动方式的社会影响

从1994年《中华人民共和国劳动法》实施以来，我国在劳动法律关系领域从立法到实施已经有几十年了。在这几十年里，劳动用工制度改革和劳动法治建设进程有了长足的进步，形成了它的社会影响力，但是也暴露出了一系列问题。

劳动故事：百年上海的旗袍传奇——褚宏生

单元三　劳动形态

劳动箴言

> 从事脑力劳动的青年，也应该经过一段时间的体力劳动，这对于他们的德育、智育、体育的全面发展是必要的。
>
> ——《邓小平文选》

学习目标

【知识目标】

学习劳动形态的概念；了解劳动形态的分类；掌握劳动形态的特点，以及新时代劳动形态的变化特征。

【能力目标】

能够结合专业技能，列举出劳动形态的分类，培养职业技能。

【素质目标】

科技劳动是第一生产力，鼓励学生学习新时期科学技术，将科技与劳动相结合，培养新时期劳动理念。

劳动形态是指人类作用于自然界在人类生产活动中所采取的表现形式。

一、劳动形态分类

1. 潜在劳动形态

潜在劳动形态是指存在于劳动者自身的、能够为之利用的未释放出的劳动潜能。其具体表现为劳动者的体力、智力、知识、能力等，如学历、身体测试水平等。劳动者的基本工资就是按照一个人潜在的劳动形态（如学历、体力等）进行分配的。

2. 流动劳动形态

流动劳动形态是指劳动者在劳动中释放出的劳动量。其具体表现为劳动时间和产品数量等，如劳动者的耕地面积、播种面积、锄地面积等。计件工资、按时分配就是按照流动劳动形态进行分配的劳动形态。

3. 物化劳动形态

物化劳动形态是指体现在劳动最终成果上的劳动形态，如联系产量计算报酬。

4. 价值化劳动形态

价值化劳动形态是指劳动者的劳动成果，经过交易，物化劳动形态转变为货币，其劳动成果得到了社会的承认，劳动价值以货币形式回收回来，劳动成果转变为货币表现的价值形态。

二、劳动形态新变化和新特点

1. 科技劳动成为推动劳动生产的最重要因素

现代社会的劳动具有两个新特点：分工的细化和智能化。这两个特点使必须有科技的介入才能提高劳动效率。科技劳动在生产中不仅作为生产劳动参与价值与财富的创造，而且科技工作是复杂劳动，比普通工人可创造更多劳动价值。科学技术自身不但直接体现为生产力，而且它作用于其他要素，因此，科技在生产力诸要素中成为主要推动劳动生产的力量。

2. 经营管理成为重要的劳动形态

科学技术的迅猛发展，生产社会化程度大大提高，分工越来越细，越来越专业化，其结果是使劳动过程的环节增多，链条拉长，生产商品的劳动很难在同一个独立的时间和空间完成。劳动过程成为越来越复杂的系统工程，各种相对独立的劳动职能以直接或间接的方式参与同一个商品的生产过程，从而使劳动的综合性和整体性大大加强。

3. 精神生产和服务业的劳动日益重要

科学技术的发展导致产业结构发生了重大变化，劳动向其他领域延伸。表现为第一产业、第二产业在国民经济中所占的比例呈下降趋势，第三产业呈上升趋势，在现代经济中占有越来越大的比重，具有越来越重要的作用。产业结构的巨大变化导致劳动向其他领域转移和延伸，已不仅仅局限于物质生产领域，而且延伸到了社会服务领域和精神文化领域。

4. 新时期劳动形态呈现出新的变化特征

新时期劳动形态呈现出新的变化特征，具体表现在："人口红利"向"人才红利"转变（劳动力市场）；"国内劳动"向"国际劳动"转变（劳动力输入与输出）；"被动创业"向"主动创业"转变（劳动者）；"不体面劳动"向"体面劳动"转变（劳动者状态）；"就业歧视"向"促进公平"转变（就业市场）；"个人主义"向"集体主义"转变（劳动关系）；"打工者"向"合作者"转变（企业员工角色）；"短期雇佣"向"长期雇佣"转变（企业对工人的雇佣）。

三、新时期劳动形态的发展趋势

劳动是人和人类社会的基本机能与生存方式，是人们认识世界和改造世界的社会活动。当前，劳动形态呈现出持续迭代、新旧交融、多元并存的状态，这是新时代劳动的基本特征。各种劳动形态存在和运行的关键始终是人，劳动形态的更替融合会导致一些劳动者就业岗位的要求提升，也会导致传统的就业岗位消失，同时也创造了新的、更高层次的劳动力需求，催生出需要更高技能水平和素质的行业与岗位。劳动者无论是在传统就业领域转型升级，还是转移到新的就业领域，均需要配合劳动形态的迭

代、职业的更替和岗位内涵的提升，同步提升自身的能力和水平。而学校劳动教育也需要根据新时代劳动者的素质要求，坚持立德树人，与时俱进，实践育人。20 世纪 90 年代以来，在技术创新和技术融合的基础上，手工劳动、机器劳动、智能劳动三种劳动形态呈现出"持续迭代、交叉融合、新态频生和适度复兴"的状态，"迭代""交融""创新""复兴"成为新时代劳动形态的典型特征，劳动形态之间的协同支撑成为现代产业的保障。

（一）新时代新旧劳动形态的更替并非一蹴而就，而是持续迭代

"迭代"一词出自计算机领域，迭代法是用计算机解决问题的一种基本方法。迭代法也称辗转法，是一种不断用变量的旧值递推新值的过程。迭代思维的运用过程往往以某种现有的模型或想法为基础，然后针对问题或事件的相关状况加以改进，积累小步骤，为更好的未来铺平道路，最终实现创新。当前劳动形态的更替并非一蹴而就、全面替代，而是持续迭代，一方面是由于技术的发展是渐进的，劳动形态的全面更替所需要的全面技术支撑不能在同一时间实现；另一方面是因为人类对劳动服务的需求是多样的，各种劳动形态各有其独特的存在价值和存在的空间。可以说，新的劳动形态取代旧的劳动形态是一个柔性转换、逐步替代、有限替代的过程。

当前，智能劳动的诞生与发展不会将手工劳动、机器劳动全部排挤出局。关于智能劳动对现有劳动形式的替代，目前有以下三种代表性观点。

（1）智能劳动首先取代的是"易被结构化、定式化"的工作。马萨诸塞理工学院经济学家埃里克·布林约尔弗森（Erik Brynjolfsson）表示，常规的、易被定义的工作是最易被自动化的。因此，从事中等技能的结构化任务和日常信息处理任务的人可能最容易被取代。

（2）人工智能难以代替的是需要创新思维、高端技能的职业。2013 年，英国牛津大学教授弗雷（Carl B. Frey）和奥斯伯恩（Michael A. Osborne）发布了一份题为"就业的未来：工作对计算机化有多敏感？"（The Future of Employment：How Susceptible are Jobs to Computerisation？）的研究报告，报告指出：在未来 20 年，人工智能难以代替的是需要创新思维、高端技能的职业，包括艺术、传媒和司法等领域的职业。

（3）暂时还不会被智能劳动所取代的是需要面对面、提供定制化和个性化服务的岗位，以及需要无意识的技能和直觉的手工劳动、体力劳动。摩根士丹利的分析团队对未来 10 年或者 20 年 15 种职业被机器人替代的可能性进行了预测，其中，记者的失业概率为 11%，失业概率最低的是内科与外科医生和小学教师，均只有 0.4%。

有学者选取《中华人民共和国职业分类大典》中制造业的"机械设备安装工""建筑安装施工人员"等中低技能岗位，采用"无帮助""可以部分协助""可以完全代替"三个定序测量选项来研究人工智能技术对工作任务的替换程度和人工智能的帮助程度。统计结果显示，"机械设备安装工"的工作任务能被现有人工智能技术完全替代的程度为 20%，"建筑安装施工人员"的完全替代程度为 30%。由此可见，这些难以被替代的岗位由于涉

及大量人机感应的工作，或者需要与不同的人进行复杂沟通，超出了计算机的能力，因此，仍保持较高需求。

（二）新时代新旧劳动形态的更替并非完全的以旧换新，而是新旧交融

手工劳动与机器劳动相比，与设计、控制、管理等岗位上的智能劳动相比，虽在价值创造上有一定差距，但机器劳动、智能劳动环节仍需要一定量的手工劳动与之配合，呈现出互补互助的状态。例如，企业自动化生产流水线虽然包含相当数量的具有技术含量的劳动，但也包含简单劳动，如产品搬运、车间清扫等；网络营销属于智能产业，但物流环节的快递送货则是简单劳动；共享单车属于智能产业，但共享单车的检修、搬运却属于机器劳动、手工劳动。

同时，新的劳动形态对旧的劳动形态的取代，是旧的劳动形态做适应性调整后，与新的劳动形态交融并存的过程。如手工劳动是机器劳动、智能劳动的基础，机器劳动、智能劳动从手工劳动中积累发展而来，又为手工劳动提供了可借助的、更加优越的技术条件。手工劳动与新的生产方式融合，取其优势为己所用，就能够在扬弃中获得新生，如新时代手工劳动以集约化工业所不能的"在家干活"的工作方式，开创了数字化生存的新格局。再如：传统制造车间借助工业互联网、物联网实现了改造升级；阿里云 ET 工业大脑被应用到中策橡胶的生产车间，大大降低了加工环节的成本投入，并使产品合格率成功提升了 $3\% \sim 5\%$。

（三）新时代新旧劳动形态的更替并非简单的"机器换人"，而会催生新的职业形态

回顾第一次工业革命，纺织机的发明导致纺织女工失业，蒸汽机的出现对传统运输业造成冲击，但是，伴随生产力的解放，产生了钢铁冶炼、机器制造、设备维修等众多需要具有高技能含量的行业和岗位。自动化生产线的投入运行降低了对活劳动的消耗量，虽然人们担心生产自动化会导致对劳动者数量的需求降低，但实际情况是，自动化促进了生产力向更高水平发展，在提高劳动效率的同时，开拓出了新的生产领域，促进了生产的深化，进一步扩大了就业。因此，虽然每一次劳动形态的升级都会使部分岗位出现"机器排挤人"的现象，给人们带来被机器替代的恐慌，但人们会通过能力升级适应岗位升级或转换岗位而实现重新上岗。

当今社会逐步进入智能劳动时代，智能劳动使传统职业劳动内容发生了变革。相关研究提示，预计在未来 10 ～ 20 年，美国约 47% 的工作岗位有被机器人取代的风险，计算机化将使得美国近一半的工作机会受到威胁，甚至一些创造性的专业岗位也不例外。而到 2033 年，许多常见的职业将大概率会最终消失，职业和其消失概率分别是：电话营销人员和保险业务人员 99%、运动赛事裁判 98%、收银员 97%、厨师 96%、服务员 94%、律师助理 94%、导游 91%、面包师 89%、公交司机 89%、建筑工人 88%、兽医助手 86%、安保人员 84%、档案管理员 76%。但是，智能劳动生产一线的新兴职业需求会剧增。2019 年 4 月 1 日，我国人力资源和社会保障部、市场监管总局、统计局正式向社会发布了

13个新职业信息，分别是人工智能工程技术人员、物联网工程技术人员、大数据工程技术人员、云计算工程技术人员、数字化管理师、建筑信息模型技术员、电子竞技运营师、电子竞技员、无人机驾驶员、农业经理人、物联网安装调试员、工业机器人系统操作员及工业机器人系统运维员。正如马克思指出："技术的变革造成的机器取代了人工，致使很多人面临生存问题，但同时也会催生新行业新领域新岗位。"

（四）新时代新旧劳动形态的更替并非淘汰手工劳动，而是复兴手工劳动

虽然随着智能技术的逐步成熟、信息技术的广泛应用，手工劳动逐步减少，但手工劳动并不是应被淘汰的落后劳动形态。在劳动形态的迭代过程中，复杂且带有创造性的某些手工劳动一直存在，并在近年呈现出回归的态势。美国著名的社会科学家阿尔文·托夫勒（Alvin Toffler）在他的《第三次浪潮》一书中描述："自己动手引以为荣——手工劳动遭受三百年歧视后，开始受人尊敬。"

手工劳动被重提有多方面原因。首先，手工劳动本身承载着人类对自身的审视和对自我价值实现的期待，是人类自我体验、自我认可的一种独特方式，人类在手工劳动中能够看到自己，获得独特的心灵体验和心灵的满足，满足自己更高层次的需求。其次，机器劳动所承担的枯燥的、重复性的工作，对人性造成威胁，导致工人体能与智能的退化。而有趣的手工劳动不仅是一种乐趣，也是人的一种自我解放方式。再次，在人类的劳动史中，手工劳动具有独特优势。手工劳动融入了人类的智慧和情感，蕴含着特定物品的量身定做、稀有材料的专门加工、特有的历史背景、制作过程中的创意、精益求精的技艺追求、优良品质的保证、工艺制成品的多样性等，这些都离不开手工劳动者的钻研琢磨，是任何先进的技术都难以取代的。另外，生产自动化程度越高，单位成本就越低，而手工劳动和非自动化劳动的相对价格也就越高，这促使越来越多的人从经济角度出发，选择自己动手干活，实现"自给自足"。未来社会将有越来越多的人会树立"自产自销"的价值观，培养自力更生的能力、适应和克服困难的能力及自己动手的能力。特别是在家庭劳动中，手工劳动的占比较大，人们会享受智能劳动与手工劳动互补的乐趣，同时会为自己还能干活而感到自豪。

四、新时代劳动形态对劳动者提出新要求

新时代的劳动形态处在手工劳动、机器劳动进一步向智能劳动迭代的进程之中，但三种劳动形态又同时并存。各种劳动形态对劳动者的素质要求是不同的。手工劳动以体力要求为主，对劳动者的素质要求是具备较强的身体机能和简单的专门技艺。机器劳动要求一部分劳动者具备能够承受高强度、重复劳动的身体素质，遵守规则的劳动态度和从事工厂生产流程中某一部分固定工作的简单技艺，而要求另一部分劳动者掌握先进的科学技术，对劳动者的总体素质要求是"体力和脑力并举"。智能劳动要求劳动者的素养向智慧化方向发展，不仅要具备专业领域的技术能力，而且要具备各个行业智能劳动

普遍需要并要求日渐提高的基本数字技能、编程、网络安全管理等通用性技能，具备分析能力、沟通技巧、将数字信息应用于客户的能力，以及更好、更敏捷的管理和领导技能。无论劳动形态如何迭代，均需要劳动者具备正确的劳动观、优秀的劳动品质，以及能够胜任工作和生活的劳动能力等，这些是劳动的基础，也是影响社会发展的关键因素。

（一）劳动工具趋向"类人化"，人类需要重新确立自身在劳动中的存在价值

在手工劳动时代，劳动工具帮助人，人通过劳动满足了基本生存需求——食以果腹、衣以遮体，人的主体价值得到充分彰显。在机器劳动时代，劳动工具代替人的技能，但没有超越机器的范畴，人是机器生产现场不可缺少的"智能附庸"，工人利用自身的感觉器官去观察加工对象，并在此基础上调整机器动作，从而使机器能够基于工人的感知功能提供的信息反馈发挥技能；另一方面，工人利用自己的大脑，构建机器设计与使用条件的关系、机器功能与任务目的的关系，依据生产条件的不断变化，灵活做出判断和决策，从而使机器得到正确和有效的使用。而到了智能劳动时代，人工智能与人的智能的相似度越来越高，智能劳动工具进入了模拟人的智能的阶段，所能取代的岗位也越来越多。总体来看，当前伴随劳动形态的迭代、劳动工具对劳动者的替代度逐渐提高、"类人"的深度和广度不断演进，人类面临在劳动中寻找自我价值定位的茫然。

"通过劳动创造新的自我"成为新时代劳动者的价值追求之一。人不同于其他生物的根本特征就在于人追求自我价值与生存的意义。劳动是标志人本性的活动，是人的生命活动，是人类社会独有的、自觉的对象化实践，人需要借助劳动实现自我价值和全面发展。在多元劳动形态并存的时代，人通过智能工具和科技劳动等控制生活，通过文学和艺术劳动等享受生活，通过历史、科学、宗教和哲学等方面的思辨性劳动理解生活，人自我存在的本质力量在对象化的活动中实现自我创造，在劳动中达到自我实现和心灵的满足，从而更加确证自我存在的价值。总之，人并不像商品那样是一个人工制造物，而是一个具有真正生命力的个体，只有从事越来越人性化和智能化的劳动，才能发挥"劳动创造人、劳动服务人、劳动发展人"的功能，让"劳动造就了人"的价值观在更高层次得到回归。

"为了喜爱而从事劳动"成为新时代的职业取向。在机器劳动时代，劳动曾是一种充满痛苦、让人厌恶的行为，曾导致劳动者有这样的心态：工作时间应该尽量缩短，工作报酬应该尽量增加。当前，智能劳动成为主要劳动形态，机器能够模拟人的智能，人们可以有更多的精力和时间去从事自己喜欢的工作。劳动者从事自己喜爱的劳动，更有利于其获得精神层面的休息、缓解压力；有利于劳动者工作满足感和幸福感的提升；有利于真正激发劳动者热爱劳动、崇尚劳动、尊重劳动的情感；有利于培养劳动者辛勤劳动、诚实劳动、创造性劳动的态度。

（二）人的主要劳动内容趋向智慧劳动、创造劳动、情绪劳动，要求劳动者不仅具备在专业领域从事技术工作的能力，同时具备复合素质

目前，智能技术逐步成熟。随着人工智能模拟人智能的进一步实现，人的主要劳动内容发生了变化，相应地带来了对劳动者要求的变化。

（1）当前科学劳动、复杂脑力劳动日渐增多。科技劳动、管理劳动等智慧性劳动处于中心地位，受过专业训练的技术型工人、与生产直接相关的科技人员及负责成果转化的工程人员、生产管理者的比重逐渐增大，从事知识生产和传播的劳动者占比加大。这要求劳动者具备在专业领域从事智慧劳动的能力。

（2）当前科学技术的发展速度加快，科学技术上的新发现和发明推广运用到生产中的周期缩短。同时，新时代多元劳动形态下的工作内容是弹性的，工作性质随着越来越多的领域实现了自动化而发生改变，特别是当前人工智能仍处在发展进程中，这要求劳动者不断学习和接受系统的训练以掌握智能劳动的新技术、智能机器控制的新方法，实现熟练操作和使用。因此，终身学习和教育显得尤为重要，劳动者要不断提升学习能力。

（3）当前智能劳动强势发展。智能劳动是由一系列重大技术创新构成的通用技术集群推动的，包括新一代互联网技术群、新一代信息技术群、先进制造技术、生命科学技术、新材料技术及可再生能源技术等。这些相关产业无不以创新为核心特征，创新构成其核心驱动力量，人才是创新劳动的灵魂要素。因此，未来劳动者必须提升思维能力、科研能力、设计创作能力及技术转化能力等。在勒鲁瓦-古兰（André Leroi-Gourhan）看来，人在发明工具的同时，也在技术中自我发明——自我实现技术化的外在化，实现人的自我创新。而且从人工智能的发展来看，人所从事的开发工程与基于系统整体的复杂情况的决策，是机器替代不了的，而且会越来越重要，因此，劳动者需要提升创造力。2017年，澳大利亚青年基金会（FYA）发布的报告《新基础：大数据显示就业新常态下年轻人所需技能》指出，3年时间里企业技能需求变化为：在创造性解决问题的能力方面，解决问题能力提高26%，创造能力提高65%，审辩式思维提高158%；在数字技能方面，数字素养提高212%。该数据调查也揭示了当前劳动形态下与创造力相关的能力提升的必要性。富兰克林·欧林工程学院院长理查德·米勒（Richard Miller）认为，在创新经济时代，人生就是一个创新项目。工程师要将不存在的东西设想出来，并加以实现，这要求劳动者不断提升创造力。

（4）当前多元劳动形态迭代并存，生产性服务劳动、生活性服务劳动比重加大，第三产业比重加大趋势明显。人力资源不断从第一产业、第二产业向第三产业转移，从事经营管理、科学研究、文化教育等第三产业的劳动者与日俱增。服务性劳动和劳动中的人际交往都是一种情绪劳动，是一种要求员工在工作时展现某种特定情绪以达到其所在职位工作目标的劳动形式。美国著名心理咨询专家、莫诺心理诊所创办人之一约翰·辛德勒（John A. Schindler）于2013年出版了《情绪力》一书，率先倡导"情绪健康"这一理念。他还在全美开设"情绪力"培训课程，指导人们如何管理自己的情绪。当服务性劳动逐步成为劳动的主要内容时，就会要求劳动者具备情绪管理能力。

（5）当前随着科学技术的广泛应用，机器劳动、智能劳动使人从体力劳动、脑力劳动中部分地解脱出来。人们因此获得了更多的休闲机会，有余力从事精神劳动、休闲劳动，劳动的内容转向基于信息化手段的探索性劳动、艺术性劳动，这要求劳动者具备审美力。而且新时代的质量观也发生了变化，除耐用性外，美观和艺术化、个性化也是衡量产品质量的重要方面，同样要求劳动者具备审美力。马克思在《1844年经济学哲学手稿》中提出了"美是人的本质力量对象化"的命题，美就是作为主体的人的自由自觉的特性在生产实践、精神创作和文化表达上的生动体现。这是人的生产与动物的"生产"相比所独具的"美的规律"，即"动物只是按照它所属的那个种的尺度和需要来建造，而人却懂得按照任何一个种的尺度来进行生产，并且懂得怎样处处都把内在的尺度运用到对象上去；因此，人也按照美的规律来建造"。当前劳动者只有结合劳动和审美的实践于一体，才能挖掘出知识技能背后的文化特性和美的意蕴，体会到人类文明的可贵，并在劳动中感受劳动最光荣、劳动最崇高、劳动最伟大、劳动最美丽等道理。因此，新时代的劳动必然强调一种基于劳动的现代审美力的培育，让劳动者在劳动中发现美、欣赏美和创造美。

（三）新时代生产方式的转换要求劳动者具备跨界整合力、沟通协作力

劳动是社会性的活动，是人与人联系的媒介。马克思说："为了进行生产，人们便发生一定的联系和关系，只有在这些社会联系和社会关系的范围内，才会有他们对自然的关系，才会有生产。"当前，任何劳动者不仅仅是通过劳动来满足自己的需要，而且用劳动满足别人的需要，自己的某些需要也要通过别人的劳动来满足。

在多元劳动形态下，由于传统车间的智能化改造和工作岗位的重组，人们所从事的单纯作业总体会减少，生产系统的运行维护和调整工作等兼容性业务会增加。因此，劳动者不仅需要掌握专门的劳动技能，而且需要全面提升劳动项目管理与经营能力、合作能力、产品推广能力等。总之，未来的劳动力市场更青睐对某个领域有深入认识且在其他相关领域也具备一定知识的"一专多能"型跨界专业人员。

同样，在智能劳动生产线上，需要掌控大局的工作比例会增加，劳动者要通晓智慧生产中此任务与彼任务之间的联系，在工作中更加需要提升自身的统筹、沟通和协调能力。澳大利亚青年基金会发布的报告《新基础：大数据显示就业新常态下年轻人所需技能》指出，未来三年企业技能需求的变化为：在相互作用技能方面，沟通技巧提高12%，关系构建提高15%，团队工作提高19%，表达技能提高25%。因此，沟通与协作力应是当前多元劳动形态下劳动者的必备素质。

（四）劳动对象趋向虚拟化，但人仍然要学习掌握从事实体劳动的基本劳动能力

在手工劳动中，人依赖的是从自然界直接获得的生活资料，劳动对象以可再生资源为主；在机器劳动中，劳动对象向不可再生资源拓展，对自然过渡入侵导致自然界趋向"非

自然化"；在智能劳动中，劳动对象不仅包括实物资源，还拓展到信息和数据资源，劳动者对自然资源的依赖度降低，部分人为了获取更高的资本回报，将虚拟经济作为劳动对象，通过互联网金融、智能财富管理来赢取物质资源，满足生活需要。

2018年，习近平总书记赴广东考察，在视察格力电器股份有限公司时强调实体经济的重要作用，指出实体经济是一国经济的立身之本、财富之源，经济发展任何时候都不能脱实向虚。在21世纪初，美国资本市场靠操纵数字资源、以钱生钱的虚拟经济"突飞猛进"，超越实体经济，在虚拟经济中空转套利，导致2008年金融危机爆发，造成经济衰退。对此，美国政府呼吁人民重返真实的工作——那些比抽象的金融产品交易更可见的工作，发展以物质资料的生产经营活动为内容的实体经济，保持实体经济与虚拟经济的协调发展。振兴实体经济，既是经济发展的支点，也是经济政策制定的基点。因此，基于实体资源的手工劳动、机器劳动和智能劳动，始终要为经济社会发展提供物质基础。

新时代劳动者应加强基本的纸艺、结艺、布艺等手工劳作的基本知识和技能学习，加强木工、电工、机械制造等基本知识和技能学习，提升学习者在智能生产线从事技术转化、机器调试、流程监控、安全维护等工作的知识和技术能力。普林斯顿大学经济学家艾伦·布林德（Alan S. Blinder）认为，下一个10年的劳动力市场不一定会按照对教育水平的要求来划分，未来工作的重要类型也许会是"可以轻易地通过网线或无线连接传输而不会降低其质量的工作"和"不能通过网线传输而必须亲自或在现场完成的工作"。艾伦·布林德指出："你不能在网上钉钉子。"掌握一门手艺不是限制，而是解放。如果你掌握了一种不能外包给国外、用算法来做或被下载的技术，你肯定能找到工作，甚至成为某一领域的大师。因此，劳动者应具备现场生产实际产品的基本动手能力。

五、新时代劳动形态对劳动教育的新要求

手工劳动时代劳动方法的传授主要依靠劳动者口口相传、手把手地传授，一个工匠在手工作坊的生产劳动过程中，依靠师傅的传授和经验的积累习得一种专门手艺而终生从事这种专门劳动。在机器劳动时代，劳动者要胜任岗位，就需要接受独立于劳动过程的专门教育、培养和训练，正像马克思指出的，"要改变人的一般本性，使他获得一定劳动部门的技能和技巧，成为发达的和专门的劳动力，就要有一定的教育和训练"，因而出现了"广大生产过程的参与者的教育"与"直接的社会生产劳动过程"的第二次分离，劳动必须依靠科学与教育。全面提高劳动者素质，同样需要强调劳动教育。

（一）教育目的——立德树人

在新时代，我国的劳动教育是基于人、培养人、发展人的教育，最终目的是"立德树人"，其内涵主要包括以下四个方面。

1. 劳动价值观的树立

塑造正确的劳动价值观，懂得"美好生活靠劳动创造"等道理，感受到在劳动中的

自我成长等；塑造正确的劳动过程观，懂得"一分耕耘一分收获""劳动来不得半点虚假""空谈误国，实干兴邦"等；塑造正确的劳动技能观，懂得"业精于勤荒于嬉"，理解锲而不舍、精益求精、追求卓越、勇于创新等；塑造正确的劳动成果观，懂得赞赏别人的劳动成果、珍惜劳动成果等。

2. 劳动习惯与品质的养成

培养学生的劳动责任感、坚韧性、诚信度和创造性，其教育实现路径侧重于思想教育与道德体验。黑格尔在论述劳动的实践教育目的时，也侧重于劳动习惯的培养，他说："通过劳动的实践教育首先在于使做事的需要和一般的勤劳习惯自然地产生；其次，在于限制人的活动，即一方面使其活动适应物质的性质，另一方面，而且是主要的，使能适应别人的任性；最后在于通过这种训练而产生客观活动的习惯和普遍有效的技能的习惯。"

3. 职业劳动观、职业价值观的培养

教育学生服务社会、服务他人、为职业做准备，其教育实现路径侧重于职业体验、劳动法规学习、公益劳动等。

4. 劳动知识的传授和技能的训练

借鉴罗米索斯基（A. J. Romiszowski）的知能结构论，可以认为：劳动知识的教育是指传递信息，包括事实、程序、概念与原理四种类型；技能的培养则包括认知、动作、反应与交互四种类型，并且有再生性技能与创生性技能之别。劳动知识与技能的学习路径侧重于技术习得与劳动实践锻炼。

（二）教育内容——树立一种新旧兼容和不断发展的内容观

多元劳动形态并存下的劳动项目各有其教育价值。苏霍姆林斯基非常注重组织学生参加机械化的生产劳动，同时，对手工劳动甚至粗笨的体力劳动也极为重视，然而由此却招来了非难：在一个机械化的时代，儿童们还用简单的工具进行手工劳动，似乎太是古非今了。但是，苏霍姆林斯基却坚持必须使手工劳动和机械化劳动相结合，（让学生）既发展头脑，又发展双手（他特别注重发展双手，既发展右手，也发展左手）。他认为，儿童的智慧在他们的手指尖上。帕夫雷什的所有儿童还在上小学时就能开动专门为他们设计的许多机器。苏霍姆林斯基在对学生进行劳动教育时，主张手工劳动与机械化劳动二者并重。这一原则起源于其精神上的导师马卡连柯，同时，也是在其"全面和谐发展"理论基础上派生和发展起来的。新时代劳动教育也应体现这种兼容的内容观，体现一定体力劳动基础上的体脑合一、身心合一、知行合一、学创合一的劳动教育。

新时代企业和组织的运行方法呈现出根本性的转变，这也相应地带来劳动教育内容和重点的改变。面对人工智能、大数据、云计算、物联网、区块链、智能制造、机器人、集成电路、网络空间安全、虚拟现实等新兴领域，劳动教育内容也应不断迭代、与时俱进，推出与新兴领域相匹配的课程体系，确保劳动教育与现实社会生产生活实际合拍，确保学生通过劳动教育所获得的素养与技能有"用武之地"，获得劳动的成就感。

（三）教育方法——坚持教育与生产劳动相结合

马克思认为："生产劳动同智育和体育的结合，它不仅是提高社会生产力的一种方法，而且是造就全面发展人的唯一方法。"马克思将教育和生产劳动相结合看作现代大生产和现代社会要求下，现代教育的组成部分和基本特征，看作造就全面发展人的重要条件。这种教育要使儿童和少年了解生产中各个过程的基本原理，同时使他们获得运用各种最简单的生产工具的技能。劳动形态的发展、劳动者素质的提高，依赖于科研的进步和学校教育，只有自觉地运用教育与生产劳动相结合的方式，才能培养出全面发展的新时代劳动者。因此，劳动教育应构建教育与生产劳动互相促进的正向反馈系统：劳动形态升级促使更多劳动者接受更高水平的教育培训，这倒逼有关部门加大教育培训投入，提升培训质量，而劳动者经过劳动教育，不仅提升了素质，适应了新的生产力发展水平，而且会继续推动技术革新，促进新一轮的技术革命。只有这样，全面发展的劳动者才能满足现代化大生产的要求，才能更好更快地提高社会生产力。

> **职业思索**

（1）对照霍兰德职业兴趣分类方法，分析自己的职业类型，设立未来择业目标。

（2）谚语"三百六十行，行行出状元"的意思是，各行各业都有杰出的人才，我们无论从事什么行业，都能做出成绩，成为这一行的专家、能人。随着社会分工细化和新兴行业与职业不断涌现，即将步入职场的我们时常会担心自己入错行、走弯路，应当如何结合自己的兴趣及当今社会劳动的主要方式，理智地进行选择与判断呢？

单元四　劳动能力

> **劳动箴言**

子曰："爱之，能勿劳乎？忠焉，能勿诲乎？"
>> ——《论语·宪问》

> **学习目标**

【知识目标】

了解日常生活劳动、生产性劳动、服务性劳动的特点、意义；掌握相关技能知识及劳动实施过程。

【能力目标】

能够准确把握劳动的分类、劳动方向，解决实际问题。

【情感目标】

培养学生通过劳动磨炼意志、培育心智；在劳动中不断完善人格，树立高尚品格；增强服务意识、奉献意识。

孔子说："爱之，能勿劳乎？忠焉，能勿诲乎？"意思是："爱他，能不让他劳动吗？忠于他，能不教诲他吗？"人应该依靠什么生活？只能靠自己的劳动能力！孔子认为，教导人民热爱劳动，就是对百姓的仁爱，就是对百姓的忠诚。习近平总书记指出："劳动是财富的源泉，也是幸福的源泉。人世间的美好梦想，只有通过诚实劳动才能实现；发展中的各种难题，只有通过诚实劳动才能破解；生命里的一切辉煌，只有通过诚实劳动才能铸就。"因此，通过劳动教育形成必备的劳动能力，就是帮助学生获得幸福的基本条件。

一、日常生活劳动能力

朱熹说："三代之隆，其法寖备，然后王宫、国都以及闾巷，莫不有学。人生八岁，则自王公以下，至于庶人之子弟，皆入小学，而教之以洒扫、应对、进退之节，礼、乐、射、御、书、数之文。"大意为：夏、商、周三代兴旺发达的时候，礼法已经历时久远。内容完备了，天子王宫、诸侯国都以及庶民闾巷，没有不设置学堂开展教学的。孩子长到八岁，从王公贵族往下，直到百姓的子弟，都要进入小学，接受洒扫庭院、应对作答、进退出入等劳动习惯和生活礼节，同时也学习执礼、音乐、射箭、驾车、书写和算术等文化技艺。

可见在古代，像打扫居室卫生、独立应对生活、学会待人接物，不仅是人人必备的基本生活能力，也是做人必备的基本道德品行。

日常生活劳动是每个人都离不开的劳动，日常生活劳动知识也是每个学生必备的技能。无论在家庭、学校、社会，还是在未来的工作中，学生都必须具有进行日常生活劳动的知识和技能。

（一）日常生活劳动概述

日常生活劳动泛指在日常生活中为了维持生存和生存的环境所涉及的衣、食、住、行等多个方面的劳动。包括家务劳动、日常生活活动，以及在学校、单位、社区等开展的生活劳动。家务劳动是指完成家庭日常生活事务所发生的劳动，如买菜、做饭、洗衣服、整理衣橱、擦窗户、扫地、拖地、倒垃圾、洗杯子、泡茶、修理家具、照顾家人、护理患者、购买日常生活用品等。日常生活活动是指一个人为了满足生存的需要每天所进行的必要活动，包括进食、梳妆、洗漱、洗澡、如厕、穿衣及功能性移动（翻身、从床上坐起、转移、行走、驱动轮椅、上下楼梯）等。在学校、单位中的生活劳动包括清扫寝室、清扫

办公室、梳理文件、倾倒垃圾、维护社区环境等。可见，日常生活劳动是人生存和生活所必不可少的劳动，其随处可见，与人的活动密不可分。

（二）中国古代的生活劳动

子曰："弟子入则孝，出则弟，谨而信，泛爱众，而亲仁。行有余力，则以学文。"（出自《论语·学而》）。做好"洒扫、应对、进退之节"，实在比"礼、乐、射、御、书、数之文"还重要。一个连"洒扫、应对、进退"等日常生活能力都没有的人，怎么能指望他学好"礼、乐、射、御、书、数之文"去"齐家、治国、平天下"呢？

《大学》开宗明义就是告诫大学生们：大学之道，修身为本。毫无疑问，大学是研究高深学问的地方，到大学接受高等教育绝对不是来学习打扫宿舍卫生、参加宿舍卫生评比的，而是为了探明人类当行的人间大道、天地大德。但是，大道大德都需要有人去行，只是"明"而不能"行"没有任何意义。"明明德"的目的是"亲民"，改进自己的道德品行，改造世道人心，最终达到"至善尽美"境界。"明德"和"至善"是崇高理想，有了崇高理想、美好梦想就有了明确的人生目标，由此人生变得充满希望，人生之路也会变得坚定不移。勤劳奋斗是本，劳动果实是末，空谈丰收的果实对己对人都没有用，只有从我做起去勤劳奋斗才能收获丰硕的果实。

（三）现代日常生活劳动

1. 提升个人独立生活能力

人类越是处于历史的早期越难以独立自主地生活，没有人能够离开氏族、家庭、国家、社会独立生活。现代西方从批判"神本主义"和赞扬"人本主义"的"文艺复兴运动"开始，历经"启蒙运动""政治革命""工业革命""科技革命"，逐步开创了人类独立自主生活的现代社会。

人独立自主的生活能力，除直接受益于思想解放运动外，最主要的是因为掌握了认识和利用自然规律的科学技术，学会运用现代技术过科学理性的生活。

2. 拥有现代复杂社会生活能力

现代生活是一个复杂得多的生活模式，要求每个人有更高的个人生活能力和组织协调能力，用有组织、高效率、流程化的方法指导自己的工作与生活。

（四）日常生活劳动的特点

1. 日常生活劳动具有重复性、普遍性

日常生活劳动是人生活和生存所不可脱离的劳动。这些劳动几乎发生于人的每一个生活瞬间，比如买菜、做饭、洗衣服等每天都会发生。而且这样的劳动还会发生在每一个人身上，每一个家庭中。所以，日常生活劳动具有重复性、普遍性。

2. 日常生活劳动需要综合知识

日常生活劳动看似简单、机械、重复，但实际上每一项劳动都蕴含着知识和技能，尤

其是当家庭中存在特殊家庭成员时，如婴幼儿、老人、孕产妇及患者时。例如，做饭时需要饮食营养知识，包括蔬菜的新鲜度、肉类食品的生熟度、油温的掌握、盐量的控制等。当家庭中有高血压、冠心病等心脑血管疾病患者时，要注意对饮食中盐和脂肪摄入量的控制。有水肿患者时要注意摄水量的控制。再如，洗衣服时，不同颜色、不同面料的衣服使用的洗洁剂、适用的水温、清洁的时间等不同。可见，日常生活劳动涉及多学科内容，需要综合知识的积累和指导。

3. 日常生活劳动需要安全知识

日常生活劳动虽然普遍存在，但其中还是潜藏着一定的安全隐患，需要具备安全风险防范知识。如在2018年的潍坊网警巡查执法网上，有一则《两孩童玩洁厕灵与84消毒液致3人中毒1人死亡》的新闻报道，事故原因就是将洁厕灵和84消毒剂混用，释放出了氯气。在《伪装者》电视剧中有一个炸面粉厂的片段，为了毁灭证据，阿诚要炸毁面粉厂，但是他一没用炸药，二没用汽油，只是划破几袋面粉，并把面粉撒向空中，随后，将打火机打开扔向空中的面粉，引起了面粉厂爆炸。事实上，粉尘在空气中达到一定浓度时遇到火就会引起爆炸，所以，在燃气灶打开的时候不能直接向锅里倒入面粉。但在各类新闻报道中，因为直接向打开的燃气灶上的锅里倒入面粉而引起爆炸的事故屡见不鲜。

（五）日常生活劳动的意义

1. 培养个体自立能力，利于人格完善

劳动是体现一个人有修养、有道德、有文化、有内涵的最明显标志。习近平总书记在全国教育大会上明确提出，"要在学生中弘扬劳动精神，教育引导学生崇尚劳动、尊重劳动，懂得劳动最光荣、劳动最崇高、劳动最伟大、劳动最美丽的道理，长大后能够辛勤劳动、诚实劳动、创造性劳动"。老舍曾经说过，"不劳动连棵花也养不活"。可见，日常生活劳动虽然最为常见、普遍，但通过劳动能培育劳动素养，培养生活自理、自立能力，利于个体人格的完整发展。

2. 树立优良的家风，利于家庭和社会发展

"家风"也称为门风，指家庭或家族世代传承的生活作风、风气、风尚，具有榜样性、社会性和传承性。一个好的家风，有利于家庭和社会的发展。勤劳俭朴是中华民族的传统美德，也是每个家庭需要传承的家风。参加日常生活劳动就是这一家风的重要体现。家训是家风传承的载体，也是家风核心思想的体现，是一个家庭的价值准则的具体表现，我国关于家训的第一部书是《颜氏家训》，其中明确提出颜氏家族"要稼穑而食，桑麻以衣"。可见，古人也十分重视日常生活劳动，将从事日常生活劳动作为家训重要组成部分，世代传承。

劳动故事：爱做家务有利于创业

（六）日常生活劳动常识

1. 保健知识

日常生活劳动服务的核心是人，如家里的老人、父母、孩子，学校的同学或单位的同事等。保健知识是日常生活劳动最基本的要求。

（1）营养保健知识。人体完成生命活动所必需的七大营养物质包括蛋白质、脂肪、糖类、维生素、矿物质、水和纤维素。蛋白质是构成细胞的基础物质。脂肪具有保护内脏、保持体温、参与代谢等作用。糖类是人体最主要的能量来源。矿物质（无机盐）构成人体组织，维持生理功能。水是人体的重要组成成分，参与所有物质代谢，完成机体的物质运输，排泄废物，调节体温。纤维素促进胃肠蠕动，保持排便通畅。蛋白质含量较多的食物有肉、蛋、豆、奶类等，一般动物蛋白质的价值比植物蛋白质高。含脂肪较多的食物主要是各种油类，还有肉、奶、蛋及坚果仁类。糖类主要来自米、面等。机体每天要摄入适量的营养物质才能保证正常运行。在买菜、做菜时要注意饮食营养物质的搭配，保持各类营养素的均衡。生熟食品要分开料理，生肉类、生鱼类等制品应加工熟透之后再进食。

另外，在我国传统医学中有些药品也是药食同源的食物，正确食用的同时还能起到养生保健的作用。但是，并不是所有的中药都具有药食同源的特点，要注意甄别。

（2）运动保健知识。生命在于运动，运动能促进机体的新陈代谢。进行适当运动是一项常见的生活劳动。每天应依据机体的健康程度、活动耐受程度、心肺功能等进行适度的有氧运动，如走步、慢跑、打太极拳等。在运动过程中监测心律、心率、呼吸频率，观察有无心悸、呼吸困难、气短、乏力等症状出现。同时，需要注意剧烈运动时和运动后不可大量饮水，饥饿时和进餐后不宜立即运动，情绪不好和天气不好时不宜运动。

（3）防暑降温知识。中暑指长时间暴露在高温、炎热环境中进行劳动引起机体体温调节功能紊乱所致的一组临床症候群，主要表现为高热、皮肤干燥及中枢神经系统症状。轻者身体不适，重者甚至导致死亡。一旦发生中暑，应当立即脱离热源环境、降低体温、及时补充水温和盐分，如迅速转移到通风良好的阴凉处，或在 20～25 ℃室内平卧，松解或脱去外衣，用冰水或冷水擦浴。在炎热夏季，身体虚弱的老年人、孕妇、慢性病患者尽量减少外出。为预防中暑，也可备用人丹、十滴水、藿香正气水、清凉油等。

（4）低温冻伤知识。低温冻伤是指因低温袭击引起全身或身体局部的损伤，最常见的是局部冻伤，又称冻疮。引起冻伤的主要原因是低温、身体长时间暴露、潮湿、风、水等造成的大量热量丢失。冻伤最易发生于身体末端，如手指、脚趾、足跟、耳郭等处。冬季、高寒地带容易发生冻伤。一旦发生冻伤，应迅速脱离寒冷环境，抓紧时间尽早快速复温、保暖，局部涂敷冻伤膏，改善局部微循环，进行抗休克、抗感染治疗等，并尽快到医院进行专业的冻伤治疗和处理，切记避免摩擦冻伤部位。

（5）心肺复苏术。日常生活中遭遇到溺水、触电、外伤、吸入异物、疾病发作、煤气中毒、过敏等均可导致心搏骤停发生。心搏骤停一旦发生，如果不及时进行抢救复苏，4～6 分钟后会造成大脑及其他重要器官组织的不可逆的损害。掌握心肺复苏术（CPR），在危急时刻可给他人正确的救助，减少不幸的发生。心肺复苏的操作程序如图 2-1 所示。

①判断意识：双手轻拍患者双肩，问："喂！你怎么了？"告知无反应。

②检查呼吸：观察患者胸部起伏 5 ～ 10 秒，告知无呼吸。

③呼救："来人啊！喊医生！推抢救车！除颤仪！"

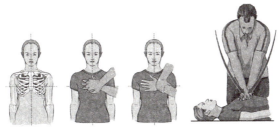

图 2-1　心肺复苏示意

④判断是否有颈动脉搏动：用右手的中指和食指从气管正中环状软骨滑向近侧颈动脉搏动处，判断 5 ～ 10 s，告知无搏动。

⑤松解衣领及裤带。

⑥胸外心脏按压：两乳头连线中点（胸骨中下 1/3 处），左手掌跟紧贴患者胸部，两手重叠，左手五指翘起，双臂伸直，用上身力量用力按压 30 次，按压频率大于 100 次 / 分，按压深度大于 5 厘米。

⑦打开气道：仰头抬颌法。口腔无分泌物，无假牙。

⑧人工呼吸：可应用简易呼吸器或口对口吹气法（此处介绍后者）。口对口吹气法：患者取仰卧位，清理呼吸道，保持清洁，头部尽量后仰，保持呼吸道畅通，救护人站在其头部的一侧，自己深吸一口气，对准患者口（两嘴要对紧，不要漏气）将气吹入，形成患者吸气，同时，一手将鼻孔捏住。然后，救护人嘴离开，将捏住的鼻孔放开并用一手按压患者胸部，帮助患者呼气。每分钟 14 ～ 16 次。若患者口腔有外伤或牙关紧闭时，可对其鼻孔吹气，并将口堵住。吹气时气流量的大小以患者的胸廓稍微隆起为最合适。口对口时，可在患者口上覆盖一块叠两层厚的纱布，或一层薄手帕，以不影响空气出入为宜。持续 2 分钟的高效率的 CPR：先做 30 次心脏按压，并保持气道畅通，再做 2 次人工呼吸，操作 5 个周期。

⑨判断复苏是否有效：是否有呼吸音，是否触摸到颈动脉搏动。

⑩整理患者，进一步生命支持。

（6）中医适宜技术。中医适宜技术主要指安全、有效、成本低、易学习的中医药技术，又称中医传统疗法、中医保健技能，是中国传统医学的重要组成部分。其主要包括以下内容。

①针法类："针"即"针刺"的意思，指利用各种针具刺激穴位治疗疾病的方法。常用的针具包括体针、头针、耳针、足针、梅花针、火针、电针，以及穴位注射、小针刀疗法等。针法，主要是通过对患者病症的判断、分析，判断疾病虚实，制定补泻治疗原则，

通过提、插、捻、转手法刺激，使患者得气（感受到酸麻胀痛等），以达到治疗、调理、保健的目的。针刺的方法有很多种，要根据具体的疾病选择穴位、进针角度。在家庭保健中常用的穴位有足三里、内关、合谷、三阴交、阴陵泉等（图2-2）。足三里：位于犊鼻（膝眼）下3寸（1寸=3.33厘米），小腿前外侧，治疗胃肠道疾病、下肢痿痹、中风、脚气、水肿、心悸、气短、虚劳羸瘦等疾病；直刺或斜刺法。内关：位于前臂掌侧，腕横纹上2寸，掌长肌腱与桡侧腕屈肌腱之间，治疗心绞痛、心肌炎、心律不齐、胃炎、癔症等；直刺0.5～1寸。合谷：位于手背，第1、2掌骨间，第二掌骨桡侧的中点处，主治发热、头痛、目赤肿痛、鼻衄、咽喉肿痛、齿痛等；孕妇不宜；直刺0.5～0.8寸。三阴交：位于小腿内侧，当足内踝尖上3寸，胫骨内侧缘后方，主要用于妇科病症的治疗，具有健脾益血、调肝补肾、安神作用；直刺1～1.5寸。阴陵泉：位于小腿内侧，胫骨内侧下缘与胫骨内侧缘之间的凹陷中，在胫骨后缘与腓肠肌之间，比目鱼肌起点上，主治腹胀、腹泻、水肿、黄疸、小便不利、遗尿、尿失禁、阴部痛、痛经、遗精、膝痛；直刺1～2寸。

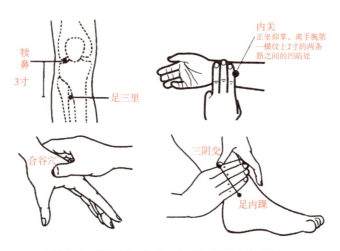

图2-2 足三里、内关、合谷、三阴交穴位图

注意以上穴位的针刺应由专业医师操作。

②灸法类："灸"指艾灸。艾灸是指运用艾绒或其他药物点燃后在体表穴位上直接或间接熏蒸、温熨。达到温通气血、疏通经络、调和阴阳、扶正祛邪、行气活血、驱寒逐湿、消肿散结等作用，达到防病治病的一种治疗方法。在中国传统医学中有医家指出："人于无病时常灸足三里、三阴交、关元、气海、命门、中脘、神阙等穴，亦可保百余年寿也。"

③推拿按摩类：指用施法者的手或肢体等部位作用于患者体表特定部位或穴位实施特定操作技巧，以达到保健、治疗的目的。常用的手法有推、拿、按、摩、揉、捏、点、拍等，形式多样，可进行多种手法的组合运用。能达到疏通经络、推行气血、扶伤止痛、祛邪扶正、调和阴阳的疗效。足三里、涌泉、三阴交等都是常用的按摩穴位。

捏脊是常用的保健手法，有两种操作方法，一种是拇指指腹与食指、中指指腹对合，扶提肌肤，拇指在后，食指、中指在前，然后食指、中指向后捻动、拇指向前推动，由下而上连续挟提肌肤，边捏边向前推进，直至大椎穴或风府穴；另一种操作方法是手呈空拳，拇指指腹与屈曲的食指桡侧部对合，扶提肌肤，拇指在前，食指在后，然后拇指向后捻动，食指向前推动，由下向上，逐步推移。捏脊主要用于治疗小儿消化系统疾病，也可用于一些慢性病的治疗，或用以强身健体。

另外，中医适宜技术还有中医外治疗法、中医内服法、中药炮制技术等，因专业性强，在此不做介绍。

2. 环保知识

环境保护是人类生存与发展的前提。日常生活劳动中的点点滴滴均与环保密切相关。

（1）节约资源。

①节水：随手关紧水龙头，避免浪费水资源，尽量使用二次水。如淘米或洗菜的水浇花，洗脸、洗衣的水擦地、冲马桶。

②节电：随手关灯，减少使用电器，如空调等。家中电器避免长时间待机，使用结束后要切断电源。

③充分利用可回收物品：如废纸（报纸、书本、包装用纸、办公用纸、广告用纸、纸盒等），塑料（各种塑料袋、塑料泡沫、塑料包装、一次性塑料餐盒餐具、硬塑料牙刷、塑料杯子、矿泉水瓶等），玻璃（玻璃瓶和碎玻璃片、镜子、灯泡、暖瓶等），金属（易拉罐、铁皮罐头盒、牙膏皮等），布料（废弃衣服、桌布、毛巾、布包等）。充分利用可回收物品能减少资源的浪费和环境的污染。

（2）减少污染。

①少用洗洁精：洗涤剂中含有的化学产品会污染水源。洗餐具时应先将油渍去掉，再用热面汤或热肥皂水等清洗，以免油污过多地排入下水道。油污严重时可用小苏打加热水来清洗。

②不使用含磷洗衣粉：含磷洗衣粉进入水源后，会引起水中藻类过度繁殖，使水中含氧量下降，水中生物因缺氧而死亡，水体成为死水、臭水。

③使用充电电池：废电池主要成分为锰、汞、锌、铬等重金属，无论是暴露在大气中还是深埋在地下，废电池中的重金属成分都会随渗液溢出，造成水和土壤的污染。进而通过农作物进入食物链中。

④拒绝白色污染：白色污染主要指难降解的塑料垃圾（多指塑料袋）污染环境的现象。这种垃圾难以降解，会破坏环境。购物时应尽量使用菜篮子，或将购物袋重复利用。

（3）垃圾分类。垃圾分类一般是指按一定规定或标准将垃圾分类储存、投放和搬运，从而转变成公共资源的一系列活动的总称。

垃圾分类的目的是提高垃圾的资源价值和经济价值，减少垃圾处理量和处理设备的使用，降低处理成本，减少土地资源的消耗，具有社会、经济、生态等几方面的效益。

垃圾种类：可回收物、厨余垃圾、有害垃圾、其他垃圾。

（4）低碳出行。购物、出行尽量选择公交车、地铁、自行车，少开私家车，减少尾气

排放，必须开私家车时尽量使用无铅汽油。

（5）保护大自然。保护大自然主要指保护有特殊价值的自然环境，包括对珍稀物种及其生活环境、特殊的自然发展史遗迹、地质现象、地貌景观等提供有效的保护。保护大自然的措施有很多，如保护野生动物，拒绝食用野生动物，拒绝使用野生动物制品，如象牙、虎骨等。保护树木，拒绝使用快餐盒、纸杯、纸盘、一次性筷子等，因为这些制品的原材料都是树木。有专家指出，"一吨废纸 =800 千克再生纸 =17 棵大树"。因此，要合理使用白纸，尽量使用再生纸，尽量开展无纸化办公。另外，在城乡规划中控制水土流失和沙漠化、植树造林、控制人口的增长和分布、合理配置生产力等，也是人类保护大自然的重要措施。

3. 安全知识

日常生活劳动中还常常遇见与人身安全相关的事情。正确的处置可以使家人、朋友或同事减少损伤。

（1）烫伤的处理。烫伤一般分为三度：一度烫伤，损伤皮肤表层，局部轻度红肿、无水疱、疼痛明显。二度烫伤，是真皮损伤，局部红肿疼痛，有大小不等的水疱。三度烫伤，是皮下脂肪、肌肉、骨骼都有损伤，并呈灰或红褐色。在日常生活劳动中，烫伤发生率较高，一般为一、二度烫伤。发生烫伤时，首先进行降温治疗，可用冷水冲洗烫伤部位20 ～ 30 分钟，或用冷水浸泡、冰块敷。烫伤部位较小时，可用清洁纱布或毛巾覆盖烫伤部位，冷敷 12 小时左右。切忌强行脱下衣服。烫伤面积较大时应及时去医院就诊。

（2）出血的处理。出血是进行日常生活劳动较常发生的事故。止血方法主要有以下几种。

①小伤口出血少，采用一般止血方法，用生理盐水冲洗伤口再用碘伏消毒，用无菌纱布包扎伤口。

②按压止血法，适用于头面颈部及四肢的动脉出血，属于急救方法。注意分辨动脉位置，准确按压血管近心端，按压的时间不可以过长。

③填塞止血法，适用于创伤大的伤口，将无菌纱布填塞压迫创口，再用绷带包扎，松紧度以达到止血为宜。

（3）骨折的处理。骨折多见于儿童、老年人。主要指骨头或骨头的结构完全或部分断裂。以一个部位的骨折最常见，多发性骨折少见。绝大多数的骨折经妥善治疗后能恢复功能，少数可留有一定程度的后遗症。骨折时，可能会出现畸形、异常活动、骨擦音或骨擦感，但也有一些骨折未见上述典型症状。骨折分为闭合性骨折和开放性骨折。闭合性骨折指皮肤软组织相对完整，骨折端和外界未连通；开放性骨折指骨折处有伤口，骨折端与外界连通。发生骨折时，应尽量减少患处的活动，转送时尽量使用硬板床。按照抢救生命、伤口处理、简单固定、必要止痛、安全转运 5 个原则进行处理。

（4）火灾的处理。在各种灾害中，火灾是较常见的主要灾害之一，一旦发生火灾，要保持清醒的头脑，冷静确认风向，从逆风方向快速离开；起火时，如果楼道被烟火封死，应该立即关闭房门和室内风孔，防止进烟，用湿毛巾堵住口鼻。防止吸入热烟和有毒气体，将衣服淋湿。如果楼层不高，可用绳子从窗口降到安全区，不要从窗口冒险往下跳。不能乘坐电梯，火灾时电梯随时可能发生故障或被火烧坏，应沿防火安全楼梯疏散、逃跑。

（5）地震的处理。

①在室内：震时就近躲避，震后迅速撤离到安全地方。避震选择室内结实、能掩护身体、易于形成三角空间的地方。尽量蜷曲身体（蹲下或坐下），降低身体重心，抓住桌腿等牢固的物体，护好头部。不要随便点灯，以免引燃空气中的易燃、易爆气体。

②在公共场所：听工作人员指挥，不要涌向出口，要避开人流，避免被挤压、踩踏。就地下蹲在墙角、桌子下；注意避开吊灯、电扇等悬挂物；护好头部。避开玻璃类物品，避开高大不稳或摆放重物、易碎品及悬挂易落品的地方。

③在户外：选择开阔地逃生，蹲下或趴下，以免摔倒；不要乱跑，避开人多的地方；保护头部；避开狭窄街道、危屋、危墙等；避开高耸或悬挂物、变压器、电线杆、路灯、广告牌、起重机等危险物；避开过街桥、立交桥等；避开高大建筑物。

常用安全电话：

110—公安；119—火警；120—急救中心；0122—交通事故；114—电话号码查询；112—电话故障报修。

SOS 是国际求救信号。

灯光，如手电，三短三长三短（开关灯）。

二、生产劳动能力

（一）生产性劳动概述

生产性劳动与非生产性劳动的划分标准至今不一，不同的时期、学者，对生产性劳动的范畴有不同的认识。英国政治经济学家亚当·斯密（Adam Smith）提出区分生产劳动和非生产劳动的两条标准：第一，能生产增加的价值的劳动是生产劳动；反之，就是非生产劳动。第二，劳动是固定在商品上，不会随生随灭的劳动是生产性劳动；反之，劳动不固定在商品中的是非生产劳动。马克思在《资本论》中明确地阐述，如果生产目的是获得使用价值（包括物质产品和精神产品，有形产品和无形产品），从利于社会进步和发展的角度看，只要能生产使用价值的劳动，就是生产劳动，否则就是非生产劳动；如果生产的目的是价值增值，那么，只有直接生产剩余价值的劳动是生产劳动，否则即使生产者生产使用价值和价值，也是非生产劳动。

随着社会经济发展，产业结构的调整、升级，很多学者认为，第三产业的劳动，即服务产业的劳动也是生产劳动。并且有学者认为，社会主义与资本主义的生产资料占有、生产关系不一样，生产性劳动所涉及的范畴也有所不同。本文中的生产性劳动泛指一切能创造价值或进行价值交换的劳动。包括服务产业中的劳动。

（二）生产性劳动的特点

1. 生产性劳动具有技术性

只要是生产性劳动，无论是服务性质的生产劳动还是生产性质的生产劳动，均具有明确的职业属性、面向岗位，具有清晰的岗位职责、工作内容。为保证工作内容的顺利完成，需要工作人员掌握一定的专业知识和技能。技术性是生产性劳动的必备条件。只有具备必需的知识和技能才能开展生产性劳动。如医院，必须具有医疗和护理的知识、技术；工厂必须具备生产知识、技术。随着社会的发展，尤其是信息时代、人工智能时代的到来，技术性呈现专业化、精准化、集成化和智能化的发展。

2. 生产性劳动要求质量

生产性劳动的目的是满足社会发展需求，因此，需求是否满足决定生产性劳动的质量。这里的"质量"不同于物理学中的"质量"，在某些场合也被解释为品质。质量的定义有很多种阐述，其中，国际标准化组织在《质量管理体系基础和术语》（ISO 9000：2000）中将质量阐述为"一组固有特性满足要求的程度"。质量的公式：质量＝产品或服务的实际特性或品质－客户期望的品质或特性。若这一差值大于零，说明质量好；若差值等于零，说明质量刚刚满足客户的要求；如果差值小于零，则说明质量不合格。质量是生产性劳动的核心和基石，没有了质量，生产性劳动就失去了存在的意义。

（三）生产性劳动的意义

1. 生产性劳动有利于培养匠心

"三百六十行，行行出状元"。劳动不分贵贱，每一份工作做精了都是可贵的。在劳动中磨炼意志、培育心智。在劳动中不断完善人格，树立品格。一份劳动要想得到别人的认可，需要坚定不移的意志、牢牢扎根于岗位、兢兢业业的钻研，树立高尚的品德，以匠心匠魂，助力中国制造。

2. 生产性劳动有利于实现自我价值

自我价值是一个人在生活和社会活动中所做出的贡献，通过自我价值的实现，能够使一个人更加自信、自爱、自尊。实现自我价值的重要途径是生产性劳动。在生产性劳动中生产出获得社会认可的产品或提供满足人民需求的服务，实现价值的创造或交换，通过产品、服务的价值体现自身的价值。尤其是在生产性劳动中进行创新、创造，提高生产效率、提升生产质量后，更能体现出个体在社会活动中的自我价值。

3. 生产性劳动有利于推动社会发展

历史唯物主义揭示了生产力是社会发展的根本动力，生产劳动是生产力实现其转换的过程，并通过不断的发明创造、融合、创新实现生产力的不断提升，推动其价值的最大化，进而推动社会的进步。正是因为有生产性劳动，人类不断发现问题、解决问题，才能不断地改造世界。在人类历史上有过三次工业革命，这些革命无疑都是发生在生产劳动的过程中，第一次工业革命发生在 18 世纪 60 年代至 19 世纪中期，人类进入了蒸汽时代，代表着一种新的动力产生；第二次工业革命发生在 19 世纪下半叶至 20 世纪初，人们从蒸汽时代进入电气时代，信息化产业得到迅速发展，许多生产技术得以改进；第三次工业革命发生在 20 世纪后半期，人们从信息时代进入科技时代，生物科技与产业革命得以发展，基因工程开始被试验。进入 21 世纪，在蒸汽技术革命（第一次）、电力技术革命（第二次）、信息技术革命（第三次）的基础上，人类迈入了以互联网产业化、工业智能化、工业一体化为代表，以人工智能、清洁能源、无人控制技术、量子信息技术、虚拟现实及生物技术为主的全新技术科技革命时代，被认为是第四次工业革命。无疑，这些革命和进步都发生在生产性劳动中。

劳动故事：全国劳动模范李辉：高超的职业技能成就创新梦想

（四）校园中的生产性劳动

大学校园是学生迈入社会之前的炼金炉，在这里，大学生逐渐走向成熟，懂得社会责任，掌握工作技能。大学校园也为学生提供了多元化、多色彩的生产性劳动机会。如勤工助学岗位、创新创业项目和生产实习活动。

1. 勤工助学

勤工助学也称勤工俭学，主要指学生利用课余时间进行生产性劳动，增长才干，获得工作报酬以改善学习和生活条件的行为，也可将这一行为称为工读、半工半读或半工读。勤工助学一词出现在中华人民共和国教育部和财政部联合制定的《高等学校学生勤工助学管理办法》和《共青团中央、教育部关于进一步做好大学生勤工助学工作的意见》(中青联发〔2005〕14 号）等文件中。

2. 创新创业

《教育部关于大力推进高等学校创新创业教育和大学生自主创业工作的意见》(教办〔2010〕3 号）中指出："在高等学校开展创新创业教育，积极鼓励高校学生自主创业，是教育系统深入学习实践科学发展观，服务于创新型国家建设的重大战略举措；是深化高等教育教学改革，培养学生创新精神和实践能力的重要途径；是落实以创业带动就业，促进高校毕业生充分就业的重要措施。"目前，各高校均开展了创新创业教育，并开展了各层次的创新创业孵化项目和创新创业大赛。

3. 生产实习

生产实习指高等学校和中等专业学校的学生，在毕业前到专业所面向的工作岗位上以工作人员的身份参与生产的过程，是人才培养的重要环节，通过生产实习使学生所学习的专业知识与生产实践相结合，促进学生尽快适应岗位工作。根据专业不同，生产实习也被称为毕业实习、临床实习、教育实习、顶岗实习等。

三、服务性劳动能力

（一）服务性劳动概述

《中共中央、国务院关于全面加强新时代大中小学劳动教育的意见》（以下简称《意见》）对劳动教育提出了新的类型划分，指出实施劳动教育重点是在系统的文化知识学习之外，有目的、有计划地组织学生参加日常生活劳动、生产劳动和服务性劳动。并指出，在劳动教育内容上，高等学校要注重培育公共服务意识，使学生具有面对重大疫情、灾害等危机主动作为的奉献精神。对于大学生来说，日常生活劳动只是一种"补课"性质的劳动教育，生产劳动和服务性劳动是大学劳动教育的主要方面，认识性、创造性劳动是大学劳动教育的核心特征。可见，在《意见》中所提到的服务劳动并不是第三产业服务业中的劳动，而是依托自身所具有的劳动知识和技术为他人提供的对他人有益的、公益性质的劳动。

（二）服务性劳动的意义

1. 有利于培养服务意识

中国社会科学院编、商务印书馆出版的《现代汉语词典》中，"服务"意为"为集体（或别人的）利益或为某种事业而工作"；也有专家认为，"服务"是"满足别人期望和需求的行动、过程及结果"。服务应当源于发出行为者的本心，是发出行为者的意愿，同时，以满足被服务者的需要为目的。参加服务性劳动，在劳动中获得他人的尊重，实现自我价值，能够培养劳动者的服务意识，并将这种服务意识融于自身言行中，成为一种素养。

2. 有利于锤炼职业技能

服务性劳动对于高校来讲，主要是利用自身的资源优势和专业优势服务于社区、社会，所以主要依托的是高校师生所掌握的职业技能。如医学院校学生进入社区进行健康科普宣传、开展保健技术服务、进行一些健康指标监测时，高校学生在教师的指导中，一边为人民服务，一边锤炼自己的职业技能，加速对职业技能的掌握。

3. 有利于快速融入社会

服务性劳动是高校劳动教育的主要内容之一，其服务的场所包括学校、社区和社会。其中，社区和社会是高校开展服务性劳动的主要场所。在这里，大学生可以接触到校园以外更多的社会人员，通过服务性劳动的开展逐步适应与不同年龄、不同文化、不同职业、不同性格的人进行良好沟通和有效交流，有利于学生毕业后更快地适应、融入社会。

（三）服务性劳动的特点

1. 利他性

利他性是服务性劳动的根本特点，也是服务性劳动的根本出发点。服务的目的就是满足服务对象的需求。为此，在开展服务性劳动时要从被服务对象的角度考虑其需要，最大限度地满足被服务对象的需要。

2. 技术性

技术性是服务性劳动的又一特点。技术是开展服务性劳动的保障条件，也是必要条件。如开展健康保健服务时，必备的医、药、护理和保健知识、技术就是开展服务性劳动的必要条件，具备相关知识和技术能保证健康保健服务的顺利开展，如果不具备以上知识和技术，则健康服务将无从开展。

3. 公益性

公益性是服务性劳动的标志性特点，也是与日常生活劳动、生产性劳动的根本区别。其主要表现为非营利性和具有社会效益性，更多强调的是劳动者的服务意识、奉献意识。

（四）服务性劳动的实施形式

服务性劳动的实施形式多种多样、不拘一格。常见的服务性劳动开展形式有以下几种。

1. 劳动教育课程

劳动教育课程包括显性课程、隐性课程两种。显性课程是指以课堂形式开展的课程，隐性课程则是指将劳动教育融于课堂之外的教育，如公益活动、志愿者服务等。本处所指的课程为显性课程。学校可以根据自身的优势和特点设置服务性劳动的显性课程，结合专业特点设置课程内容，将学生服务性劳动的意识、素养和能力作为考评要点。强化学生的服务意识和能力，培养奉献精神。

2. 公益活动

公益活动指一定的组织或个人向社会捐赠财物、时间、精力和知识等活动。从内容上看，包括社区服务、环境保护、知识传播、公共福利、帮助他人、社会援助、社会治安、紧急援助、专业服务等；从范围上看，可以是世界范围、国家范围、社区范围，也可以是在学校范围内的。

3. 志愿者服务

联合国将志愿者定义为："不以利益、金钱、扬名为目的，而是为了近邻乃至世界进行贡献的活动者。"志愿服务是指任何人在不为任何物质报酬的前提下，志愿贡献个人的时间、精力，为改善社会、促进社会进步而提供的服务。志愿服务具有志愿性、无偿性、公益性、组织性四大特征。促进社会发展，为社会发展和繁荣贡献自己的力量是每个人的权利和义务，成为志愿者是这种权利和义务积极的表达形式。通过志愿者服务助人、乐人，并在这个过程中使自己的人格不断得到完善和发展，精神层面得到满足和升华。

（五）服务性劳动的发展趋势

1. 服务性劳动需要"互联网＋"发展

2015 年 3 月 5 日，十二届全国人大三次会议上，国务院总理李克强在政府工作报告

中首次提出"互联网＋"行动计划。"互联网＋"的出现改变了社会经济形态的同时，也改变了人的行为模式、思维模式、沟通和交流模式。因此，服务性劳动的服务模式也将随之发生改变，"互联网＋"服务的新模式可以推动服务知识拓展的跨界融合、驱动服务的创新改革、促进服务的结构重塑，并可由"互联网＋"实现跨区域、跨时间的链接，构成一个开放性服务的生态系统。

2. 服务性劳动需要系统化发展

服务性劳动虽然具有利他性、公益性，但是并不代表其是随意的、散漫的、缺乏管理的。事实上，服务性劳动是人类社会高度文明的一种表现，是当今社会体系不可缺少的组成部分。为保障社会服务性劳动最大化，实现它对社会的良性作用，必须构建系统化的运行机制。包括管理体系的系统化、组织体系的系统化、内容体系的系统化、监督体系的系统化。从计划层次、实施层次、监督层次及制度方面进行不断运行和完善。

3. 服务性劳动需要精准化发展

服务性劳动的出发点是满足被服务者的需求。虽然服务性劳动是公益性质、非营利性质，但是就劳动本身而言，依然存在质量的问题。保障质量的前提就是服务的精准化，即精练、准确地提供服务。在开展服务性劳动前，可借助问卷调研法、访谈法、观察法，尤其是借助互联网的大数据等，分析服务对象的需求，制定具有针对性、个性化的服务方案，实现精准服务，保障服务性劳动的高质量。

❯ 实践守则

了解公益性平台	
中华慈善总会	中华慈善总会成立于1994年，是经中国政府批准依法注册登记，由热心慈善事业的公民、法人及其他社会组织志愿参加的全国性非营利公益社会团体，目前在全国拥有400多个会员单位。其宗旨为发扬人道主义精神，弘扬中华民族扶贫济困的传统美德，帮助社会上不幸的个人和困难群体，开展多种形式的社会救助工作。其慈善内容包括紧急救援、扶贫济困、安老助孤、医疗救助、助学支教等。开展的项目涵盖面较为宽泛，有救灾、扶贫、安老、助孤、支教、助学、扶残、助医等八大方面几十个慈善项目，形成了遍布全国、规模巨大的慈善援助体系。在1998年，中华慈善总会加入了国际联合劝募协会（现更名为"全球联合之路"），成为该组织的重要会员
中国青年志愿者协会	中国青年志愿者协会成立于1994年12月5日，是由志愿从事社会公益事业与社会保障事业的各界青年组成的全国性社会团体，属于非营利性社会组织，是全国青联团体会员，联合国国际志愿服务协调委员会联席会员组织。该协会主要弘扬"奉献、友爱、互助、进步"的志愿精神。其基本任务是改善社会风气和人际关系，为发展社会主义市场经济创造良好的社会环境；推动青年志愿服务体系和多层次社会保障体系的建立和完善；培养青年的公民意识、奉献精神和服务能力，促进青年健康成长；为城乡发展、社区建设、扶贫开发、抢险救灾及大型社会活动等公益事业提供志愿服务；为具有特殊困难及需要帮助的社会成员提供服务；规划、组织青年志愿服务活动，协调、指导全国各地、各类青年志愿者组织开展工作；培训青年志愿者；开展与海内外志愿者组织和团体的交流

续表

了解公益性平台	
中国红十字会	中国红十字会是中华人民共和国统一的红十字组织，是从事人道主义工作的社会救助团体，是国际红十字运动的成员。 中国红十字会成立于 1904 年，建会后从事救助难民、救护伤兵和赈济灾民活动，为减轻遭受战乱和自然灾害侵袭的民众的痛苦而积极工作，并参加国际人道主义救援活动。 1950 年，中国红十字会进行了协商改组，周恩来总理亲自主持并修改了《中国红十字会章程》。1952 年，中国红十字会恢复了在国际红十字运动中的合法席位。中国红十字会是中华人民共和国统一的红十字组织和国际红十字运动的重要成员，遵守宪法和法律，遵循国际红十字运动基本原则，依照中国参加的《日内瓦公约》及其附加议定书，履行法定职责，发挥其在人道领域的政府助手作用。目前，中国红十字会开展的业务工作包括应急救援、应急救护、人道救助、造血干细胞捐献、遗体和人体器官捐献、无偿献血、国际交流合作、红十字志愿服务和青少年工作
联合国儿童基金会	联合国儿童基金会，原名"联合国国际儿童紧急救助基金会"，于 1946 年 12 月 11 日创建，最初的目的是满足第二次世界大战之后欧洲与中国儿童的紧急需求。1950 年起，它的工作扩展到满足全球所有发展中国家儿童和母亲的长期需求。1953 年，联合国儿童基金会成为联合国系统的永久成员，并受联合国大会的委托致力于实现全球各国母婴和儿童的生存、发展、受保护和参与的权利。1965 年，联合国儿童基金会由于"促进国家间的手足情谊"而获得诺贝尔和平奖。2017 年 11 月 21 日，中国政府向联合国儿童基金会捐款 200 万美元，用于救助索马里受旱灾影响的儿童

（六）《中华人民共和国慈善法》

《中华人民共和国慈善法》于 2016 年 3 月 16 日第十二届全国人民代表大会第四次会议通过，自 2016 年 9 月 1 日起施行。《中华人民共和国慈善法》是为了发展慈善事业，弘扬慈善文化，规范慈善活动，保护慈善组织、捐赠人、志愿者、受益人等慈善活动参与者的合法权益，促进社会进步，共享发展成果而制定。其包括总则、慈善组织、慈善募捐、慈善捐赠、慈善信托、慈善财产、慈善服务、信息公开、促进措施、监督管理、法律责任及附则共十二章。

❯ 职业思索

同其他国家一样，我国多年来也存在着一个"诺贝尔难题"——企业"用工荒"与大学生"就业难"并存。一边是企业对需要的人才翘首期盼，却遭遇技能人才和普通工人"双短缺"，另一边是大学毕业生怀揣求职信为找工作多方奔走，却又四处碰壁。请问你如何认识并破解这一难题？

单元五　劳动权益保障

劳动箴言

　　无论是脱离生产劳动的教学和教育，或是没有同时进行教学和教育的生产劳动，都不能达到现代技术水平和科学知识现状所要求的高度。

——列宁

学习目标

【知识目标】

了解我国劳动法律、法规体系、适应范围、劳动法律关系。

【能力目标】

能够提高大学生在职场上的自我保护能力。

【素质目标】

培养和提升大学生劳动法治观念，强化劳动权益意识。

　　合法劳动是崇尚劳动、热爱劳动的基本要求，也是劳动者权益能够得到切实有效保障的基本前提。非法的劳动不仅无法得到社会的认可，其劳动者的权益也不在法律保障的范围之内，并且还会受到法律的制裁和严惩。作为当代大学生，在参与劳动实践的过程中，不仅要遵守劳动纪律，还要严守宪法和相关法律、法规，懂得运用法律武器保障自己的合法权益，使自己的合法劳动权益不受侵犯。因此，这就需要我们了解学习与求职就业息息相关的法律法规，以便增强法制观念，强化法治思维，提升依法维权的能力和水平。

一、合法劳动

　　我们常常说在工作中要遵纪守法，也就是要合法劳动。合法劳动是劳动者参与劳动的基本态度，不仅是对他人负责，更是对自己负责。只有合法劳动，劳动者的权益才能得到保障；只有合法劳动，劳动者才能实现人生目标和理想；只有合法劳动，劳动者才能为国家和社会贡献出自己的力量。

二、学习和遵守劳动纪律

　　纪律是为维护集体利益、保证工作正常有序进行而要求成员必须遵守的成文或不成文规章规范的统称。纪律作为一种人们的行为规则，是伴随着人类社会的产生而产生、伴随着人类社会的发展而发展的。随着人类社会生产力水平的不断提高，社会分工越来越精细，协作越来越广泛，纪律的重要性也越发凸显。在校园里，要求大学生必须遵守校规校纪，服从管理，维护校园内正常教学科研秩序。而劳动纪律则是指人们根据长期劳动实践的积累，着眼于取得一致行动、保证生产（或工作）目标实现而形成并要求劳动者遵守的行为准则和规章制度。劳动纪律是社会劳动得以开展的必要条件，它要求每个劳动者都应该按照纪律要求开展实践活动，按照规定的程序和方法履行自己的工作职责、完成自己承担的工作任务。无论从事何种生产，只要存在共同劳动，就必然存在劳动纪律，它以对所有成员的普遍约束力，维护劳动活动始终处于有序的状态当中。

（一）劳动纪律的内容

劳动纪律的内容一般由用人单位依据劳动实践的目标任务和技术要求做出。由于社会分工的日益精细化，劳动方式和工作种类繁多，不同行业、岗位和用工单位的劳动纪律的具体内容不尽相同，但其基本内容大体一致，主要包括以下 7 个方面的内容。

（1）履约纪律。严格履行劳动合同的内容，并承担相应违约责任。

（2）考勤纪律。按规定的时间到达工作岗位，按要求履行请事假、病假，休年假、探亲假等的手续。

（3）作业纪律。根据岗位职责，保质保量地完成工作任务，严格执行工艺规程和技术要求等。

（4）安全卫生纪律。严格遵守安全管理和卫生管理的规章制度，正确使用工作服和防护用具，维护正常的工作秩序和良好的生产环境等。

（5）日常行为纪律。作业期间，不从事与岗位工作无关的事项，节约使用原材料，爱护用人单位的财产。

（6）保密纪律。严守用人单位的商业秘密和技术秘密等。

（7）奖罚纪律。遵守表奖和惩戒方面的制度规定等。

（二）劳动纪律的作用

劳动纪律的本质是全体员工共同遵守的行为规则，它作用于集体生产、工作和生活的过程中，其具体作用如下。

（1）劳动纪律是用人单位组织劳动、维护正常生产秩序的必然要求。劳动者遵守劳动纪律是用人单位组织劳动、实现劳动目标的重要前提。

（2）劳动纪律是提高劳动生产率的重要条件。

（3）劳动纪律是实现文明劳动，减少和防止职业危害事故发生的重要保证。

（4）遵守劳动纪律是劳动者的基本素养，有利于劳动者端正劳动态度，提升劳动的积极性、主动性、创造性。

用人单位的规章制度不仅涉及劳动者劳动义务的履行，也涉及劳动者劳动权利的享

有。用人单位规章制度的内容应以遵守宪法和有关法律、法规为前提，不得与法律、法规相悖，必须具有合法性。

劳动案例

不遵守劳动纪律造成安全事故

2010年7月16日18时左右，大连市金州区大连新港附近中石油一条输油管道起火爆炸。经过2 000多名消防队员彻夜奋斗，截至17日上午，火势已基本扑灭。该事故造成作业人员1人轻伤、1人失踪；在灭火过程中，消防战士1人牺牲、1人重伤，大连附近海域至少50平方千米的海面被原油污染，造成的直接财产损失为2.2亿元。

经查，造成这起事故的直接原因：中石油国际事业有限公司（中国联合石油有限责任公司）下属的大连中石油国际储运有限公司同意中油燃料油股份有限公司委托上海祥诚公司使用天津辉盛达公司生产的含有强氧化剂过氧化氢的"脱硫化氢剂"，违规在原油库输油管道上进行加注"脱硫化氢剂"作业，并在油轮停止卸油的情况下继续加注，造成"脱硫化氢剂"在输油管道内局部富集，发生强氧化反应，导致输油管道发生爆炸，引发火灾和原油泄漏。

国务院对相关责任人依法做出了严肃处分：将上海祥诚公司大连分公司经理李伟，天津辉盛达公司董事长兼法定代表人张海军、总经理张德胜，大连中石油国际储运有限公司运行管理部经理刘昌东，中油燃料油股份有限公司市场处处长沈璠等14名责任人移送司法机关依法追究刑事责任，给予29名责任人相应的党纪、政纪处分。同时，依据有关法律、法规规定，对大连中石油国际储运有限公司、天津辉盛达公司、上海祥诚公司等相关责任单位分别处以规定上限的行政处罚。责成中国石油天然气集团公司向国务院国资委做出深刻检查。

（案例来源：360百科）

点评：本起安全事故是因员工操作时违反劳动纪律，违规在原油库输油管道上进行加注"脱硫化氢剂"作业造成的。整个生产链条上的一个技术细节出现问题，就导致国家财产和人民生命安全付出巨大代价。可见遵守劳动纪律的严肃性和重要性。

（三）树立自觉遵守劳动纪律的观念

没有规矩不成方圆。于一个集体、一个企业而言，如果没有严格的纪律作为行为准则，必将是一盘散沙、毫无竞争力；于一个劳动者而言，如果缺乏纪律观念，不遵守劳动纪律，那么就难以有效融入团队当中、发挥自身的特点和作用，就难以为劳动目标的实现贡献智慧和力量。因此，要想成为一名合格的劳动者，我们必须要树立自觉遵守劳动纪律的观念。

（1）强化纪律意识。要努力克制自己的习惯，以纪律的要求为行为的准则并遵循。具体到工作中，就是一切依照用人单位的规章制度行事。

（2）严守操作规程。这既是对用人单位的要求，也是对每位劳动者的要求。对用人单位来说，每位劳动者的工作是否能够严守操作规程，直接关系到生产目标的实现和企业效益。对每位劳动者来说，是否能够严守操作的规程在影响企业生存发展的同时，最终也会影响到自己劳动报酬的高低。因为企业如果没有效益，就无法提高员工的工资、改善员工的福利。

（3）提高个人素质。一方面要提高业务素质，不断提升自己的业务能力；另一方面要提高职业道德水平，扎根岗位、履职尽责、优质高效地完成好本职工作。

❯❯职业思索

思索主题：遵守劳动纪律。

思讨内容：

（1）你是如何理解劳动纪律的？

（2）作为大学生，你认为应该树立自觉遵守劳动纪律的观念吗？

自我测评：请仔细阅读下表中的问题，回答"是"或"否"，然后简要说明理由。

劳动纪律意识自我测评表

1. 你是否认真对待班级值日？
回答：
2. 在日常的班级劳动中你是否服从安排？
回答：
3. 在劳动实践活动中你是否按设计的流程执行？
回答：
4. 你是否认真对待劳动实践活动，不与同学嬉戏打闹？
回答：
5. 在实训课程中你是否按照教师的指导进行操作？
回答：
6. 你是否遵守学校制定的学习纪律？
回答：

上述问题中，回答"是"越多，越能说明你具有较强的劳动纪律意识，能够在劳动过程中自觉遵守劳动纪律。对于目前尚未进入工作岗位的大学生而言，遵守劳动纪律首先就是要做到服从分配、听从指挥、在劳动过程中不与同学玩耍打闹，特别是使用工具时严禁嬉戏和追逐；必须在指定范围内参加劳动，不擅自违背相关纪律规定。

三、自觉遵守法律、法规

　　劳动有合法和非法之分。尊重劳动者、保护劳动者的劳动成果，其基本前提是劳动是合法的。然而，总有人为了个人利益铤而走险，进行非法劳动。

　　合法劳动是法人或自然人在国家相关法律、法规许可的范围内所开展的各类劳动；反之，非法劳动主要是法律、法规及国家有关政策规定所不允许的各类劳动，如制假售假、非法经营、走私贩私、制毒贩毒、拖欠工资、不按规定开展生产活动、非法使用童工等。非法劳动不受法律保护，并要接受相应的制裁。

　　要想成为一名合格的劳动者，摆第一位的要求就是依法守法。作为当代大学生，我们不能为一时之利冲昏头脑、丧失原则，妄想通过非法的所谓"捷径"谋取暴利，要做到心有戒惧，要始终牢记只有合法劳动才能推动人类社会的发展、为社会所接纳，才能得到社会的认可、支持和法律的保护，才能真正实现自身价值。

劳动案例

男子新型冠状病毒感染疫情防控期间销售假冒伪劣口罩获利被判刑三年

　　自新型冠状病毒感染疫情发生以来，口罩、手套、防护服等防疫物资纷纷脱销。张某甲从中发现商机，伙同他人销售假冒伪劣的"飘安"牌口罩，销售金额达21.6万元。近日，浙江省象山县检察院以涉嫌销售伪劣产品罪对张某甲提起公诉，法院判处张某甲有期徒刑三年，并处罚金人民币30万元。据悉，该案是宁波市首例起诉并判决的销售假冒伪劣口罩案件。

　　张某甲发现新型冠状病毒感染疫情防控期间的口罩商机后，当即联系了从事物流业务的张某乙，两人商量从河南购入一次性口罩，运回象山后销售。1月26日，张某乙委托许某某至河南新乡，从一家非正规的生产厂家购入"飘安"牌口罩十余箱，共花费10万余元。该批口罩运回象山后存放在张某乙的物流公司仓库内。2月1日，张某甲明知所销售的是假冒伪劣的"飘安"牌口罩，仍然通过淘宝、微信等平台对外销售，销售金额达21.6万元。案发后，张某甲家属代为退缴26万元。

　　2月3日，张某甲被象山公安局抓获。当晚，该院第一时间派员提前介入侦查，引导侦查人员固定微信聊天记录、支付宝收款明细等证据，提出深挖细查上游生产、销售等犯罪产业链条等建议。

　　自1月28日以来，河南药品监督管理局、河南飘安集团有限公司连续发函声明，飘安公司从2017年1月19日后未生产过一次性使用口罩，以前的产品初包装只有单只和10只，最小包装内没有合格证，口罩片上都有"PIAOAN"字样等。张某甲销售的"飘安"牌口罩是一次性使用口罩，为20只、50只装，最小包装内有合格证，口罩上无字样，很明显是假冒商品。

2月17日，象山县公安局向检察机关提请批准逮捕张某甲，该院于同日作出批准逮捕决定。

检察官表示，从现场拍摄视频可见，该口罩生产厂家设备简陋，生产卫生条件差，工人无任何的消毒防护措施。经鉴定，张某甲销售的口罩不符合国家呼吸防护用品相关标准，系不合格产品。

2月24日下午，检察官利用远程视频提审系统对嫌疑人张某甲进行提审。同月26日，在辩护律师的见证下，张某甲自愿认罪认罚，签署《认罪认罚具结书》。该院以涉嫌销售伪劣产品罪对张某甲提起公诉，并提出量刑建议。目前，张某乙、许某某均已到案，正在接受进一步调查。

（案例来源：正义网）

点评： 虽然张某等在贩卖经营口罩等防护用品的过程中也进行了劳动，但这些劳动违反了国家法律法规的规定，侵害了消费者的合法权益，不属于合法劳动。因此，等待他的最终只能是法律的制裁。

四、权益保护

大学生在校期间缺少对于劳动相关法律、法规系统的、有针对性的学习，因此，在就业过程中存在明显的短板和弱项，当合法权益受到侵害时多表现得不知所措，运用法律武器维护自身权利的意识和能力还很欠缺。同时，一部分大学生缺乏契约精神和法制观念，存在随意毁约、虚假应聘等问题，也给用人单位和学校带来很多负面影响。因此，大学生应自觉强化法治思维，增强法制观念，不断提升自我保护的意识和能力；要了解并熟知就业相关法规政策，自觉在法律规定的框架内学习工作，不断增强社会责任感和职业素养，在维护自身权益的同时，也要切实担负起岗位职责、做好岗位工作，努力为自己职业生涯的发展奠定良好基础。

五、实习权益保护

实习，顾名思义就是在实践中学习。任何知识都是源于实践、归于实践，因此，要付诸实践来检验所学。实习对大学生的就业有着很大的促进作用，是大学生成功就业的前提和基础。

实习生与用人单位是否具有劳动关系，是大学生社会实践发生争议时经常会遇到并亟须解决的一个现实问题。如果实习生与用人单位具有实质的劳动关系，那么两者之间的争议纠纷应属于《中华人民共和国劳动法》（以下简称《劳动法》）的调整范围；如果不具有劳动关系，实习生实习期间的权益就不属于《劳动法》调整的范围，也就不能通过劳动仲裁解决。因此，实习协议是实习生保护自我权益的有力武器，为了使自身的合法权益免受侵犯，大学生应与用人单位签订实习协议。在这种情况下，如实习期间自身合法权益受到侵犯，实习生就可以根据协议的规定，与用人单位协商解决，或采取向法院申请民事调解、诉讼等方式维护自身权益。

一般而言，实习协议应包含如下内容。

（1）关于工作时间的约定。可约定每日不超过 8 小时，如确因特殊情况超过 8 小时的，应约定调休和报酬等事宜。

（2）关于报酬的约定。虽然实习期内实习生的报酬不受最低工资标准的约束，但实习生与实习单位可以约定一定的报酬或补助，并且明确给付的时间及相应的违约责任。

（3）关于因公伤亡情况的约定。由于劳动的内容和风险程度不同，有的实习过程中存在发生工伤、工亡等情况的风险，考虑到实习生一般不享受工伤待遇，所以，实习生应与实习单位约定好实习期内发生伤亡的处理方法，以免事后自己的权益得不到保障。

（4）关于知识产权归属的约定。对于实习期间劳动成果的归属要做出明确约定，避免发生知识产权归属方面的争议和纠纷。

（5）关于实习期间纠纷处理约定。可约定通过友好协商、劳动仲裁、法律诉讼等方式处理解决实习期间双方发生的纠纷。

另外，在同用人单位签订实习协议的时候，实习生应明确以下几个方面问题。

（1）明确用人单位的主体资格是否合法。协议签订双方的主体资格是否合法，直接关系着所签协议是否具有法律效力。因此，在实习协议正式签订之前，一定要先审查用人单位的主体资格。

（2）明确协议条款是否明确合法。实习协议的内容是对双发权益的明确和细化，是整个实习协议最为关键的部分。实习生一定要在认真核查双方的权利义务是否公平合法和符合国家法规政策的前提下，再行签订协议。

（3）明确签订实习协议的程序是否完备合法。双方签订实习协议时，要完整地履行法定程序。例如，要在签名的同时准确写清签字时间，用人单位要在协议上加盖单位公章，并注明盖章时间，不能由个人签字代替等。

六、就业权益保护

毕业后，大学生就需要离开校园真正走入社会，真正实现由一名在校大学生到一名劳动者的角色转变。特别是在就业竞争激烈的情况下，刚刚步入社会的大学生属于弱势群体，要想顺利就业，就必须在择业时坚持底线思维、增强风险防范意识、保护自己的合法权益不受侵害。

（一）大学生就业的基本权益

作为就业市场的重要组成部分，大学生在就业过程中除同其他劳动者一样享有获取劳动报酬、休息休假等一般权利外，还享有许多特殊权利。

1. 就业信息知情权

当今社会是信息社会，掌握充分就业信息对于提高就业成功率十分重要。就业信息知情权是指大学生拥有及时全面地获取各类应予公开的就业信息的权利。其含义包括以下 3 个主要方面。

（1）信息公开。即用人单位应向所有毕业生平等公开地发布就业信息，任何组织和个人都不得隐瞒、截留就业信息。

（2）信息及时。就业信息有很强的时效性，即用人单位应及时、有效地向大学生公布就业信息，确保就业信息时效。

（3）信息全面。就业信息应完整准确，以便大学生根据自身情况科学决策、有效就业。

2. 就业指导权

大学生要实现有效就业，除要掌握所学专业或拟从事行业的专业知识外，还应该获得契合大学生特点的高质量的就业指导，就业指导对于大学生的职业生涯发展具有重要的价值和意义。为了加强大学生的就业指导工作，国家出台相关的法律、法规，将开展就业指导工作上升为国家、社会和高校的法定职责，即接受来自国家、社会和学校的就业指导与服务成为大学生的一项重要权利。目前，国内高校普遍开设就业指导相关课程，并成立专门机构、配备专门人员，有针对性地对大学生进行全方位的就业指导与服务，宣传国家关于大学生就业的方针政策，引导大学生树立正确的择业观念，强化大学生求职技巧培训。

3. 被推荐权

学校在就业指导工作中的一个重要职责就是向用人单位推荐大学生。实践证明，学校的推荐意见对于用人单位的选择确实有一定程度的影响。大学生在被学校推荐时，应享有如实推荐、公正推荐和择优推荐的权利。

（1）如实推荐。如实推荐即在推荐学生就业时，应坚持实事求是的原则，如实向用人单位介绍大学生的实际情况，不故意贬低或随意拔高大学生的实绩即表现。

（2）公正推荐。公正推荐即学校坚持公平公正的原则开展推荐，不能徇私舞弊。

（3）择优推荐。择优推荐即坚持优生优待、人尽其才的原则开展推荐，激发学生学习和实践的积极性、主动性和创造性。

4. 就业选择自主权

当前，我国在大学生就业工作中实施的"双向选择，自主择业"的政策，即大学生可以按照自己的意愿选择自己喜欢的职业，同时大学生还有权决定何时就业、何地就业等。家长、学校和用人单位，可以为缺乏工作经验的大学生提供建议和引导，但不能侵犯其就业选择自主权。

5. 平等就业权

大学生在就业过程中享有平等的就业权利。所谓平等，即大学生有公平的机会去竞争工作岗位，反对就业中的各种歧视行为。目前，社会上存在一些不良的就业歧视，如性别歧视、学历歧视、地域歧视、身体条件歧视和经验歧视等。

6. 违约及补偿权

大学生在毕业就业时，用人单位、学校和大学生三方签订《就业协议书》后，任何一方不得擅自违约。如任何一方无故要求解约，都必须按照协议规定，承担相应的违约责任。总体来说，违约一般有以下两种情况。

（1）用人单位违约。用人单位由于用人意向变化或经营不善等原因，有可能主动向大学生提出解除协议。面对这种情况，大学生有权要求用人单位继续履行就业协议，否则需要承担违约责任，通过支付违约金等方式给予大学生相应赔偿。

（2）毕业生违约。在就业择业的过程中，大学生有可能面临多个就业选择，有时确实可能会出现更好的就业机会。在这种情况下，大学生如入职新的用人单位，必须向原用人单位提出解约申请并承担相应的违约责任。

（二）大学生就业权益的自我保护

大学毕业生在就业的过程中必须学会自我保护，防止自己的合法权益受到侵害。

1. 自觉遵守就业规范

在就业过程中，大学生应自觉遵守就业规范和相应的规则。如出现下列情形之一，学校将不再负责提供就业服务。

（1）不顾用人单位需要，坚持个人无理要求，经多方教育仍拒不改正的。

（2）已签订《就业协议书》，无正当理由超过3个月未到就业单位报到的。

（3）因不服从用人单位的安排或提出无理要求，被用人单位退回的。

2. 了解法规政策

了解目前国家关于大学生就业的方针、政策和法律法规，明晰自身在就业过程中的权利和义务，是大学生在就业中做好自我保护的前提。只有这样，大学生才能及时发现就业过程中的侵权行为，从而有效维护自己的合法权益。

3. 做好风险预防

大学生要有风险意识，对于少数用人单位通过发布虚假广告、许诺高薪待遇等欺骗性手段开展招聘的行为，要保持警醒、有所戒备，尽量避免侵害自身合法权益行为的发生，有力降低各种风险造成的损失。

4. 坚持依法维权

在就业求职的过程中，大学生不可避免地会遇到一些不公平现象和侵害自身的合法权益的情况。此时，大学生要敢于拿起法律武器维护自身权益。在实际维权的过程中，大学生除依靠个人的力量外，要懂得采取向学校反映有关情况、向国家行政机关投诉、借助新闻媒体力量和采取法律诉讼等方式来维护自己的合法权益。

七、就业法律保障

大学生是国家的未来、民族的希望。国家对于大学生就业的相关权益给予法律保障。大学生的就业法律保障主要涉及两个方面的内容：一是《就业协议书》；二是劳动合同。

签订《就业协议书》是大学生与用人单位确立劳动关系的前提，劳动合同是劳动者与用人单位确立劳动关系、明确双方权利和义务的重要法律依据。对大学生来说，《就业协议书》与劳动合同，二者密切联系、相互依存，合力构建起保障大学生就业权益的重要屏障。

(一)《就业协议书》的作用

《就业协议书》的作用主要体现在以下两个方面。

（1）《就业协议书》是《全国普通高等学校毕业生就业协议书》的简称，是普通高等学校毕业生和用人单位在正式确立劳动人事关系前，经双向选择，在规定期限内确立就业关系、明确双方权利和义务而达成的书面协议，是用人单位确认毕业生相关信息真实可靠及接收毕业生的重要凭据，也是高校进行毕业生就业管理、编制就业方案，以及毕业生办理就业落户手续等有关事项的重要依据。学校凭《就业协议书》开出《就业报到证》和《户口迁移证》，派遣学生档案。一般学校会要求学生在规定的日期（如每年6月底）上交《就业协议书》，学校再以《就业协议书》为依据进行派遣。如果超过这一时限，学校会把学生的档案派回原籍。

（2）用人单位一旦与大学生签订《就业协议书》，就表示决定接收该大学生的档案，准备正式录用该大学生在本单位就业。

(二)《就业协议书》的法律性质

《就业协议书》具有合同的某些法律属性，但其与劳动合同又有明显的不同。

1.《就业协议书》的法律属性

合同是平等主体的自然人、法人、其他组织之间设立、变更、终止民事权利义务关系的协议。合同当事人的法律地位平等，一方不得将自己的意志强加于另一方。

《就业协议书》具有合同的属性，主要表现在3个方面：一是签订《就业协议书》的主体是毕业生（自然人）和用人单位（法人、其他组织），他们在签订就业协议时的法律地位是平等的；二是《就业协议书》是双方意见的协商，任何一方都不能将自己的意志强加给另一方；三是《就业协议书》所涉及的权利义务均属于我国民事法律管辖的范围。

2.《就业协议书》不能代替劳动合同

虽然《就业协议书》具有劳动合同的部分特征，但它不等于劳动合同，更不能取代劳动合同。《就业协议书》是毕业生和用人单位关于将来就业意向的初步约定，很多劳动合

同应有的条件并没有包含在内，如工作岗位、工作条件和薪酬待遇等。因此，仅凭《就业协议书》，毕业生就业后的劳动权利是无法得到保障的。

（三）有效劳动合同应具备的要素

劳动合同是指劳动者与用人单位之间确立劳动关系，明确双方权利和义务的协议。所有的劳动合同的制定都必须依据《中华人民共和国劳动合同法》（以下简称《劳动合同法》）的相关规定进行。劳动合同既具有合同的一般特征和相应的法律约束力，同时作为一种特殊的合同类型，又具有自己的特色。

1. 主体资格合法

劳动合同的主体资格合法的同时要求劳动者和用人单位的主体资格合法。其中，劳动者的主体资格合法即要求劳动者必须年满16周岁并具备劳动权利能力和劳动行为能力；用人单位的主体资格合法，即要求用人单位须经主管部门批准依法从事生产经营和其他相应的业务，享有法律赋予的用人资格或能力。除国家另有规定的情况外，以上要求任何一项得不到满足，劳动者和用人单位签订的劳动合同都是无效的。

2. 合同内容合法

合同内容合法是指劳动合同的内容不得与相关法律、法规的规定相违背。例如，《劳动法》第二十一条明确规定："劳动合同可以约定试用期。试用期最长不得超过6个月。"如果劳动者与用人单位签订的劳动合同约定的试用期超过6个月，那么这一劳动合同就应是无效合同。

3. 当事人意愿真实

根据《劳动法》第十八条第（二）款的规定，采取欺诈、威胁等手段订立的劳动合同，因为违背了当事人的真实意愿，所以是无效的。另外，如果有证据证明当事人对合同内容存在重大误解，这样的劳动合同也应被视为无效合同。

4. 合同订立的形式合法

《劳动法》第十九条规定："劳动合同应当以书面形式订立。"对于以口头、录音、录像等形式订立的劳动合同，均无效。

（四）劳动合同的订立原则

签订劳动合同指劳动者和用人单位双方经过相互选择和平等协商后，就劳动合同相关条款达成协议，进而以合同形式确定劳动关系、明确双方权利和义务的法律行为。

《劳动合同法》规定："订立劳动合同，应当遵循合法、公平、平等自愿、协商一致、诚实信用的原则。"不得违反法律、行政法规的规定。总之，劳动合同的订立需要遵循以下4个原则。

1. 合法

无论是合同的当事人、内容和形式，还是订立合同的程序，都必须符合相关法律、法规和政策的要求。

2. 平等

平等即合同双方处于平等的法律地位。因此，在劳动合同签订前，大学生应仔细阅读合同的所有条款，积极维护自己的合法权益，对于有异议的条款要坚持改写，对于不合法的内容更要据理力争。

3. 自愿

自愿即合同的订立应完全出于双方当事人的主观意愿，不存在强迫对方的行为，并且除合同管理机关的依法监督外，任何第三方都不得干涉合同的订立。

4. 协商一致

在订立合同的过程中，合同订立与否及合同的具体内容，都必须在双方平等协商并达成一致意见的基础上来确定。因而，只有协商一致，合同才能成立。

劳动案例

劳动关系能否解除？

汤敏刚刚应聘到一家科技公司上班。当初公司正式录用汤敏时，与她签订了为期两年的劳动合同，并在合同中规定，试用期为两个月。可是，从上班的第一周开始，公司就找各种理由要求汤敏等员工经常加班，而且劳动强度非常大。为此，汤敏上班半个月后，就不想再继续干了。谁料，汤敏的辞职请求却被公司拒绝了。汤敏很迷茫，不知道公司这种强迫自己继续工作的行为是不是可以作为她解除劳动关系的理由；如果劳动关系解除了，自己需不需要承担相应的法律责任。

（案例来源：王开淮.劳动教育［M］.北京：清华大学出版社，2021.）

点评：根据《劳动合同法》第三十七条的规定，劳动者提前30日以书面形式通知用人单位，可以解除劳动合同；劳动者在试用期内提前3日通知用人单位，可以解除劳动合同。虽然本案例的主人公汤敏与公司签订了劳动合同，但在试用期内发现用人单位工作不利于自己发展，可以果断行使解除劳动合同的权利，且尚处于试用期的劳动者不必向用人单位说明任何原因和理由，只需要提前3天通知用人单位即可。

（五）大学生签订劳动合同时应特别注意的事项

劳动合同的订立事关用人单位和劳动者的切身利益。《劳动合同法》是我国劳动力市场发展的一个重要里程碑，它标志着中国在充分利用市场机制配置劳动力资源的同时，开始注重对劳动力市场进行规制。《劳动合同法》的颁布势必对于大学生在就业劳动过程中更好地维护自身合法权益提供了有力武器。特别是以下几个方面的问题应引起大学生的注意。

1. 必须签订劳动合同

现实中，一些用人单位对劳动合同存在错误的认识，即认为签订劳动合同就会将自己与劳动者捆绑在一起，而没有签订劳动合同就与员工没有劳动关系，可以规避对自己不利的规定。其实不然，《劳动合同法》就劳动合同的签订已做出了较为详尽的规定，用人单位不与劳动者签订书面劳动合同，将面临更大的法律风险。

（1）《劳动合同法》第十条规定："建立劳动关系，应当订立书面劳动合同。已建立劳动关系，未同时订立书面劳动合同的，应当自用工之日起一个月内订立书面劳动合同。用人单位与劳动者在用工前订立劳动合同的，劳动关系自用工之日起建立。"

（2）《劳动合同法》第八十二条规定："用人单位自用工之日起超过一个月不满一年未与劳动者订立书面劳动合同的，应当向劳动者每月支付二倍的工资。用人单位违反本法规定不与劳动者订立无固定期限劳动合同的，自应当订立无固定期限劳动合同之日起向劳动者每月支付二倍的工资。"

2. 必须注意个人隐私保护

《劳动合同法》第八条规定："用人单位招用劳动者时，应当如实告知劳动者工作内容、工作条件、工作地点、职业危害、安全生产状况、劳动报酬，以及劳动者要求了解的其他情况；用人单位有权了解劳动者与劳动合同直接相关的基本情况，劳动者应当如实说明。"这一规定也就明确意味着用人单位无权过问与劳动合同没有直接关系的情况，劳动者也有权拒绝向用人单位提供相关情况。

另外，《就业服务与就业管理规定》也明确规定："用人单位在招用人员时，除国家规定的不适合妇女从事的工种或者岗位外，不得以性别为由拒绝录用妇女或者提高对妇女的录用标准。用人单位录用女职工，不得在劳动合同中规定限制女职工结婚、生育的内容。"

劳动案例

求职遭遇"男"题

"妇女能顶半边天"，女性在社会上扮演着各种各样的角色，为促进社会发展起着重要的作用。然而，目前还存在很多妇女就业难、就业性别歧视等问题。

某劳务公司在某同城网站上发布招聘信息，标题为"某速递员 3 000 加计件"，任职资格：男。邓某某在线投递简历申请该职位，于 2014 年 9 月 25 日到某速递公司面试，试干两天后，双方达成于 10 月 8 日签约意向，但最终双方并未签约。10 月 19 日邓某某给对方负责人李某打电话询问不能签合同的原因，李某确认因为邓某某是女性所以某速递公司不批准签合同。

邓某某称其应聘的快递员一职并不属于不适合妇女的工种或岗位，但某速递公司、某劳务公司仅因为邓某某是女性就表示不予考虑，导致邓某某受到了就业性别歧视。

法院部分支持了邓某某的诉讼请求，认定某速递公司对邓某某实施了就业歧视，赔偿邓某某精神损害抚慰金 2 000 元。

（案例来源：搜狐网）

点评：

在现实生活中，考虑到女性特殊的生理性原因，妇女需要生育、哺乳及有生理期等，招聘单位往往以较为隐蔽的方式（比如以只接收简历不通知面试，或专业不对口等非性别原因掩盖核心的性别原因）拒绝录用女性，使得女性在就业时因性别而遭受歧视。

根据女职工劳动保护规定，凡适合妇女从事劳动的单位，不得拒绝招收女职工。因此如果不是只能男性从事的工种，企业不能因性别问题拒绝招收女性。如果女性在求职时遭遇到了性别歧视的情况，可收集证据后，可向相关部门进行咨询和投诉。最高人民法院研究室副主任郭锋介绍，对实施就业性别歧视的单位通过判决使其承担民事责任，不仅是对全体劳动者的保护，营造平等、和谐的就业环境，更是对企图实施就业性别歧视的单位予以威慑，让平等就业的法律法规落到实处，起到规范、引导的良好作用。

3. 注意用人单位不得要求提供担保或收取财物

当前，在社会招聘中，确实存在少数不正规的用人单位以招聘费、培训费、押金、服装费等名目向劳动者收取费用，甚至扣押求职者证件等不正常情况，这些行为都是违反了《劳动合同法》的相关规定的。《劳动合同法》第八十四条规定："用人单位违反本规定，扣押劳动者居民身份证等证件的，由劳动行政部门责令限期退还劳动者本人，并依照有关法律规定给予处罚。用人单位违反本法规定，以担保或者其他名义向劳动者收取财物的，由劳动行政部门责令限期退还劳动者本人，并以每人 500 元以上 2 000 元以下的标准处以罚款；给劳动者造成损害的，应当承担赔偿责任。"

4. 注意做到同工同酬

《劳动合同法》第六十三条规定："被派遣劳动者享有与用工单位的劳动者同工同酬的权利。用人单位应当按照同工同酬原则，对被派遣劳动者与本单位同类岗位的劳动者实行相同的劳动报酬分配办法。用人单位无同类岗位劳动者的，参照用工单位所在地相同或者相近岗位劳动者的劳动报酬确定。"同工同酬是指技术和劳动熟练程度相同的劳动者在从事同种工作时，不分性别、年龄、身份、民族、区域等差别，只要提供相同的劳动量，就应获得相同的劳动报酬。同工同酬的重要贡献之一，就是规定了同一工种不再有合同工与正式工的差别，在同一企业工作的只要是相同工种，就应得到相同报酬。在实际操作中，一般即使相同岗位的劳动者之间也有资历、能力、经验等方面的差异，因此，劳动报酬只要大体相同就不违反同工同酬原则。

5. 注意试用期的相关约定

试用期指用人单位和劳动者为相互了解和选择，在劳动合同中约定的不超过 6 个月的

103

考察期。劳动合同中约定试用期不是必备条款，而是协商条款，是否约定由劳动者和用人单位协商确定。但是，如果双方约定试用期，就必须遵守有关规定。在劳动合同中约定试用期要遵守以下6项规定。

（1）劳动合同期限在3个月以上不满1年的，试用期不得超过1个月；劳动合同期限在1年以上不满3年的，试用期不得超过2个月；3年以上固定期限和无固定期限的劳动合同，试用期不得超过6个月。

（2）同一用人单位与同一劳动者只能约定一次试用期。

（3）以完成一定工作任务为期限的劳动合同或者劳动合同期限不满3个月的，不得约定试用期。

（4）试用期包含在劳动合同期限内。劳动合同仅约定试用期的，试用期不成立，该期限为劳动合同期限。

（5）劳动者在试用期的工资不得低于本单位相同岗位最低档工资或者劳动合同约定工资的80%，并不得低于用人单位所在地的最低工资标准。

（6）用人单位违反《劳动合同法》规定与劳动者约定试用期的，由劳动行政部门责令改正；违法约定的试用期已经履行的，由用人单位以劳动者试用期满月工资为标准，按已经履行的超过法定试用期的期间向劳动者支付赔偿金。

6. 注意关于违约金的约定

《劳动合同法》对违约金条款有严格的限制，明确规定只有以下两种情形可以在劳动合同中约定违约金。

（1）用人单位为劳动者提供专项培训费用，对其进行专业技术培训的，可以与该劳动者订立协议，约定服务期。劳动者违反服务期约定的，应当按照约定向用人单位支付违约金。违约金的数额不得超过用人单位提供的培训费用。用人单位要求劳动者支付的违约金不得超过服务期尚未履行部分所应分摊的培训费用。用人单位与劳动者约定服务期的，不影响按照正常的工资调整机制提高劳动者在服务期期间的劳动报酬。

（2）用人单位与劳动者可以在劳动合同中约定保守用人单位的商业秘密和与知识产权相关的保密事项。对负有保密义务的劳动者，用人单位可以在劳动合同或者保密协议中与劳动者约定竞业限制条款，并约定在解除或者终止劳动合同后，在竞业限制期限内按月给予劳动者经济补偿。劳动者违反竞业限制约定的，应当按照约定向用人单位支付违约金。

因此，除以上两种情况外，用人单位不得与劳动者约定由劳动者承担违约金，也就是说除以上两种情况外，用人单位要求劳动者支付违约金是不合法的行为。

7. 注意关于辞退的约定

《劳动合同法》中关于用人单位辞退劳动者的情形分为即时通知解除、预告通知解除、经济性裁员3种类型。为了更好地保护劳动者的合法权益，《劳动合同法》对每一类辞退员工的情形都明确了限制条件。如即时通知解除劳动合同的，用人单位需要承担举证责任，即劳动者在试用期内不符合录用条件，或严重违纪、营私舞弊给单位造成重大损失，或劳动合同无效，或员工兼职给单位工作造成严重影响，或被追究刑事责任等；预告通知解除劳动合同的，需要符合法定情形，并且履行法定程序；经济性裁员也要符合裁员的条件并履行法定程序等。

下面，强调几点用人单位解除劳动合同的相关内容。

（1）用人单位可以解除劳动合同的情况。根据《劳动合同法》第四十条的规定，劳动者有下列情形之一的，用人单位提前30日以书面形式通知劳动者本人或者额外支付劳动者一个月工资后，可以解除劳动合同：劳动者患病或者非因工负伤，在规定的医疗期满后不能从事原工作，也不能从事由用人单位另行安排的工作的；劳动者不能胜任工作，经过培训或者调整工作岗位，仍不能胜任工作的；劳动合同订立时所依据的客观情况发生重大变化，致使劳动合同无法履行，经用人单位与劳动者协商，未能就变更劳动合同内容达成协议的。

（2）用人单位不可以解除劳动合同的情况。根据《劳动合同法》第四十二条的规定，劳动者有下列情形之一的，用人单位不得依照本法第四十条、第四十一条的规定解除劳动合同：从事解除职业病危害作业的劳动者未进行离岗前职业健康检查，或者疑似职业病病人在诊断或者医学观察期间的；在本单位患职业病或者因工负伤并被确认丧失或者部分丧失劳动能力的；患病或者非因工负伤，在规定的医疗期内的；女职工在孕期、产期、哺乳期的；在本单位连续工作满15年，且距法定退休年龄不足5年的；法律、行政法规规定的其他情形。

（3）用人单位应支付经济补偿的情况。根据《劳动合同法》第四十六条的规定，有下列情形之一的，用人单位应当向劳动者支付经济补偿：劳动者依照本法第三十八条规定解除劳动合同的；用人单位依照本法第三十六条规定向劳动者提出解除劳动合同并与劳动者协商一致解除劳动合同的；用人单位依照本法第四十条规定解除劳动合同的；用人单位依照本法第四十一条第一款规定解除劳动合同的；除用人单位维持或者提高劳动合同约定条件续订劳动合同，劳动者不同意续订的情形外，依照本法第四十四条第一项规定终止固定期限劳动合同的；用人单位依照本法第四十四条第四项、第五项规定终止劳动合同的；法律、行政法规规定的其他情形。

总体来说，除劳动者个人原因主动辞职，或个人不满足岗位需求、违法乱纪外，因用人单位的情况，如经营不善倒闭、用人单位不按《劳动法》办事等原因解除劳动合同的，用人单位都应支付一定的经济补偿。经济补偿的金额按劳动者在本单位工作的年限而定，主要有3种情况：每满1年支付1个月工资的标准；6个月以上不满1年的，按1年计算；不满6个月的，支付半个月工资的经济补偿。

另外，上述月工资是指劳动者在劳动合同解除或者终止前12个月的平均工资。如果劳动者月工资高于用人单位所在直辖市、设区的市级人民政府公布的本地区上年度职工月平均工资3倍，向其支付经济补偿的标准按职工月平均工资3倍的数额支付，向其支付经济补偿的年限最高不超过12年。

八、违约责任与劳动争议解决

在大学毕业生就业过程中会涉及两份与就业相关的合同文本，即《就业协议书》和劳动合同。二者在执行过程中发生争议的处理也不尽相同。

(一)《就业协议书》争议解决办法

从近年来大学生就业工作的实际情况看，关于大学生《就业协议书》的争议问题时有发生。一般是大学生在草率地与有关用人单位签订《就业协议书》后，又发现了自己更中意的就业机会，想解除已签订就业协议，从而引起的纠纷。

当前，国家还没有出台关于解决《就业协议书》争议的法律规定。但在实践中主要有3种解决办法。

（1）大学生与用人单位协商解决。这种办法适用于由大学生引起的就业协议争议。大学生可主动向用人单位说明情况、表示歉意，必要时还需支付一定违约金，以赢得用人单位的谅解，同意解除协议。

（2）学校或当地省级大学生就业主管部门与用人单位协调解决。这种办法适用于因用人单位引起的就业协议争议，由学校或行政部门介入，针对纠纷予以调整，使双方达成和解。

（3）通过法律途径解决。对协商、协调不成的情况，双方可向人民法院提起诉讼，由人民法院依法裁决。

(二)劳动合同争议解决办法

劳动合同争议是指用人单位与劳动者之间由于劳动合同发生的争议，一般包括以下4类情况：因企业开除、除名、辞退职工和职工辞职、自动离职发生的争议；因执行国家有关工资、保险、福利、培训、劳动保护的规定发生的争议；因履行劳动合同发生的争议；法律、法规规定应当依照《企业劳动争议处理条例》处理的其他劳动争议。

劳动合同争议发生后，当事人可根据不同情况采取不同的解决方法，主要有以下3种解决办法。

1. 协商和调解

劳动争议发生后，双方首先应本着互谅互让的积极态度，自行协商解决，也可以请第三方帮助协商，达成调解协议。如果双方不愿协商、协商不成或者达成调解协议后不履行的，可向本单位劳动争议调解委员会、地方劳动争议调解组织申请调解。为确保调解协议的顺利履行，可以从调整协议生效之日起15日内，共同向劳动争议仲裁委员会申请审查确认，经审查确认后制定出具有法律效力的仲裁调解书。使用协商和调解方式解决劳动合同争议，具有简单方便、灵活快捷等优势，能够及时有效地维护当事人的合法权益，是解决劳动合同争议的最佳方式。

2. 仲裁

劳动争议发生后，当事人的任何一方都可在争议发生之日起60日内向劳动争议仲裁委员会申请仲裁，并提交书面申请。劳动争议仲裁委员会应当自接到仲裁之日起7日内做出是否受理的决定。劳动争议仲裁委员会决定受理的，应当自收到仲裁申请之日起60日内做出仲裁裁决。

劳动争议仲裁委员会可依法进行调解，经调解达成调解协议的，制定仲裁调解书。仲裁调解书具有法律效力，当事人必须自觉履行，如一方当事人不履行，另一方可向人民法院申请强制执行。

3. 诉讼

诉讼是解决劳动争议的最后办法。如当事人对劳动争议仲裁委员会做出的仲裁裁决不服，可自行收到仲裁裁决书之日起15日内向人民法院提起诉讼。逾期不起诉的，仲裁裁决将产生法律效力。

人民法院审理劳动争议案件有以下5个条件。

（1）起诉人必须是劳动争议的当事人。当事人因故不能亲自起诉的，可以直接委托代理人起诉，其他未经委托无权起诉。

（2）必须是不服劳动争议仲裁委员会仲裁而向法院起诉，未经仲裁程序不得直接向法院起诉。

（3）必须有明确的被告、具体的诉讼请求和事实根据。不得将仲裁委员会作为被告向法院起诉。

（4）起诉的时间，必须在劳动法律规定的时效内，否则不予受理。

（5）起诉必须向有管辖权的法院提出，一般应向仲裁委员会所在地的人民法院起诉。

职业活动

我是普法宣传员

由于大学生在校期间缺少对劳动法律、法规知识的系统学习，且欠缺社会经验，在求职的过程中，可能面对各种各样的就业陷阱及侵权行为。现组织学生开展普法宣传实践活动，收集整理大学生求职就业过程中权益保护的相关法律知识，并向周围同学普及宣传。

一、活动名称

我是普法宣传员。

二、活动主旨与意义

通过普法宣传活动，使大学生了解并熟知就业的相关政策法规，增强大学生在就业中的自我保护和维权意识，从而使其在就业过程中免受不合理的侵犯，成功就业，帮助大学生更好地走向社会。

三、活动内容

（1）查阅相关的法律书籍和在网络上搜索，收集整理就业中自我保护和进行维权的相关法律知识。例如，实习期间的自我保护和维权，求职就业期间的自我保护和维权等。

（2）对收集的内容进行审核，确保内容的准确性和有效性。完成内容的整理后，可向相关专业教师进行审核确认。

四、活动总结

结合自己的收集整理过程和同学们的信息反馈，根据下表中的思考内容，给出自己的建议或观点。

活动总结表格

思考内容	建议或观点
如何保护实习期间的权益？	
求职就业中如何进行自我保护？	
就业中被侵权该如何维权？	
如何加强保护就业权益的法律意识？	

◆ 职业思索

（1）你认为非法劳动会受到法律保护吗？

（2）阅读下面的案例，分析当事人该如何保护自己的就业权益。

南充市某大学十多名毕业生，集体到深圳的一家民营企业做电子产品组装工作。该企业给学生的口头承诺是：月薪 5 000 元，外加年终分红；工作满 1 年的，配公寓；工作满 3 年的，直接配车。这些大学生都觉得真是天上掉馅饼了，这么好的机会可不能错过。于是，没有多想就去了深圳。

到该企业后，急于求成的学生们草率地签订了劳动合同。1 个月后，所有人都大呼上当了。他们月薪确实最初定的是 5 000 元，但是在工作中他们经常会违反合同上的"霸王条款"。例如：迟到一次罚款 500 元；工作时间上厕所超过 2 分钟，罚款 200 元。结果，干了 1 个月的高强度工作后，扣掉各种罚款，实际发到大家手里只有 1 000 元不到。学生们集体反抗，准备辞职不干了，而该企业拿出劳动合同，要求每名学生交 10 000 元的违约金。有学生说："你们在学校谈的时候可不是这么说的。"该企业则表示："请拿出证据来。"众学生木然。

提示：

①求职者在签订劳动合同时，要认真看清合同里面的条款，以便能有效地保护自身利益。

②求职者发觉被骗后，要及时向用人单位所在地的劳动保障检察大队或公安派出所报案，寻求法律保护。

（3）阅读下面的案例，分析当事人是否可以在不缴纳违约金的情况下辞职。

喻玲玲是某高校职业技术学院的毕业生。毕业后到某公司工作，与该公司正式签订了为期2年的劳动合同。在劳动合同终止前1个月，喻玲玲提出不再与公司续约一事，当时人事部表示同意并要求其1个月后办理手续。1个月后，当喻玲玲到人事部办理离职手续时，人事部负责人却提出："要辞职必须按规定交齐3年的服务未到期的违约金2 000元。"原来公司制定的《员工手册》第18条规定："凡到公司工作的人员至少应服务5年。"所以公司认为：喻玲玲与公司签订的2年劳动合同虽然已经到期，但至少还应与公司续签3年的劳动合同才符合公司条款。如果喻玲玲不再为公司服务，则应赔偿违约金2 000元。喻玲玲不知道该不该赔偿2 000元。

提示：

①公司内部手册的制定不能只参考公司单方面的意见，还必须考虑所有员工的意愿。

②公司规章制度的制定必须与国家法律、法规的规定相符合，对劳动合同没有约定且国家法律、法规没有规定的，才能做出补充规定。

③劳动合同期满时，劳动合同终止，一方不得强迫另一方延长劳动合同期限。

模块三
践行劳动

　　这一模块具体分析在劳动的过程中我们会面临的问题，比如：我们应当用何种态度或者说精神状态去劳动；在劳动的过程中如果产生一些负面的心理问题，应如何勇敢、正确地面对；如何顺应新时代劳动背景积极去开创和思索劳动的创新方向。为具体劳动的实施提供一些现实化问题的解决方案。

单元一　劳动精神

劳动箴言

　　要在学生中弘扬劳动精神，教育引导学生崇尚劳动、尊重劳动，懂得劳动最光荣、劳动最崇高、劳动最伟大、劳动最美丽的道理，长大后能够辛勤劳动、诚实劳动、创造性劳动。

——习近平

学习目标

【知识目标】

　　了解劳动精神、劳模精神、工匠精神的内涵、价值与时代意义，掌握这三者之间的联系。

【能力目标】

　　能够通过劳动精神、工匠精神、劳模精神的学习，认识劳动最伟大、劳动最崇高、劳动创造幸福生活的本质，从而逐步成为合格的劳动者、专业的劳动者、楷模型劳动者。

【素质目标】

　　培养学生学会劳动、学会勤俭、学会感恩、学会助人，立志成长为德智体美劳全面发展的社会主义建设者和接班人。

一、传承劳动精神

劳动是人类进行社会活动的前提，人类在劳动的基础上追求实现更高层次的需要。随着社会的不断发展和进步，从劳动工具、劳动方式，到劳动活动、劳动目的都发生了巨大的变化，进一步推动人类社会走向现代文明。富有劳动精神的劳动者通过辛勤劳动，在遵循自然界客观规律的基础上对自然界进行合理改造，创造了适合人类生存发展的环境，以及无数辉煌灿烂的物质文明和精神文明，进而提高和增强了人类的认知水平和创造能力，促使人类开始追求科学真理，最后回归自身，实现全人类的解放和每个人自由而全面的发展。

我国劳动人民自古就通过农耕维持生计，勤恳、踏实地依靠劳动创造财富。广大劳动者要继承和发扬中华优秀传统文化中蕴藏的劳动精神，脚踏实地依靠自己的双手、所学的专业知识技能及富有创造力的思维来为实现人民对美好生活的向往奋斗，通过创造劳动成果去发光发热，在劳动过程中实现个人价值和社会价值，充分展现劳动的获得感、价值感和幸福感。

（一）劳动精神的概念

人类在劳动活动中产成劳动精神。劳动活动凝聚了人的目的性、能动性和创造性，无数具体的勤恳、诚实和创造性的劳动凝结了抽象而普遍的劳动精神。劳动精神是对广大劳动者劳动实践的高度肯定与科学总结，是在人类劳动实践中建立起来的尊重劳动及热爱劳动的浓厚情感、态度及劳动规范的总和，是具体劳动事实和普遍劳动价值的有机统一，是劳动者在劳动过程中表现出来的劳动意识、价值取向和精神面貌。劳动精神是中华传统文化的优秀基因，也是今天民族精神的重要组成部分，彰显着我国劳动人民在伟大劳动实践中的独特的精神气质。

（二）劳动精神的内涵

1. 热爱劳动

热爱劳动就是要爱岗敬业。"爱岗"的价值在于"做事"，"敬业"的意义在于"奉献"。我们应尽己所能做到爱岗敬业，创造属于自己的小幸福，实现自己的人生价值。

劳动是财富的源泉，也是幸福的源泉。劳动满足了人们对于温饱的需求，也提升了生活品质，更缔造了人类的幸福。从两弹一星到嫦娥探月，从第一艘潜艇到蛟龙入海，从杂交水稻到基因组芯片，从第一代计算机银河到今天的互联网大数据，这是无数劳动者爱岗敬业、辛勤劳动的成果。没有挥洒过劳动的汗水，没有体会过劳动的艰辛，就很难真正理解劳动的内涵、珍视劳动的价值。清洁工人爱岗敬业，换来了我们生活环境的干净整洁，产业工人爱岗敬业，换来了企业不断发展，为富民强国提供了雄厚的物质基础……我们应尽己所能爱岗敬业，在平凡的岗位上做出力所能及的贡献。

（1）干一行爱一行。热爱劳动，兢兢业业地做好本职工作，"干一行爱一行"是一种优秀的职业品质，是我们应该遵从的基本价值观，是一种明智的人生选择和追求。一个人能否脱颖而出，固然需要能力突出，但更需要态度积极。雷锋一生不愧为一个永不生锈的"螺丝钉"。无论在何种岗位，他总是干一行、爱一行、钻一行。在农村，他是优秀拖拉机手、治水模范；在工厂，他是标兵、红旗手、先进工作者；在部队，他是"节约标兵""模范共青团员"，多次立功受奖。无论是当公务员，还是当工人和军人，他都脚踏实地、兢兢业业。工作在哪里，就在哪里发光发热，竭尽所能为国家、为社会创造财富。"干一行爱一行"告诉我们要有百折不挠的精神，一个人要达到事业、人生的顶点必定要经历一系列的磨难。每克服一个困难，自身的水平就上升到一个新的高度，同时距离成功就又近了一步。

（2）热爱劳动，热爱生活。劳动精神是美好生活的原动力。我们的幸福生活离不开父母的劳动，更离不开工人、农民、警察、教师等各行各业劳动者的辛勤劳动。任何人的劳动，都理应受到称赞；任何人的劳动，都应该得到尊重。让我们养成良好的习惯，去爱惜和尊重他人的劳动成果，为创造更加美好的生活而砥砺前行。

2. 勤俭劳动

勤俭劳动主要表现为努力创造物质和精神财富，朴素节约，珍惜劳动成果。勤劳节俭是中国人最基本的道德规范之一，无论从国家、社会还是个人层面，都应该是人们的精神追求。

（1）劳动是幸福的左手，节俭是幸福的右手。我国劳动人民在长期的实践中懂得了勤劳与节俭的辩证关系，他们既能吃苦耐劳，又能克勤克俭。勤劳与节俭是一对孪生兄弟。《道德经》有云："俭，故能广。"在《论语》中，孔子也认为奢华就会显得不谦逊，节俭则会显得朴素。正是在这种传统美德的滋养下，才构筑了生生不息、源远流长的华夏文明。纵观历史，大到邦国，小到家庭，无不是兴于勤俭，亡于奢靡。勤劳节俭的精神也是中华民族屹立于世界民族之林的核心竞争力。

（2）勤劳战胜懒散，以节俭遏制奢靡。勤劳节俭包括努力工作和节约用度两个重要方面。勤俭代表一种生活态度，一种价值观，一种忧患意识。勤俭自强是社会主义公民的基本道德规范之一。提倡勤俭的美德，对发展经济、开源节流及提高全民族的道德水平有着重要的意义。随着科技的发展，物质生活水平的提高，一些人逐渐丢失了勤俭节约的优良传统。白天明亮的教室里非得开灯，洗手间的水龙头"细水长流"，计算机永远处在待机状态。他们没有体会过劳动的艰辛，也很难真正理解劳动的内涵、珍视劳动的价值。毛泽东说："贪污和浪费是极大的犯罪。""光盘行动"唤起了人们爱惜粮食、反对浪费的意识，弘扬了中华民族勤俭节约的优良传统，也培育了新的生活观、消费观。习近平总书记一直提倡"厉行节约、反对浪费"的社会风尚，多次强调"勤俭是我们的传家宝，什么时候都不能丢掉"，并常以实际行动率先垂范。媒体报道，一所大学食堂垃圾桶经常有白花花的馒头和米饭，清洁工看着心痛，捡起来再吃。这方面例子不在少数，一些大学食堂成了浪费粮食的"天堂"，触目惊心。我们应该树立劳动光荣、浪费可耻的理念，要坚持勤俭办一切事业，坚决反对讲排场、比阔气，坚决抵制享乐主义和奢靡之风。只有通过不懈的努力、艰苦的打拼，既勤劳又节俭，方能创造财富、享有财富。

（3）勤俭劳动从青少年做起。国内外大量的调查研究证明，童年养成劳动习惯，长大后更可能具有责任心，也更容易适应家庭生活和职场工作的需要，而不爱劳动的人恰恰相反。在这一点上，美国沃尔玛集团董事长老沃尔顿的做法很值得借鉴。他从来不给他的四个孩子零花钱，而是在孩子很小的时候就让他们去打工，在商店里擦地板、修补仓库房顶、帮助装卸货物，再按一般工人标准付给其工资。沃尔玛的掌门人罗布森·沃尔顿深有感触地说："儿时的锻炼，让我喜欢自力更生的感觉。"新时代青少年是建设社会主义现代化强国、实现民族复兴伟业的主力军。但因出生在物质生活比较丰富的时代，当代青少年的勤俭劳动精神有所缺失。这就要求我国青少年必须从现在做起，学会劳动、学会勤俭、学会感恩、学会助人，立志成长为德智体美劳全面发展的社会主义建设者和接班人。

3. 诚实劳动

诚实劳动是辛勤劳动的表现，也是创造性劳动的前提。我们崇尚劳动、尊重劳动，更要正确地付出劳动、从事劳动。以诚为先、以诚为重、以诚为美，才是劳动应有之义。只有通过诚实劳动才能破解发展中的各种难题。生命里的一切辉煌，只有通过诚实劳动才能铸就。

（1）普通人的劳动有尊严，平凡的劳动有价值。法国著名社会学家阿兰·图海纳指出，"劳动既是一种行动，也是一种境遇，是一种把自己的标准取向引向自我的实在性"。劳动不仅可以创造价值，也是人们实现自我认同和社会认同的一个过程。每个人都可以是"平凡英雄"。在平凡的岗位上坚守，就能造就"不平凡"；在普通人的位置上努力，也能变得"不普通"。劳动创造了产品，创造了美，创造了社会，创造了自己的生活，也创造了他人的生活。2019年"五一"国际劳动节前夕，武汉市表彰了97位产业工人、56位专业技术人员、25位科教人员和20位农民工。"快递哥"喻佑军是这次受表彰的人员之一。从事了16年的快递工作，喻佑军练就了一套收件、扫描、打包、装袋、分拣、派送的高超本领，获得同行们交口称赞。像"快递哥"喻佑军一样，努力工作，勤劳打拼，养活一家人，这是千千万万普通人的生活状态。普通人通过劳动养活自己和家庭，从劳动中获得生存的权利，获得尊严。通过劳动，我们定义自己的社会坐标，并由此获取社会价值和他人认同。

（2）以诚为美、以诚为先、以诚为重。诚实劳动，是每一个劳动者尽己所能地劳动，是每一个劳动者内心与言行一致的最好诠释。诚实劳动是每一个劳动者朝着同一个梦想而努力奋斗，是每一个劳动者为了美好明天而真诚地付出。中华人民共和国成立以来，我国涌现出一批被历史所铭记的实干家，有生前两次赴藏，为西藏的建设、发展和稳定做出突出贡献的孔繁森，有在邮政事业战线上兢兢业业、任劳任怨，表现出坚定的信念和追求的王顺友，还有"铁人"王进喜、"两弹元勋"邓稼先、"白衣圣人"吴登云、"杂交水稻之父"袁隆平……这些响当当的时代劳模，都是诚实劳动的代表。建筑工地上挥洒汗水的工

人、田野里辛勤耕种的农民、严寒酷暑下指挥交通的警察、三尺讲台上讲授知识的教师、埋首实验室苦心钻研的科学家……中华人民共和国百余年的辉煌成就，就是他们用诚实的劳动铸就的。共和国的坚实大厦，就是他们用一砖一瓦砌成的。没有诚实的劳动，就没有创新创造；没有诚实的劳动，就没有我们今天的幸福生活。诚实劳动是创造"中国奇迹"的源泉和动力，是迎接挑战、战胜困难的法宝利器，是焕发劳动热情和创新活力的基础，是走向幸福生活的必由之路。

（3）靠自己的劳动生活才最踏实。"空谈误国，实干兴邦"。实干首先就要脚踏实地地劳动。例如，1985年，海尔集团创始人张瑞敏收到一封用户来信，信里说厂里电冰箱的质量有问题。张瑞敏立刻带人检查了仓库，发现仓库里的400多台冰箱竟然有76台不合格。有人说，冰箱只是外部划伤，便宜点儿卖给工人。那时候，一块钱能买十斤白菜、一斤多花生油、六两猪肉。一台冰箱2 000多元，是一个工人三年多的工资。就算这样，冰箱依然供不应求。张瑞敏却在全体员工大会上宣布，要把这76台不合格的冰箱全部砸掉，而且要生产冰箱的人亲自砸。张瑞敏说："过去大家没有质量意识，所以出了这起质量事故。这是我的责任。这次我的工资全部扣掉，一分不拿。今后再出现质量问题就是你们的责任，谁出质量问题就扣谁的工资。"海尔砸冰箱这件事，砸的不仅仅是冰箱，更重要的是砸掉了旧的思想、观念，赢得了客户的信任，造就了知名品牌。可见，只有通过不断否定自己、挑战自己，才能不断创新发展。任何时代，任何社会，社会财富的增长主要来源于诚实劳动。每个诚实劳动的人都应该受到尊敬，每个踏实做人的人都应该得到尊重。

4. 创造性劳动

我们在倡导辛勤劳动、诚实劳动的同时，也强调创造性劳动。创造性劳动不仅需要辛勤、诚实，更需要创新，即通过技术、知识、思维革新，更好地实现自主劳动，提升劳动效率，创造更多财富。

（1）实干与创造并重。"实干"与"创造"，是相辅相成的，无论是体力劳动还是脑力劳动，都值得尊重和鼓励。一切创造，无论是个人创造还是集体创造，也都值得尊重和鼓励。美好生活需要靠劳动去创造。南泥湾的开荒、黑土地的耕耘、超级稻的公关，把浩瀚原野变成万顷良田，让十几亿中国人把饭碗牢牢端在自己手里。南车北车的突破、北京中关村的创新创业，推动"中国制造"不断迈向中国创造。我国的劳动者中既有"出大力流大汗""苦干加实干"的劳动模范，又有知识型、专业型、技能型、创新型的先进典型，他们的事迹在历史发展的长河中画上了浓墨重彩的一笔，他们身上所体现的劳动精神始终熠熠生辉。社会主义事业大厦是靠一砖一瓦砌成的，人民的幸福是靠一点一滴创造得来的。

（2）以劳动托起中国梦。实现从"中国制造"向"中国创造"的跨越，归根结底要依靠高素质的劳动者大军。要树立"三百六十行、行行出状元"的科学人才观，要广泛开展劳动竞赛、技术比武和岗位建功活动，引导广大劳动者热爱岗位、提升技能，焕发创新活力、释放创造潜能，为劳动托起中国梦做出新贡献。宏大的中国梦，需要无数最平凡的人尽自己最大的努力兢兢业业地筑造。必须牢固树立劳动最光荣、劳动最崇高、劳动最伟大、劳动最美丽的观念，崇尚劳动，造福劳动者，进一步激发亿万人民的劳动热情，通过劳动创造更加美好的生活。只有坚定理想信念，练就过硬本领，不忘初心，牢记使命，勇于担当，艰苦奋斗，才能站上新时代的舞台，才能为振兴家园贡献出青春与力量。在这条振兴的路上少不了青年奋斗的足迹，我们要争做有理想、有本领、有担当的新青年，共同创造更加美好的未来。

（三）践行劳动精神的途径

劳动精神的培育是素质教育纵深化人才发展战略的价值体现，青年学生应将先进劳模人物的社会价值与精神财富相结合，在精神财富与物质财富之间进行合理取舍。激发自己的劳动精神与潜力，从而走向成熟，不断适应工作乃至社会的发展需要。

1. 自觉接受劳动教育

学生应自觉参加劳动教育实践类必修课，积极参加学校开设的手工、园艺、茶道、扎染、插花、非遗文化等课程学习，并结合自己所学专业和学科特性，加强劳动观念和劳动态度的培养，树立正确的劳动价值观。

2. 积极参加劳动的相关活动

劳动是一项身心相结合的活动，对学生社交能力、协作能力、团队精神的培养有重要的促进作用。劳动技能的培养是循序渐进、逐步养成的过程，学生要在学习环境、生活习惯、工作氛围中去养成。

学生应积极参加定期的值日生教室日常管理、卫生清洁活动。参加轮流值班，做好宿舍的卫生及美化，打造和谐居住和生活的环境。多向身边的榜样人物学习，积极参加学生社团，参加班会和团课中关于劳模精神、劳动精神的主题演讲、知识竞赛、征文比赛，以及辩论赛、情景剧大赛兴趣小组等活动，在活动中探索和反思劳动的意义与价值，在实践中提升自身的劳动意识，真正从思想和行动上热爱劳动、崇尚劳动，成为劳动情怀浓厚、劳动技能突出的高素质大学生。

3. 积极投身校内劳动实践活动

学生应认真参加学校组织的实习实训，特别是企业的生产性实践活动，同时，还可利用寒暑假时间进行实习或社会实践锻炼，提高自己的专业知识水平和技术操作能力，在实践中培育劳动精神。

另外，学生可以作为志愿者和值日生去参加班级卫生、宿舍内务整理、校园保洁和环境绿化等各项劳动。例如，教室内桌椅、讲台、墙地面、教学仪器设备的卫生清扫工作；宿舍内物品合理有序摆放，进行宿舍文化特色创建；对所负责的校内卫生区域进行卫生保洁和绿化维护；参加图书馆书籍资料整理，信息中心网络设备运营维护等，增强劳动体验。

4. 开展居家劳动技能培养

以实际行动践行"孝亲、敬老、爱幼"的传统，从家庭小事做起，从身边小事做起，

参与家庭劳动。例如，选择基础类的家务劳动，洗碗筷、做饭、洗衣服、搞卫生、整理家中物品等；中等难度类的家务劳动，独自完成一道特色菜肴的制作，利用废旧物品制作一件手工艺品等；高难度类的家务劳动，水管维修、电气设备维修、简单房屋装修等。掌握必备生活劳动技能，体验劳动带来的幸福，为自己今后成长和家庭幸福担起责任，贡献力量。

劳动故事：敢为人先，特别能创业的温州精神

二、弘扬劳模精神

（一）劳模的含义和分类

劳模是社会风尚的引领者，是时代的风向标，是一座城市的"主角"。中华民族是靠劳动书写的辉煌，改革开放也是靠劳动演绎的革新，在"辉煌"与"革新"中，劳模无疑是"中国奇迹"最强有力的创造者，是"中国震撼"交响乐最强有力的演奏者。

1. 劳模的含义

社会学家艾君在《劳模永远是时代的领跑者》一文中也指出，劳动模范是时代永远的领跑者。

劳模是劳动模范的简称，是在职工民主评选的基础上，经过有关部门审核和政府审批后，给予在社会主义建设事业中成绩卓著的劳动者的荣誉称号。他们的贡献、人品、态度和业绩都可以称得上典型，他们在革命和建设的伟大事业中给亿万人民树立了标杆和榜样。一代又一代先进模范人物，他们干一行，爱一行，专一行，精一行。在各自的岗位上弘扬正气，凝聚力量，树立典型，充分发挥先锋模范带头作用。他们的每一个故事，都彰显着力量，每一个事迹，都传递着能量，在各自的工作岗位上建功立业。

劳动模范评选时，一般遵循以下几项基本条件。

（1）热爱祖国，坚决贯彻党的基本路线和各项方针政策，带头遵守国家的法律、法规，具有优良的思想素质和职业道德。

（2）坚持科学。

（3）在推进产业结构调整中能创新开拓、追求卓越、精益求精，为环境保护、安全文明生产、经济发展、农民增收做出贡献。

（4）勇于探索、勇攀高峰。

（5）为社会主义物质文明、政治文明、精神文明等方面建设做出重大贡献。

2. 劳模的分类

（1）全国劳动模范。中共中央、国务院授予的为社会主义建设事业做出重大贡献的劳动模范，是"全国劳动模范"，是中国的最高荣誉称号。另外，中央军委授予的共和国卫士享有国家劳动模范待遇。自1980年起，中华人民共和国公安部先后授予一、二等英雄称号。

（2）省部级劳动模范。各省（自治区、直辖市）政府授予的省级（自治区、直辖市）

劳动模范，全国模范军队复员干部，军队以上单位授予的民兵英雄，服兵役期间荣获一等功的军转干部，全国优秀人民警察，全国公安系统劳动模范，全国五一劳动奖章获得者，省农业劳动模范等。

（3）市、县、大型企业评选的劳动模范。

（二）劳模精神的内涵、特征及本质

1. 劳模精神的内涵

劳模精神是劳模所体现的精神。在中国革命、建设、改革的各个历史时期，我国工人阶级勇挑重任。作为工人阶级的杰出代表，劳模在工作和生活中发挥了先锋作用。劳模所发挥的先锋队作用是工人阶级先进性的集中体现。

劳模精神折射出的是一个时代的人文精神，反映出一个民族在某一时期的人生价值和道德取向。它简洁而深刻地展示着一个时代的人之精神的演进与发展，它凝重而浪漫地体现着一个民族的时代思想。劳模们所折射出来的责任感、使命感，能引领大家抛弃私心杂念，向着共同的目标奋进。在劳模精神的感召下，大家就有了标尺，就能够形成良好的崇尚责任、牢记责任、时刻不忘履行自己职责的意识。

2. 劳模精神的特征

劳模是国家不断发展壮大的宝贵精神财富和精神力量，劳模的特质、劳模精神内核和时代意义是当今时代的宝贵财富，也具有鲜明的时代特色，每一个时期的劳模精神都具有不同的内容和特点，需要不断传承和弘扬。

劳动精神是职工品格的核心提炼，劳模是各个时代劳动精神的集中体现。在继承上一阶段劳模精神核心的基础上，新时代劳模精神不断注入新元素。因此，劳模精神可以说具有鲜明的时代特征，它是一个时代人文精神的具体体现。劳模所具有的勇敢、执着、坚韧、自强的品质，是亿万中华民族优秀儿女的缩影。

在中华人民共和国走过的几十年风风雨雨中，涌现出一批批时代英雄和劳动模范。随着时代的变迁，劳模精神的内涵也在充实中散发着时代的光彩。"铁人"王进喜，以"宁可少活二十年，拼命也要拿下大油田"的顽强意志，率领 1205 钻井队，打出了大庆的第一口油井，并且创造出了年进尺 10 万米的世界钻井纪录。二十世纪七八十年代的中国是物资匮乏的年代，买什么都要排队，"一团火"精神的张秉贵，练就了"一抓准"技艺，成为"燕京第九景"。改革开放后，一批批科学精英涌现出来。中国"杂交水稻之父"袁隆平，几十年如一日，辛勤耕耘在农业科研的第一线。杂交水稻研究的成功，不仅解决了中国人的吃饭问题，还为世界反饥饿做出了卓越贡献。

3. 劳模精神的本质

劳模精神是引领时代的精神。每一个时代的劳模都有其特点，但无论时代如何变迁，永远不变的是劳模精神的本质。

（1）爱岗敬业，脚踏实地。爱岗敬业是爱岗和敬业的总称。热爱岗位就是热爱自己的工作，而热爱自己的工作是职业道德的基础。爱岗是

劳动故事：以匠心成就事业

敬业的前提，两者相辅相成。即使面临的工作枯燥乏味，仍然可以用一颗真诚的心孜孜不倦地工作。在工作岗位上一定要做到脚踏实地、兢兢业业，让每一步都踏实有力。

（2）艰苦奋斗，勇于拼搏。邓小平曾指出："我们的国家越发展，越要抓艰苦创业。""在艰难困苦的时候需要艰苦奋斗，在物质条件优越的时候也需要艰苦奋斗。"艰苦奋斗的精神是中华民族的传统。勤劳勇敢的中国人民正是凭借这种精神，让饱经沧桑的中华民族屹立于世界的东方。

（3）甘于奉献、不逐名利。甘于奉献的意思就是说心甘情愿地奉献自己的一些东西，如奉献自己的力量，奉献自己的时间甚至生命。甘于奉献，是崇高的精神境界，是美好的人生追求，也是成就事业的前提。没有甘于奉献的精神，就没有人类社会的今天。不逐名利，就是超脱世俗的诱惑和困扰，实实在在地对待一切，豁达客观地看待一切。这种豁达并不是力不能及的无奈，也不是心满意足的自赏，更不是碌碌无为的哀叹。

人类从蛮荒时代走来，进入现代文明，没有离开过奋斗、离开过奉献。诸葛亮有"鞠躬尽瘁，死而后已"的名句，鲁迅更是把"埋头苦干的""拼命硬干的"劳动人民称赞为"中国的脊梁"。正是有了这样一代又一代奉献者留下的足迹，中华民族才能在艰辛跋涉中日益强大。

（4）勇于创新、争创一流。创新是一个民族进步的灵魂，是一个国家兴旺发达的不竭动力，也是一个政党永葆生机的源泉。在当前国际发展竞争日趋激烈的形势下，我们必然会在工作中遇到更多新情况、新问题，这就要求我们必须提高创新能力。要善于用时代的眼光和发展的观点分析、思考问题，勇于创新，融入自己的创新智慧，不断提高创新水平。争创一流，就是要做得比其他人强，敢于争当标兵，敢于做他人的榜样，勇当源头就是要进行大胆的尝试，有勇气，有决心，排除万难，勇于开创。劳模们就是凭借这样的精神，在自己的工作岗位上刻苦钻研，将平凡的工作变成自己崇高的事业，为国家、为民族创造了巨大的财富。

（5）自省自律、追求极致。"能自制的人，就是最强有力的人。"丁尼生也说："自重、自觉、自制，此三者可以引至生命的崇高境域。"自省自律、追求极致精神看似平凡、渺小，它却能成就不平凡的业绩，代表着一种平凡务本的人文精神。

（三）劳模精神的价值与时代意义

1. 劳模精神的价值

劳模精神是一个人生存的灵魂，是幸福的基础。为实现"两个一百年"的"中国梦"，在全面建设小康社会的过程中，每一个社会主义建设者都是劳动的主人，必须努力奋斗、顽强拼搏。如果没有先辈们的辛勤劳动，五千年的文明历史是无法创造的；如果没有当今人们的辛勤劳动，幸福生活可能只是纸上谈兵。

2. 劳模精神的时代意义

（1）劳模精神推动新时代产业工人队伍建设。党的十九大报告指出，要"建设知识型、技能型、创新型劳动者大军，弘扬劳模精神和工匠精神，营造劳动光荣的社会风尚和精益求精的敬业风气""注重从产业工人、青年农民、高知识群体中和在非公有制经济组织、社会组织中发展党员"。加快推进产业工人队伍建设改革，提升产业工人队伍整体素质，直接关系到巩固党的执政基础，经济社会持续健康发展，关系到实现中华民族伟大复兴的中国梦。

一代又一代的中国劳模，是中国优秀企业的代表，他们为中国的经济发展与繁荣做出了巨大的贡献，在中国的不同发展时期都发挥了举足轻重的作用。"铁人精神""孟泰精神"等主人翁精神深深影响着当代的产业职工，他们以主人翁的精神投入企业的生产建设中去，他们在拼搏中淡泊名利，在自力更生、务实进取的精神推动下建设完善着一支优秀的工人队伍。

（2）劳模精神是一个时代价值取向的体现。上述重要讲话是新时代马克思主义劳动观对各类人才培养的重大理论指导，是从民族和国家发展的战略高度对深化教育改革、完善教育体系建设提出的重大任务。在 2013 年同全国劳动模范代表座谈时，习近平总书记历数在革命、建设、改革各个历史时期的劳动者杰出代表，既包含体力劳动者，又包含脑力劳动者；既包含简单劳动者，又包含复杂劳动者；既包含物质生产劳动者，又包含精神生产劳动者。诚实劳动与创造性劳动一样，都是对劳动的性质规定，前者是强调劳动目的、方法和手段的正当性，后者则是强调劳动要素、方法和结果的发展性。

（3）习近平总书记在全国教育工作会议上强调"要在学生中弘扬工作精神，教育引导学生崇尚工作，尊重工作，认识最光荣、最高尚、最伟大、最美好的工作"。这种告诫充满了对未来劳动者的殷切期盼。

在不同的时代，劳模精神有着不同的诠释。战争年代，人们敬仰英雄和平时代，社会需要劳模。随着时代的变迁，各个时期的模范人物都烙上了鲜明的时代烙印，谱写着时代的光辉篇章。

劳动故事：榜样的力量——全国劳模董宏杰

劳模精神是一种时代的符号，是一种指引方向、催人奋进的精神符号。劳模精神是一道光亮，是一种能照亮黑夜并温暖人心的希望之光。劳模精神是一种取向，是一种人生价值取向。

（四）劳模精神与榜样引领

劳动模范是民族的精英、人民的楷模，是国家的功臣。只有充分发扬劳模精神，向劳模学习，才能真正地成就属于我们自己的事业，收获人生价值的真正成功，激励广大劳动者在各个平凡岗位上创造不平凡的业绩。在社会主义建设中，劳模精神引领着人民团结协作、共同奋进。

1. 劳模精神在每个时代都起着榜样引领作用

在中华人民共和国走过的几十年风雨历程中，涌现出一批又一批的时代英雄、劳动模范。劳模精神在不同的时期唱响了特有的时代精神，成为一个时代的风采与时尚。

（1）劳模精神引领人们积极投身社会主义各行各业建设中。中华人民共和国成立后，我国进入了一个新的历史阶段。红色中国的"突然出现"震惊了全世界，工人阶级开始当

家做主，中国人民开始谱写新的历史篇章，觉醒的巨狮开始让世界震惊。面对着百废待兴，工业基础薄弱的新中国，中国人民以主人翁的身份积极投入各行各业的建设中去。

（2）劳模精神让困难时期的中国社会凝聚力大大增强。20世纪60年代，我国的经济发展面临较大的困难。全国人民要克服发展中的重重困难，就需要增强社会的凝聚力和向心力。

当时的社会强调无私、关爱、理解、奉献的"雷锋精神"。雷锋同志是一名普通战士，他没有身居高位，也没有轰轰烈烈的业绩，而只是用自己极为平凡的言行，努力做好自己的本职工作，关爱国家、集体和他人，把有限的生命投入无限的为人民服务中去。毛泽东同志做出"向雷锋同志学习"的光辉题词，让无私、关爱、理解、奉献的"雷锋精神"深入人心。

征服自然，改造自然，需要艰苦奋斗、自我奉献的焦裕禄式的干部，涌现了一大批在艰苦的农业战线上顽强拼搏并取得巨大成绩的劳模，极大地鼓舞了人们艰苦创业的精神、忘我的劳动热情和无私的奉献精神。

（3）劳模精神唤起了中国人的科学梦和强国梦。20世纪80年代，中国从计划经济体制转向市场经济体制，劳动模范身上的时代精神也有了相应的"调整"。

"科学技术是第一生产力"。中国的科技界涌现出了一大批以陈景润、蒋筑英、罗健夫、彭加木等为代表的知识精英，正是由于这批震撼中外科学界的优秀人物的事迹，唤起了几代人的科学梦和强国梦，激励了数以千万计的知识分子，在科学技术界迅速形成了一个为国争光、攀登科学高峰的热潮，中国的科学事业为此而获得了飞速的发展。例如，摘下数学皇冠上那一颗闪亮明珠的陈景润，靠的仅仅是一张简陋的床，一支再普通不过的笔和那满满的六麻袋草稿纸。

在这期间，国家召开了6次全国劳动模范会议：1977年的全国工业学大庆会议；1978年的全国科学大会；1978年的全国财贸学大庆学大寨会议；1979年的国务院表彰工业交通、基本建设战线全国先进企业和全国劳动模范大会；1979年的国务院表彰农业、财贸、教育、卫生、科研战线全国先进单位和全国劳动模范大会；1989年全国劳动模范和全国先进工作者表彰大会。

（4）劳模精神指引人们在纷繁的世界中不迷失方向。20世纪90年代的中国，改革开放的脚步进一步加快，飞速发展的经济让世界重新认识中国。然而，经济的迅猛发展也带来了社会价值观的变化。面对传统与现代、落后与先进、国内与国外，光怪陆离的世界，风云变幻的社会，怎样才能把握正确的方向，保持正确的价值观？孔繁森、李素丽等一大批先进模范人物用他们平凡又光辉的形象及感人至深的事迹回答了这一问题。

（5）劳模是民族志气和当代文明的彰显者。21世纪，社会进入了一个新的历史时期。各行各业的先进典型和劳动模范纷纷涌现，其中，有党的基层和高级干部、有高级知识分子、有互联网经济的领头人、有体育明星，更有众多的普通劳动者……他们是"共和国的脊梁"，是民族志气和当代文明的彰显者。

劳模可以说是对当下杰出人物的一种褒奖。很长时间以来，他们的努力工作、不计报酬、不计得失的"铁人"形象已经成为一个时代的象征。

随着社会进程的加快，中国正在以日新月异的变化崛起，一个现代化国家已然屹立在世界的东方，一个丰富多彩的大时代正在向我们走来，劳模们也渐渐地由中华人民共和国成立初期的苦干实干型转向了今天的多种成分并重的发展型，他们除具有较高的思想素质和良好的觉悟外，还有着现代化的知识技能。他们用科技知识武装自己，成为新时期知识型、科技型的新型劳模。

一些新的评价标准也潜移默化地进入人们的头脑中。无私奉献、艰苦奋斗、爱岗敬业，在本职岗位上做出重大贡献，具有实干精神，品格高尚、完美，具有强烈的开拓创新和锐意进取精神，为社会创造物质财富和精神财富，是中国先进生产力、先进文化的前进方向以及中国最广大人民根本利益的忠实代表。

人间万事出艰辛。越是美好的未来，越需要我们付出艰苦努力。一代代优秀的中国人，为实现中华民族伟大复兴的"中国梦"，正在用劳动与奋斗、科技与创新谱写着民族发展的新篇章。

2. 劳模精神引导人们改变"金钱崇拜"的错误思想

在市场经济大潮的冲击下，"有钱能使鬼推磨"在一些人的心中成了至理名言。有些人头脑中的拜金主义、享乐主义思想开始蔓延，金钱的多少成了衡量成功与否的标准。

无论是工作还是生活，劳模精神永远是一面旗帜。"见贤思齐"，劳动模范的榜样示范作用，能使我们的社会形成一种崇尚劳动、奉献光荣的氛围。我们应传承劳模精神，淡泊名利，甘于奉献，立足岗位，扎实工作，以饱满的热情投入工作中，用劳动与奋斗为中华民族的伟大复兴贡献力量。

劳动故事："80后"
全国劳模杨普

3. 劳模精神指导企业规范生产创新发展

一个企业要想在激烈的竞争中生存、发展，提高企业的核心竞争力，必须脚踏实地，求真务实。让劳模精神在企业的每一名员工心中立足、扎根，让劳模精神成为企业永远不会褪色的骄傲，让企业在劳模精神的指引下健康发展、创新发展。

三、铸造工匠精神

新时代工匠精神追求求精与求效的统一，这既包含对生产资料、生产过程、生产环节、生产工艺、生产流程的准确把握，又强调通过明确生产目的、选择科学有效的生产方法来实现生产成本的最低化、生产工艺的最优化和生产效果的最大化。在工业现代化的今天，工匠精神并不具体指古代工匠从事匠艺活动的生产技术与过程，而是指超越性地传承与弘扬古代工匠在匠艺事业中展现的内在精神，更是指精益求精、一丝不苟的工作精神和劳动态度。

我国工业的转型升级必然要求劳动者追求高质量的劳动过程和生产高品质的产品。无论是从事科技研发的高新技术人才还是奋斗在生产一线的普通工人，都要做到吃苦耐劳、

精益求精、高度专注，全身心投入所从事的工作；每一个工作环节、每一个产品细节都要按照行业标准、国家标准甚至国际标准进行严格把关；规范的生产程序、严格的检测标准要执行到位，绝不可偷减程序、偷工减料；同时，还要践行工匠精神中"守正创新"的要求，进行创造性劳动，为提升中国制造的质量、打造中国制造的优质品牌而努力。

（一）工匠精神的概念

国务院 2016 年《政府工作报告》《中国国民经济和社会发展第十三个五年规划纲要》均提出要大力弘扬"工匠精神"。工匠精神成为"十三五"的高频词汇，不仅与"一带一路""双创"等发展战略紧密相关，而且与中国梦的实现密不可分，对工匠精神的大力颂扬和迫切呼唤已经成为全民族和全社会的共识。

1. 工匠与工匠精神

"工匠"又称作"匠人""匠""工"等。早期的工匠指手工业者随着社会的发展，逐步演变成社会阶层中的"工"这一角色，指以器物工具研究、发明、改良为主要职能，同时兼顾从事多种行业劳作的共同体。因此，工匠是指有工艺专长的匠人，这些人能专注于某一领域、针对这一领域的产品研发或加工过程全身心投入，精益求精、一丝不苟地完成整个工序的每一个环节。"工匠"不是社会个体，而是一个社会集合，是众多个体汇聚而成的一个群体。

工匠绝不是简单的工作者，他们的工作其实更适合被称为"劳动"，他们有技术、有思想、有理想、有担当，他们的劳动是工具与巧思的综合、是技术与艺术的融合、是思想与审美的契合、是理想与现实的结合、是物化与文化的升华，更是个人价值与社会价值的统一。同时，随着价值观念的变革，产业结构的升级，精神也在创造价值，文化也成为一种实力，服务也是一门产业。总之，现在三百六十行可以说行行都与工匠相关，并不只局限在生产第一线的产业工人中。尤其在社会主义事业建设进程中，我们每个人都是一名工匠，都具备成长为工匠的潜质。

知识拓展：中国古代工匠及其现代转型

2. 工匠精神的内涵

工匠精神原指人们不断雕琢自己的产品，改善自己的工艺，对产品品质追求完美和极致，对精品有着执着的坚持和追求的一种精神品质。随着时代的发展，社会分工越来越细，工匠精神已经不局限于手工业时代对自己的产品精雕细琢、精益求精，而是要求各行各业的人们都要高标准地对待本职工作，做好每一个细节。由此可见，工匠精神属于职业精神的范畴。具体来看，新时代工匠精神的内涵至少包含以下几个方面。

（1）坚定不移的理想信念。理想信念是人们对未来的向往和执着追求，一旦形成，便具有强大的精神力量。它是胜利之"钥"、精神之"钙"。新时代的工匠们只有树立崇高的牢不可破的理想信念，筑牢理想信念的思想根基，才能驱除浮躁、舍弃名利、扎实工作，坚定不移地为实现既定目标而奋斗。

（2）爱岗敬业的职业精神。这是工匠精神最根本的内涵。爱岗和敬业两者互为表里、相辅相成，爱岗是敬业的基础，敬业是爱岗的升华。总体来说，爱岗敬业就是一丝不苟地对待自己的工作，勤勤恳恳、不怕困难、乐于奉献，如蛟龙号总设计师徐芑南、全球最大射电望远镜（简称 FAST）（图 3-1）缔造者南仁东、辽宁舰总设计师朱英富等都是爱岗敬业的典范，他们恪尽职守，兢兢业业，热爱自己的岗位，以满腔热情投入工作，用自己的一生充分展现了新时代的工匠精神。

图 3-1 射电望远镜

（3）精益求精的职业态度。追求卓越的价值取向是工匠精神最核心的价值理念。一名出色的工匠必须保持耐心、细心、恒心，对自己制作的产品或提供的服务只有更好，没有最好。在《大国工匠》纪录片中讲述了 8 位不同岗位的劳动者，在平凡的岗位上追求职业技能的完美，他们用灵巧的双手创造了一个又一个奇迹，充分展示了他们精益求精、追求卓越的价值取向。

（4）开拓创新的进取精神。开拓创新就是从无到有，从有到优，不断地探索和突破，这是工匠精神传承和发展的不竭动力。一个工匠如果缺乏创新精神，因循守旧、墨守成规，则注定会被时代淘汰。天宫、蛟龙、天眼、悟空、墨子、大飞机等重大科技成果，无不完美诠释着新时代工匠们开拓创新的进取精神。

（5）协同合作的团队精神。工匠精神中蕴含的团队精神体现了时代的特点。当今社会，任何一项工作都由若干部分组成，需要人与人之间的协作与配合。越是复杂的劳动，越能体现团队精神的重要性。"同心山成玉，协力土变金"，团队合作往往能将个人潜力发挥最大化，使得集体业绩超过成员个人业绩的总和。

（二）工匠精神的特质

1. 坚守执着

伟大出自平凡，英雄来自人民。平凡的人默默扎根基层，秉持工匠精神，勤于学习，努力工作，用平凡的方式诠释自己对工作的执着、对岗位的热爱、对事业的奉献，在坚守中演绎精彩人生。

（1）平凡中的坚守。平凡的岗位、平凡的人生，没有令人羡慕的财富、权力和荣誉，

也没有一劳永逸的舒适和自在，只有爱岗敬业、真诚奉献、脚踏实地、认真做事的朴素情怀。在现实社会中一些人由于功利和短视，排斥平凡，吝惜付出。他们虽然想有个好收入，却不愿干累活、苦活，他们太想干成一件事，却不屑从小事做起，他们总想成名成家，却总是不能坚持，半途而废。海尔集团创始人张瑞敏说过，坚持把简单的事情做好就是不简单，坚持把平凡的事情做好就是不平凡。所谓成功，就是在平凡中做出不平凡的坚持，做好眼前的每一件小事。只有坚守、奉献、奋斗，才能用平凡生活里的点滴成果缔造出不平凡的人生意义和社会价值。

（2）做一个匠人，修一颗匠心。匠人就是一群不忘初心的普通人。匠人做事，有板有眼、一丝不苟。匠人体现出一种特定的态度和精神。"匠人精神"是一种情怀、一种力量，也是一份坚守、一份责任。匠人热爱自己的工作，不计得失，心甘情愿，并凭借这种热爱来激发活力和创造力，找到自我的价值感和存在感。匠心就是用心，是一种负责到底的意识。在我们的生活中，行业虽然千差万别，但每个人都可以努力尝试成为自己工作中的"匠人"。

我们无论从事什么工作，都要用心。要让自己比过去做得更好，比别人做得更用心。做一件事，坚持到底，能做事、做成事，才是匠人的价值所在。唯有做到以技养身、以心养技，才能存一颗匠心，去做事、去生活，专注、自在。

（3）不忘初心，方得始终。工匠精神是一种心无旁骛、坚如磐石、锲而不舍的人生追求和精神品格。随着经济全球化的到来，市场竞争越来越激烈，中国人的消费观念也正在由"生存消费"转向"品质消费"，中国比任何时候都更需要"工匠精神"。"守初心、担使命"，发扬工匠精神是当今中国经济转型发展的必要条件。它将引导中国从低端制造的泥淖中走出，淘汰落后重复产能，加强技术创新，通过"增品种、提品质、创品牌"，提升中国制造业的整体水平与形象。坚守平凡岗位和秉持一丝不苟、精益求精的工作态度，对推动我国由制造业大国向制造业强国的跃升，使"中国制造"成为"中国创造"，真正实现中华民族的伟大复兴，都具有重要的现实意义。只有不忘"工匠精神"初心，方得"制造强国"始终。

2. 精益求精

一提到工匠精神，就使人联想到木匠、铜匠、铁匠、石匠、篾匠等。其实不然，锲而不舍，以极致的态度对自己的产品进行精雕细琢，精益求精的精神才是工匠精神。工匠精神是从这些工匠身上体现出来的对设计独具匠心、对质量精益求精、对技艺推陈出新、为创作不遗余力的精神。

（1）古代的工匠精神。从人类最初的农用工具及火的发明，再到后来的四大发明等，中国古代涌现出很多能工巧匠，创造了许多令人骄傲的工具。他们倾注于一双巧手，匠心独运、巧夺天工，创造出灿烂的古代科技文明。古代的工匠精神主要表现为"口传心授"的师道精神、产品制造过程中的制造精神、智慧与灵感集合的创造创业精神、知行合一的实践精神等。古代的"中国制造"远近闻名。早在西周时期，我国就已设立了"百工制度"。韩非子《五蠹》一文中提到了最早造房子的有巢氏、最早钻燧取火的燧人氏。木匠祖师鲁班，生活在春秋末、战国初，出身于世代工匠的家庭。传说他能创制"机关备制"

的木马车，也能发明曲尺、墨斗、刨子等木作工具。"庖丁解牛"是《庄子·养生主》里的一则寓言故事，讲的是庖丁为梁惠王宰牛，技艺达到了炉火纯青的地步。社会进入后工业时代，一些与现代生活不相适应的老手艺、老工匠逐渐淡出日常生活，但工匠精神永不过时。尊重工匠的劳动，以良好的环境催生新时代的工匠精神，才能真正做出匠心独运、经得起时间检验的作品，才能使"工匠精神"绽放异彩。

（2）工匠精神的精髓。工匠精神代表的是一丝不苟、精益求精的工作态度，追求孜孜不倦、精雕细琢的职业精神。精益求精是指把一件产品或一种工作，做得更好，达到极致。精益求精的品质精神是工匠精神的核心，一个人之所以能够成为"工匠"，就在于他对产品品质不懈的追求。西方"工匠精神"的核心是"标准化"。在德国、瑞士等制造业发达的国家，工匠精神是制造业的灵魂。一辆奔驰轿车、一把瑞士军刀，无论价值多少都会被匠人们精工细作，不允许出现质量瑕疵。丰田汽车工厂的螺丝工在一个工作岗位上一干就是几十年，正是这种一丝不苟的工匠精神和追求细节的企业文化造就了世界最大的汽车生产厂家。

（3）智能工业时代，同样需要工匠精神。"互联网＋"时代的来临，数控和智能化已经深入企业生产中的每一个环节。如今，保时捷的工厂已经实现了工业4.0，一些工作有100%全自动的解决方案。但是，大部分的工作依然是手工作业，技师依然无可取代。例如，一款保时捷911的引擎有250个部件，几乎都由工人手工组装而成。一个训练有素的技师在精确度上可以不逊于机器，但工人的灵活性机器却根本达不到。智能化的自动机械也许能带来更高的生产效率，却无法替代工匠那灵巧的双手，不能给产品注入别具一格的匠心。智能化的自动机械完成重复的体力劳动，实现标准化生产，却不能代替工匠们的思考与创新。中国制造企业面临提升供给质量，进一步打造品牌竞争力的时代新考验。时代需要智能制造，中国需要越来越多的企业重视工匠精神，涌现越来越多的工匠人才。目前，中国制造业转型发展的关键就是培养对产品和服务追求极致的匠人，用工匠精神生产工匠产品、打造中国品牌，助推经济转型和产业升级。作为职场人，只有传承和发扬工匠精神，在平凡岗位上孜孜以求，追求职业技能的完美和极致，才能使"中国制造"更加精彩。

3. 专业专注

（1）不要博而泛，要精而专。爱默生说，专注、热爱、全心贯注于你所期望的事物上，必有收获。我们只有找到自己擅长的领域，然后专注于它们，并尽力做到最好，才会达到想要的结果。在这个社会分工越来越细、专业领域越来越精的时代，如果一个人把自己的精力分散开来，那他是不可能收获成功的。我们这个时代的成功者是那些在自己的领域博学多识，对自己的目标坚定不移，做事精益求精、专心致志的人。我国正处在从工业大国向工业强国迈进的关键时期，急需培育和弘扬严谨认真、专业专注、追求完美的工匠精神。任何时候，独特、精湛、娴熟、高超的技艺，都是一个人或者一个组织的立足之本和创新发展的动力，甚至是核心竞争力。

（2）锲而不舍、全力以赴。锲而不舍是一种精神，一种信念，是新时代年轻人最根本的素养。在各项工作中难免遇到各种问题，要想不打折扣开展工作，就要把锲而不舍当作毕生信念。意大利有一部分手工匠人热爱传统手工，坚信纯手工缝制的西服无法通过工业

流程复制。正是这种"反科技"和坚守的匠人精神，让他们的服装成了"奢侈品"。在全球十大顶级男装品牌中，意大利品牌独占八席。这就是工匠精神的体现，也是工匠存在的意义。做任何事情切忌半途而废、眼高手低，捡了芝麻丢了西瓜。只有把有限的生命和精力投入既定的目标中，坚韧不拔，锲而不舍，才有可能达到自己的目标。

（3）走"专特优精"发展道路。2016年4月，工信部印发《制造业单项冠军企业培育提升专项行动实施方案》（以下简称《方案》）。《方案》指出，制造业单项冠军企业是指长期专注于制造业某些特定细分产品市场，生产技术或工艺国际领先，单项产品市场占有率位居全球前列的企业。制造业单项冠军企业是制造业创新发展的基石，实施制造业单项冠军企业培育提升专项行动，长期专注于企业擅长的领域，走"专特优精"发展道路，有利于占据全球产业链主导地位，提升制造业国际竞争力。企业走上"专特优精"发展壮大的道路，需要弘扬工匠精神，需要勇攀质量高峰的决心，需要有更多"专业＋专注"的具有"工匠精神"的高技能人才。

4. 追求卓越

习近平总书记提出"推动中国制造向中国创造转变、中国速度向中国质量转变、中国产品向中国品牌转变"，这是适应经济发展新常态的根本出路所在。工匠精神是工业文化的一种重要表现。在从"制造大国"走向"制造强国"的进程中，更需要弘扬精业与敬业的工匠精神。

（1）追求卓越、品质第一。品牌是质量的象征，是信誉的凝结，是国家的名片。人们一提到芯片、IT产品，就会想到微软、英特尔、谷歌，就自然想到美国；一提到手机，就会想到苹果、三星，也就会想到美国、韩国；说起汽车，都会想到奔驰、宝马、保时捷，就会和德国联系在一起。据统计，全球市场80%的份额被20%的优势品牌所占据。反观我国制造业，规模虽然已经跃居世界第一，但品牌之弱仍然是制约制造业发展的隐忧和短板。在全球知名品牌咨询公司国际品牌（Interbrand）发布的2019年度"全球最具价值100大品牌"排行榜中，中国制造业产品品牌仅占1席。虽然涌现出海尔、联想、华为、吉利等国际知名品牌，但在数量和质量方面与发达国家相比还不太理想。我们要弘扬和坚守"工匠精神"，在产品的个性化、质量和档次上下功夫，追求人无我有，而非千篇一律；要追求质量，而非粗制滥造。我们要重视质量、打造品牌，将一丝不苟、精益求精的"工匠精神"融入每一个生产环节，打造一流产品，带动中国品牌更好地走向世界。

（2）从"制造大国"变为"制造强国"。"工匠精神"是德国制造业过去一百年成功的钥匙。这种精神让"德国制造"声名显赫，让德国百年工业品牌扎堆出现。而日本在走出工业化早期的"质劣价廉"阶段之后纵深发展，并不断创新，才有了今日闻名于世的技术和精神。据统计，截至2013年，在全球寿命超过200年的企业中，日本占3 146家，为全球最多，德国有837家，荷兰有222家，法国有196家。之所以如此多的长寿企业集中出现在这些国家，是因为他们都在传承着一种精神——工匠精神，这种精神是任何时代都不可缺少的。工匠精神契合了我国经济社会发展的现实需要，也将激发广大劳动者的劳动热情，实现人生梦想、展示人生价值，对推动我国由制造业大国向制造业强国的跃升、使"中国制造"成为"中国创造",具有重要的现实意义。

中国号称"世界工厂"、制造业大国,从"大工厂"到劳动密集型转为"强制造""精品化"才是中国制造业的出路所在。弘扬"工匠精神"将带动中国从"制造大国"走向"制造强国",促进企业精益求精、提高质量,使认真、敬业、执着、创新成为更多人的职业追求。弘扬"工匠精神",在全社会倡导一种"做专、做精、做细、做实"的作风,才能让"制、智、质"成为中国名片。中国梦目标在前,积跬步以至千里,每一个脚印都由你我用工匠精神"刻下"。

(3)做时代工匠,创出彩人生。推动中国制造品质革命,一方面,需要培育和发扬持续创新的企业家精神,以企业家精神促进制造企业战略转型,进而推动制造业从中低端向中高端转型,提升整体制造业品质;另一方面,需要培育和弘扬精益求精、追求卓越的工匠精神,"工匠精神要渗透到每一个制造业工人和管理者的心灵深处"。要鼓励更多的年轻人走技能成才之路,形成"崇尚一技之长、不唯学历凭能力"的社会氛围。在当今社会,只有把工匠精神发挥得淋漓尽致,才能拥有竞争的优势。作为职场人,传承和发扬工匠精神不仅是生存和发展的需要,更是生活精彩、人生出彩的宿命所归。

(三)高职大学生工匠精神的核心要素

高职大学生作为生产、服务、管理一线的复合型技术技能人才,完整的"工匠精神"应当体现为内在自我完善与外在需求的契合与统一。内在自我完善体现在,将物质性存在与精神性存在彼此平衡,在现实生活中成为身心健康的个体。外在需求的契合是指拥有的"匠心"与"匠技"能满足社会需求并产生价值。所以,高职大学生完整的"工匠精神"应包括:在"匠技"方面,拥有精益求精的专业知识技能;在"匠心"方面,拥有应时而变的创造性思维;在"匠德"方面,拥有笃定执着、惟精惟一的品行;在"匠力"方面,拥有推陈出新的科学创新能力。

1. 匠技

匠技是指精益求精的知识技能。高职大学生工匠精神养成,在生产领域具备精益求精的专业知识技能,是接受高等职业教育的现实需求。专业知识技能是在理论教学与实践环境中逐步形成的,理论知识也需要面向生产与职业发展。精益求精的专业知识技能包括以下几个方面。

(1)扎实的应用知识体系。理论知识为高职大学生在解决问题时,提供灵感启发与工具辅助。

(2)具备新时代信息处理能力。信息化时代,生产日益数字化、智能化、多样化,这就需要高职大学生拥有大数据处理与分析能力,以及对智能设备操控的能力。

(3)宽广的通识性与多学科性知识。多学科知识为高职大学生提供更加广阔的视域,对复杂问题的处理更加得心应手。随着知识大爆炸,海量信息日增,以及终身教育时代来临,高职大学生还需具备宽广的通识知识,为专业发展提供更加广阔的支撑,有利于更好地处理个人与集体、社会、群体之间的关系。

2. 匠心

匠心是指积极乐观的自我效能。班杜拉认为"自我效能感"是自我对其是否胜任工作的一种事前评估。这种对自我能力预期性或者潜在性的心理认知与评价，不仅影响个体或群体的行为选择，还无形之中影响了个体对任务投入的时间与精力。积极乐观的自我效能意味着个体对自身胜任工作（学习）的能力有着高度的认可与自信，在任务遇到困难与挫折时，仍然坚持不懈勇于接受具有挑战自身能力的任务，全身心投入学习与工作中，忠诚于自己的专业品质，不盲从一成不变的问题解决模式。自我认知、受挫抗压力、处理问题技巧、自制等心理品质会通过自我效能的中介作用，对学习与工作的精力、时间投入产生正向影响。

高效的自我效能正是"匠心"的内质，能够将高职大学生在个体兴趣与职业目标相匹配的基础之上，使其以一种宁静、安和的心态投入创作活动。这是一种类似于达到以宗教的禅定之心和哲学的审美眼光来欣赏创作之物的状态。

3. 匠德

匠德是指笃定执着与惟精惟一的品行。高职大学生在学习与工作中还需要具有笃定执着、惟精惟一的"匠德"。只有拥有了笃定淡然之心，才能面对物欲横流时坚守自我，不迷失于金钱、名利的追求。纵观古今中外，能工巧匠无不对自己从事的职业从一而终、矢志不渝。例如，孔子周游列国传道讲学，在郑国十分苦楚，即使被人形容为丧家之犬也不改其执着的做法。

孔子坚定执着的品行，与相关专家提到的"心流体验"非常相似，心流体验的特征如下。

（1）精力高度集中。

（2）意识与行动融合，即完全投入行动中去，而自己却认识不到。

（3）控制感，即能够掌控自己，满足周围环境要求。

（4）自我意识丧失，完全投入的状态。

（5）行动与反馈一致性，即行动明确，反馈及时。

（6）内在目的性，追求内在的满足与收获。

这些都是笃定执着的重要表现。

所谓"惟精惟一"，是指高职大学生在工作学习中需要专心致志、定神守意、心无旁骛，把自己专业素养发挥得淋漓尽致。高职大学生坚守笃定执着，惟精惟一的"匠德"，才能在大学课堂与实习中潜心研习专业技能，不再将职业与学习视为未来养家糊口的一种生存手段，而是将其视为人生的事业追求和个人价值达成的载体与平台，通过职业专注使自己的生活情趣、价值选择、精神追求得以实现，在自我发展与完善的道路上不断拓展。

4. 匠力

匠力是指推陈出新的科学创新能力。当前，我国正面临着产业调整与升级的历史机遇期，传统劳动力密集型产业向智能型、知识型产业不断推进。特别是"中国制造2025"战略规划的实施，对创新型人才需求更大。因此，高职大学生具备"匠力"——推陈出新的科学创新能力，是时代赋予高职大学生不可推卸的使命。高职大学生的科学创新能力主要是针对产业需求，能够创造出迅速转化经济成果的产品，或者能够创新产业的关键技术；其次，作为应用性技术技能人才，能够在本职工作与学习中利用内隐知识与经验、科学解决现实难题。

我国科学研发水平与发达国家还存在着一定差距，高职大学生在当下与未来职业发展及终身学习过程中，要将经验性技能与技术上升为科学理论与范式。高职大学生科研创新能力培养不仅是回应产业转型升级需要，也是生命历程发展的必然体现。一方面，高职大学生逻辑思维已从具象运算发展到形式运算阶段，具备成熟的抽象思维能力，掌握了一般与个别、对立与统一、演绎与归纳等研究规律；另一方面，高职大学生的自我意识逐渐成熟，开始对自我在社会中的意义、地位进行思考，并相应形成独立自主性、自立自制性，建立了自信心和自尊心。

劳动故事："柴油机医生"鹿新弟　把发动机当成孩子

四、劳动精神、劳模精神、工匠精神之间的联系

劳动精神、劳模精神、工匠精神之间的联系主要包括以下三个层面。

（1）从"三种精神"产生的主体来看，劳模精神来自劳模群体，劳动精神来自劳动者群体，工匠精神来自工匠群体。这决定了"三种精神"内涵有其差异之处，即具有各自的特殊性。同时，尽管主体不同，但无论是劳模还是工匠，他们首先都是劳动者的一员。因此，"三种精神"的内涵又有其相通之处，即具有一定的共同性。一言以蔽之，无论劳模精神还是工匠精神，其精神渊源皆出自劳动精神。甚至可以说，劳模精神和工匠精神在本质上也是一种劳动精神，是劳动精神向更高层次的跃升。

（2）从"三种精神"的逻辑关系来看，三者涵盖了劳动精神的不同发展层次。劳动精神可分为三种层次，第一层次是作为一个合格的劳动者应该具备的精神特征，即"崇尚劳动、热爱劳动、辛勤劳动、诚实劳动"，也就是具备想干、爱干、苦干、实干的基本劳动素养；第二层次是作为一个专业的劳动者，也就是工匠应该具备的精神特征，即"执着专注、精益求精、一丝不苟、追求卓越"，也就是具备"懂技术、会创新"的专业劳动素养；第三层次是作为一个模范的劳动者，也就是劳模应该具备的精神特征，即"爱岗敬业、争创一流、艰苦奋斗、勇于创新、淡泊名利、甘于奉献"，具备"有理想守信念、懂技术会创新、敢担当讲奉献"的卓越劳动素养，具有信仰坚定、胸怀全局、担当奉献、引领示范等精神品质。

（3）从"三种精神"的价值导向来看，劳模精神具有政治性、引领性、示范性；工匠精神具有专业性、技术性、严谨性；劳动精神则具有普遍性、广泛性、基础性。实际上，对于劳动者而言，从劳动精神到工匠精神再到劳模精神的不同阶段，就意味着从一个合格的劳动者到专业的劳动者再到楷模型劳动者的变化过程，即劳动精神（合格的劳动者）—工匠精神（专业的劳动者）—劳模精神（楷模型劳动者）。在这个过程中，也完成了崇尚劳

动、热爱劳动、辛勤劳动、诚实劳动、持续性劳动、科学劳动、创造性劳动、完美劳动、引领性劳动、幸福劳动等劳动理论与实践的发展。

❯ 职业思索

在从"制造大国"走向"制造强国"的进程中，国家大力提倡弘扬精业与敬业的工匠精神。对此，有人认为应当全面推行企业新型学徒制，大力传承"工匠精神"，但也有人认为师徒制早已落伍，当学徒没出息，低人一等，还有人认为在工业化进程中，"人"的技术能力和作用在减弱和被取代。因而，通过学徒制推动"工匠精神"的传承这一做法根本无法落地。对此你怎么看？

单元二 劳动心理

🗂 劳动箴言

> 一个人在成长的阶段，尤其是年轻的时候，一定不要怕吃苦，只有经历磨难，才能练就真本事，才能在社会上站稳脚跟。
>
> ——巩鹏

📝 学习目标

【知识目标】

掌握劳动心理卫生、心理健康的相关概念；了解劳动心理卫生的影响因素、劳动过程中易产生的心理问题；明确劳动对大学生心理健康的积极意义。

【能力目标】

从心理健康视角学习、理解劳动教育，能够掌握缓解劳动过程中的心理压力、调节不良情绪的方法。

【素质目标】

培养学生崇尚劳动、热爱劳动、积极参与劳动的热情，养成良好的劳动习惯，塑造积极、健康的劳动心理品质。

中共中央国务院《关于全面加强新时代大中小学劳动教育的意见》指出，"把握育人导向。坚持党的领导，围绕培养担当民族复兴大任的时代新人，着力提升学生的综合素质，促进学生全面发展、健康成长。"2020年9月22日，习近平总书记在教育文化卫生体育领域专家代表座谈会上的讲话指出，"要把人民健康放在优先发展的战略地位，努力全方位全周期保障人民健康，加快建立完善制度体系，保障公共卫生安全，加快形成有利于健康的生活方式、生产方式、经济社会发展模式和治理模式，实现健康和经济社会良性协调发展。"

随着现代社会的飞速发展和信息时代的到来，人们的生活节奏不断加快，工作环境也发生了前所未有的变化，自主的、创造性的劳动越来越多，人与人的交往越来越频繁，竞争强度也日益加大。如果我们没有良好的心态，就很难应对各种挑战。大学生作为即将走向工作岗位的高素质劳动者，必须具备较高的心理素质，以适应时代和社会的要求。其需要了解劳动心理卫生的相关知识，具备较高的劳动心理素养，运用心理科学保持心理健康，以良好的身心状态工作和生活，成为中国特色社会主义事业合格的建设者和接班人。

一、劳动心理卫生

（一）劳动心理卫生的概念

心理卫生又称精神卫生，是关于保护与增强人的心理健康的心理学原则与方法。劳动心理卫生是指劳动者在生产劳动过程中，因为生产环境、条件、方式及人际关系等不同，心理状态和心理活动产生许多复杂的变化。这种变化不仅影响劳动者的健康，同时也会影响生产效率。从这个意义上讲，提高劳动者的心理素养，激发劳动热情，保证身心健康，最大限度地提高劳动效率是人们都需要关注的问题。

（二）心理健康与心理卫生

1. 心理健康

从广义上讲，心理健康是指一种高效、满意而持续的心理状态。1946 年，第三届国际心理卫生大会对心理健康的定义为："所谓心理健康是指在身体、智能及情感上与他人的心理健康不相矛盾的范围内，将个人心境发展成最佳状态。"并具体指明心理健康的标志是：身体、智力、情绪十分调和；适应环境，在人际交往中能彼此谦让；有幸福感；在工作中能充分发挥自己的能力，过有效率的生活。

心理健康的个体，既能自我快乐又能适应环境，自我内部及自我和环境之间保持和谐一致的状态，各种心理状态处于正常或良好水平。心理健康的水平有着不同层次：一是没有心理疾病；二是良好的适应状态，即感到精神愉快，能有效地对付各种心理压力；三是高心理效能的理想状态，即个体在智力、道德方面最大限度地发挥心理潜能。个体的心理健康与身体健康、工作绩效、生活质量与幸福感密切相关，关乎着家庭幸福和社会和谐。

2. 心理卫生

心理卫生是指通过各种有益的教育和训练及周围环境的良好影响，维护和增进个体的心理健康水平，预防各种心理障碍的发生，并对心理

知识拓展：心理健康的十大标准

障碍患者进行有效的治疗和康复，使个体处于一种完整的健康状态。心理卫生不仅能预防心理疾病的发生，而且可以培养人的性格、陶冶人的情操、促进人的心理健康。

二、影响劳动心理卫生的因素

个体的劳动心理卫生是一个相对独立的、极为复杂的、动态的过程，其影响因素有很多，既有生物、社会因素，也包含家庭及个人因素，主要包括以下几个方面。

（一）生物学因素

影响劳动心理卫生的生物学因素主要有遗传因素、化学中毒、脑外伤、病菌或病毒感染、躯体疾病或生理机能障碍等。躯体疾病或生理机能障碍也是影响心理健康的因素之一。例如，一个人如患有内分泌机能障碍，尤其是甲状腺功能紊乱、亢进，患者往往会出现暴躁、易怒、敏感、情绪冲动、自制力减弱等心理异常表现；若肾上腺素分泌过多，则可能患上躁狂症；而肾上腺素分泌不足，则可能患上抑郁症等。另外，营养问题、睡眠状况和神经系统受损情况都会影响个体的正常心理发育或产生一些心理问题，如体格过胖、过矮、过瘦，都会给个体带来心理上的种种反应，并进一步影响到心理健康。研究发现，神经组织受损越大，心理活动所受到的破坏性就越大。如酒精、麻醉药品及一些有害的物品进入人体后，会损伤人的神经系统，从而引起异常的心理活动。

（二）家庭因素

家庭在个人成长过程中扮演着重要角色，不同的家庭给个人带来的影响体现在个体身心发展的各个方面，包括社会化、情绪体验、人格发展、人际关系、自我意识等。父母是孩子的第一任老师，父母的心理健康状况同孩子的心理健康状况密切相关。家庭功能是否良好，是个体心理健康发展的一个重要条件。个体在怎样的家庭环境中成长起来，父母教养方式如何，接受什么样的家庭教育，对他们的心理发展有着最直接的影响。大量研究表明，不良的家庭氛围和养育方式容易造成家庭成员的心理异常，这也势必会影响到个体的劳动心理健康，可能会由此产生自卑心理、依赖心理、厌学心理、畏难心理、怕吃苦的心理等。

（三）社会因素

社会的经济、政治、法律、道德、文化、教育等诸多因素都会影响劳动心理卫生。如先进的社会制度或道德因素，有利于形成良好的社会风气，帮助人们养成良好的工作、学习、劳动、生活习惯，有益于人们的身心健康。反之，政治上的腐败、道德上的堕落，将导致社会秩序混乱、各种不良行为方式泛滥，有损人们的身心健康。社会因素对个体的生存和发展几乎起到决定性作用。

1. 学校环境因素

学校环境主要包括学校教育条件、学习条件、生活条件，以及师生关系、同伴关系等。学校是学生学习、生活的主要场所，学生的大部分时间是在学校中度过的，因此学校环境对学生的心理健康影响极大。从中学到大学，学生开始过独立的集体生活，这不仅需要大学生要做到生活自理，还要具有奉献精神。但当代大学生绝大多数是独生子女，很多人往往会因为第一次离开父母，不习惯集体生活，缺乏生活自理能力，由此会产生孤独、寂寞、压抑、焦虑等消极情绪，从而影响身心健康。

2. 生活事件

生活事件是指在日常生活中遇到的各种各样的社会生活的变动。生活事件会引发人的应激反应，如果在一段时间内发生太多的生活事件，或者生活事件的影响持续挥之不去，个体的生理和心理健康状况就会很容易受到影响。如生活环境频繁变化、经济的重负、亲人的丧亡、家庭的不和、邻里的纠纷、朋友间的矛盾，以及失业、失学、遭受挫折等打击，都会对人产生强烈的心理刺激，从而引起情绪的剧烈波动，损害人们的身心健康。

3. 其他因素

其他因素主要包括社会文化背景、环境变迁、人际关系等。社会文化背景对一个人的生存和发展几乎起到决定性作用。尤其是在当今社会，人与人之间的交往日益广泛，各种社会传媒的影响越来越大，生活中的紧张事件增多、矛盾冲突增多、竞争加剧，这些都会加重人们的心理负担，影响身心健康状况。另外，人际关系紧张也是影响身心健康的非常重要的因素。良好的人际关系使人心情舒畅，彼此间容易沟通，可充分体验安全感、温暖感和友情感，有助于促进身心健康；而不良的人际关系，使人心情苦闷、烦恼、紧张，降低机体的抵抗力，抑制人的思维和创新能力，导致工作效率下降。

（四）认知因素

认知是指人认识客观事物，反映客观事物的特性与联系，并揭露客观事物对人的意义和作用的心理活动。认知过程就是个体对信息的获得、储存、转换、提取和使用的过程。人类个体的认知因素涵盖范围很广，包括感知、记忆、注意、思维、想象、语言等。

认知是影响个体心理健康水平和幸福感的重要因素。对于同样的外界刺激，不同的人有不同的心理体验和情绪反应，很大程度上是由于人们对该刺激的认知存在差异。因此可以说，一个人在精神上是苦还是乐，既与遇到什么事有关，更与怎样对待这些事有关。片面的、错误的认知方式或不合理信念，往往是个体产生自卑、焦虑、抑郁、恐惧、痛苦等情绪困扰的根本原因，是心理健康和心理发展的大敌之一。

不同的认知因素之间是相互影响的，倘若某一认知因素发展不正常，或者几种认知因素之间的关系失调，就会产生认知上的矛盾和冲突，从而使人感到紧张、烦躁和焦虑。认知因素之间的失调程度越严重，人们减轻或消除失调、维持平衡的需要和期望就越强烈。如果这种期望和需要长时间得不到满足，就可能使人产生心理偏差或心理障碍。

（五）情绪因素

情绪是人对客观事物是否符合人的需要而产生的态度体验。如果客观事物符合人的

需要，就会产生积极的情绪体验，如受到老师的表扬会很开心；如果客观事物不符合人的需要，就会产生消极的情绪体验，如与同学发生矛盾，会很难过等。人的情绪体验是个体生存和社会适应的内在动力，是维护身心健康的重要因素，它是多维度、多成分和多层次的。长期处于消极的情绪状态或情绪波动较大，如抑郁、恐惧等，往往使人感到压抑、精神涣散，生理机能和心理功能下降，使人的工作欲望和创造欲望降低，从而导致身体衰弱、工作效率降低。而积极良好的情绪状态，如幸福、愉悦等，则往往使人心情舒畅、精力充沛、身体健康、工作效率提高。因此，学生需要了解自身的内在需要，善于体察情绪，学会自我关照。善于创造条件，排忧解难，开阔心胸，维持良好情绪，消除不良情绪，对劳动心理卫生十分重要。

（六）技能因素

技能是指个体运用已有的知识经验，通过练习而形成的一定的动作方式或智力活动方式，包括初级技能和技巧性技能。初级技能是借助于有关的知识和过去的经验，经过练习和模仿而达到的"会做"某事或"能够"完成某种工作的水平。技巧性练习则要通过反复练习，完成一套操作系统以达到自动化的程度。一个人如果技能水平高，对职业活动得心应手、应对自如，就会在工作中收获成就感；反之，就会感到力不从心、心力交瘁。因此，在校大学生应努力提高自己的技能水平。

学校教育不仅要教给学生系统的知识，同时还要形成一定的技能，知识和技能都是具体的教学内容，而能力则是教育所要达到的目的。知识、技能的高低，并不等同能力的高低。在学校教育中，如果出现所谓"高分低能"的现象，说明学生掌握知识、技能的分数可能很高，而他们分析问题和解决问题的能力却仍有可能偏低。

劳动故事："大国工匠"巩鹏

三、劳动过程中易产生的心理问题

在劳动过程中，劳动者的心理或精神状态也在发生变化，容易产生一些心理问题，如精神压力、身心疲劳、职业倦怠等情况。个体的心理健康状况也是影响劳动者劳动成效的重要因素之一。如果个体具备一定的劳动心理健康知识，能够有效地自我调节，那么劳动过程就会更加顺利，更有利于培养劳动价值观和劳动精神，劳动效果更佳。

（一）精神压力

劳动心理卫生最突出的是情绪问题。在劳动中，适度的紧张有益无害，但若精神压力过大或不足，感觉过度紧张和紧张不足都是不正常的，会影响机体的健康和劳动效率。由于个体的遗传素质、文化水平、性格差异、作业环境等多种因素的不同，会出现两种不同的表现。一类是过度紧张，个体感到压力过大，引起心情烦躁、焦虑、紧张不安，注意力分散，易于疲劳，甚至操作失误、诱发生产事故；另一类是缺乏适度的紧张，具体表现为精力不足，没有热情，淡漠、迟钝、疲倦，产生工作失误，发生劳动事故。相对于紧张不足，多半劳动者在劳动过程中，更容易出现过度紧张，即精神压力过大。

压力原本是一个物理学概念，是指施于某一物体的一种外力。加拿大内分泌生理学家汉斯·塞利首先将压力概念引入医学和心理学。压力是指个体面临或察觉到环境变化对机体有威胁或挑战时做出的适应性和应对性反应的过程。其实，压力是一种复杂的身心历程，这一历程包括压力源、压力认知和压力反应三个部分。压力源是指任何情境或刺激具有伤害或威胁个人的潜在因素，简单讲就是引起精神压力的一个或一系列事件；压力认识是个体对压力事件的感知、认识和评价，是影响压力感受的最关键因素；压力反应是个体在压力下的一系列躯体、情绪和行为反应。

引起个体在劳动过程中产生精神压力的原因是多种多样的。主观因素有：不能适应劳动要求；不能胜任本职工作；不满意劳动的性质、任务；对生产环境不适应，产生恐惧感，如怕电、怕声、怕光等。另外，客观因素也容易导致紧张，如劳动环境不良；条件差，工作不顺；难度大，要求高；精力高度集中，担心出事故等。由于工作负担过重、责任过大、时间过紧等都容易产生精神压力。

研究表明，适度的压力可使人产生紧迫感，能充分调动人的积极性和创造性，使人的高级神经系统协调工作，不仅可以提高生产效率，还有利于身心健康。但持续的、超负荷的心理压力，会使人的神经系统长期处于紧张状态，得不到适当的调节和休息，使机体紊乱、免疫力降低，甚至产生各种疾病。如果个体能够进行自我调节，将精神压力转变为动力，能够促进劳动效率提升。如果无法自我调节，则可能影响个体的劳动态度，造成回避工作、生产能力降低等不良结果，甚至产生心理疾病。因此，学生在劳动的过程中需要合理地应对精神压力。

如果在劳动中精神压力过大，可以通过营造良好的劳动环境、保证充足睡眠、合理饮食、适当放松身心、宣泄不良情绪等方式进行自我调节。当然，应对精神压力的关键，还在于树立正确的劳动观念、培养良好的劳动习惯、弘扬新时代劳动精神。当学生养成爱劳动、勤劳动的好习惯，能够自觉践行爱岗敬业、无私奉献等劳动精神时，工作难度大、任务重则可能不会造成心理负担，反而会成为促进学生加倍努力的动力。

劳动故事："中国机长"刘传健

（二）身心疲劳

疲劳是指人在劳动或活动过程中由于能量消耗而导致机体疲乏、劳累及劳动技能减退等生理心理变化的现象。它是人们在从事劳动的过程中产生的正常的生理反应，是人的肌体为免遭损害而产生的一种自然保护反应。

在劳动过程中，引起疲劳产生的因素是多样的，既有生理因素，也有心理因素。由于生理因素引起的疲劳，称为生理疲劳，包括体力疲劳和脑力疲劳。如果由于肌肉持久重复地收缩，能量减少，造成工作能力下降，甚至消失的现象，属于体力疲劳，如腰酸腿疼、四肢无力。如果是因为用脑过度，大脑神经处于抑制状态而引起的工作效率下降，属于脑

力疲劳。脑力疲劳往往先于体力疲劳。由于个体心理因素引起的疲劳，称为心理疲劳。如由于内心矛盾冲突、心烦意乱，情绪紧张不安，优柔寡断、思虑过度，工作不称心，人际关系不和谐或遭遇挫折等产生的疲劳，具体表现为注意力不集中、情绪烦躁或情绪低落、精神倦怠、无聊、行动迟缓等。

当个体出现疲劳感时，可以通过适当的休息缓解疲劳。例如，体力劳动中出现疲劳时，可以通过适当休息来恢复体力精力，以缓解疲劳；从事写作的劳动者出现视觉疲劳时，可以通过做眼睛保健操或休息来保护视力。相对于身体疲劳，心理疲劳对劳动者造成的影响更大。出现心理疲劳时，劳动者对劳动的主动性会降低，还会出现身心俱疲、能量耗尽的感觉，甚至产生职业倦怠。应对心理疲劳，不仅需要有良好的劳动价值观作为职业引导，还需要设定合理的劳动节奏，保证休息时间，注意劳逸结合，并学会放松，这样才能以充沛的精力投入劳动中，创造更多的价值。

（三）职业倦怠

一旦最初的新鲜感与挑战感过去、工作进入常态之后，人们或多或少都会表现出一些对职场的倦怠心理，这是影响个体心理健康的另一个很重要的因素。职业倦怠是在从事具体职业的过程中所产生的一种消极状态，是个体在工作重压下产生的身心疲劳与耗竭的状态。职业倦怠，最早是由美国著名的临床心理学家费登伯格（Freudberger）于1974年提出的，他认为，职业倦怠是由于能量、精力或资源的过度消耗，而表现出的一种身心俱疲或情绪枯竭的状态，又称职业枯竭，是在助人行业中最容易出现的一种情绪性耗竭的症状。职业倦怠主要有三个特征：一是感觉精力不足或耗尽，比如总身感无力，精力不足，不愿活动，喜欢安静、独处；二是对工作丧失热情，情绪低落，对周围的人和事物漠不关心，对外部的变化感觉迟钝，总感觉眼前的工作没有意义，缺乏兴趣；三是工作效率下降，觉得自己不能胜任工作，对前途感到无望等，这是一种生理和心理均表现出倦怠的综合症状。一般认为，职业倦怠是不能顺利应对工作压力时的一种极端反应，是由于长期过度的压力导致情绪、精神和身体极度疲劳的状态，它不是疾病，却会影响身心健康。

职业倦怠的诱因是多方面的：个体对自己的评价与现实中所取得的成绩不相符，就会产生强烈的心理落差；由于缺乏理性的职场规划，在职场中无法发挥出自己的专长与积极性，也会导致职业倦怠；还有一些人为了获取更多的金钱、名利及个人成就而透支身体等，都会引发不同的职场倦怠心理。此外，职场中的工作环境、生活压力、社会角色，工作中与同事相处不和谐、与领导出现冲突等也会影响个体的心理健康状况。

为了有效地应对职业倦怠心理，增进个体心理健康，可以采取下列方法进行自我调节：一是正确认识自我，充分认识自己，剖析岗位职能，认清自己的价值，尽量从事适合自己的工作，量力而行，不给自己施加过大的压力；二是培养自己的兴趣爱好，工作之余做自己喜欢的事情，增加生活情趣；三是注意劳逸结合，懂得享受劳动的乐趣和细微之处的美好，学会宽容自己、善待自己，调动积极情绪，以保持持久的战斗力，促进技术水平的发挥和生产效率的提高，促进自身身心健康发展。

四、劳动对大学生心理健康的积极意义

劳动教育的作用既有显性的，如通过劳动可以强健体魄、增强学生体质，促进劳动成效，收获劳动成果；也有隐性的，如培养学生耐力，锻炼意志，促进人际交流和团队合作，增强集体荣誉感和社会责任感，培养健康的心理素质和健全的人格品质；更关系到学生长远乃至终生发展，如通过劳动锻炼，培养学生分析问题、解决问题等思维能力，培养学生吃苦耐劳、自立自强、勇于担当、开拓创新等良好的心理品质等。劳动教育将关系到大学生未来一生的发展，使他们受益终生。总体而言，劳动教育对大学生心理健康的积极意义主要体现在以下几个方面。

（一）有利于培养大学生吃苦耐劳的精神和开拓创新的优秀品质

从古至今，在人类社会形成和发展的漫长过程中，劳动始终是人类生存发展的必要手段，是推动人类社会进步的根本力量。习近平总书记说："生活靠劳动创造，人生也靠劳动创造。"在劳动过程中，无论是脑力劳动还是体力劳动，都要付出艰辛的努力、耗费大量的时间和精力；劳动过程，培养了学生良好的劳动习惯，塑造了学生健全的意志品质。我国著名的教育家陶行知先生提出"教育要在劳力上劳心"，强调培养手脑健全的人。劳动教育则是将劳力和智力有效结合的重要途径。劳动教育既是增强学生身体素质的有效手段，又是促进学生心理健康发展的重要途径。

学校的劳动教育注意严格要求学生，注重活动的组织实施到位，由教师正确指导学生来完成，可以开展形式多样的主题教育活动，注重培养学生的耐心和不怕脏、不怕累的吃苦耐劳精神。在每次劳动前，可以组织学生开展讨论：要完成这次劳动，在时间上如何安排最合理、最省时？在流程上怎样安排最方便、最快捷？如果劳动的过程比较繁杂，可以列出一个统筹安排流程表，把时间安排、劳动过程列出来，争取让学生做到心中有数、杂而不乱。在劳动进程中，引导学生体会：劳动中难度最大的环节是什么？需要注意的事项有哪些？在劳动结束后，引导学生分享交流，体会劳动中的收获与感悟，互促共进，共同成长。经常这样训练，能够使学生学会思虑周全、注重细节、合理规划时间，逐步养成操作规范、认真细致、全面高效的劳动习惯。

劳动教育可以带领学生全面、系统、深入地学习劳动教育的各个方面。在日常生活中，认识劳动的必要性和重要性，养成良好的劳动习惯，掌握必备的劳动技能；在个人的日常生活打理、日常事务协调处理等劳动过程中，养成自立、自主、自理、自觉的好习惯；在学习、工作、锻炼、成长过程中，通过付出辛勤的劳动实践去解决问题、应对挑战、完成工作，特别是面对较大困难时，在不断尝试和探索过程中，充分发挥个体的主观能动性，积极寻求解决办法，培养学生坚定的信念、独立思考能力，以及敢于实践、勇于开拓创新的意志品质。

在人类历史发展的浩瀚长河中，人类社会的每一次进步都离不开劳动，特别是创造性劳动的巨大推力，这正是人类的高级智慧和优秀品质的体现。对于广大青年大学生而言，正是生逢其时，要充分发挥个人的能力与潜能，勇挑重担，敢于有梦，勇于追梦，勤于圆梦，要立大志、明大德、担大任、成大才，成为新时代有为青年。

（二）有利于提升大学生人际交往能力，培养集体荣誉感

人际交往是人与人之间物质交换和信息交流的过程，是人的心理健康的重要组成部分。良好的人际关系能够增强人的自信心、安全感和幸福度。人类与外界的交流互动离不开劳动过程，个体的人际交往能力的形成与发展也离不开劳动过程。劳动不仅能促进人与人之间的情感交流，协调人与人之间的关系，而且有助于促进个体的身心健康发展，建立和谐的人际关系。

现代社会竞争激烈，学会合作是时代对人们提出的要求。大学生积极参与劳动实践，在劳动中，尤其是遇到某些复杂的劳动时，需要将劳动任务分解到人，同学们分工协作，团结互助，以保证顺利完成任务。在劳动教育和劳动实践的过程中，有利于学生学习与他人进行沟通、交流、协作，增进人与人之间的相互了解，加深情感联系；有利于增强学生人际交往意识，培养人际交往技巧，提升人际交往能力，增强人际合作，建立良好的人际关系，增强大学生在集体中的归属感、安全感和幸福指数，促进身心健康发展。

集体荣誉感是指一种热爱集体、关心集体、自觉地为集体尽义务、做贡献、争荣誉的道德情感。当集体受到赞扬、奖励的时候，就会产生欣慰、光荣、自豪；当集体受到批评或惩罚的时候，就会产生不安、羞愧、自责。这就是集体荣誉感，也是个体有上进心的表现。集体荣誉感是一种积极的心理品质，是激励人们奋发进取的精神力量。它还是一种约束力量，能够使人们感受到不能为集体争光或做了有损集体利益的事情是一种耻辱，从而产生自遣、自责的内疚感，进而促进个体为维护集体利益而服从集体的决定，克服自身的缺点。

在集体劳动过程中，个人将逐步体会到集体荣誉与自己的关系，体会到个人在集体中的地位。对集体荣誉感不强、合作意识淡漠的学生，可以通过劳动实践对其关心、爱护、教育、感化，使其认识到自己也是集体中的一员，促使他们愿意努力为集体做事，并不失时机地表扬、鼓励他们，使其产生自豪感、成就感。同时让学生知道，集体的荣誉与成功靠每个集体成员的努力，个人的进步和成长也离不开集体的帮助。经过这样反复训练、强化，学生就会越来越觉得自己是集体不可分割的一分子，越来越离不开集体了。

大学生积极参与劳动实践，在劳动教育的引导和实践的锻炼下，能够切身体会到劳动的艰辛和不易，更加深刻地体会到劳动的光荣与伟大；更加懂得尊重劳动者、珍惜劳动成果；更加深刻地体会到正是由于无数劳动者的辛勤付出，才有了充裕的物质、便利的条件、美丽的环境、美好的生活；更加深刻地认识和体会人与人之间的关系，体会到亲人的关怀、支持和无私的付出，有助于建立良好的人际关系、增强集体荣誉感、推动和谐社会的建设。

（三）有利于培养大学生的责任和担当意识，增强社会责任感

在当代"00后"大学生中，他们多半是全家人的掌上明珠，在其家庭教育中不自觉地养成了一切以"我"为中心观念，许多人不会换位思考，不理解他人的感受，不懂得关爱他人，不关心集体，缺乏集体荣誉感和社会责任感。在个体的成长过程中，责任和担当意识的培养至关重要，特别是对于物质条件比较充裕的当代大学生而言，责任与担当意识关系到个人的学习、生活、成长与工作的顺利进行，对于个人、集体、社会、国家来说都具有至关重要的作用。

个体的责任与担当意识关系到学生个人发展。学生积极参与劳动实践，有助于合理安排日常的学习、生活和工作。在个人生活方面，学生能够合理安排时间，处理好生活事宜，做到生活自理、自立；在学习方面，学生能自觉地、有条理地安排好学习，自主地规划学习的内容、范围及进程安排，能较好地兼顾知识学习、能力培养、视野拓展，善于进行自我反思，并不断改进，形成良好的学习习惯和学习方法，能够终身受益；在工作和实践活动方面，学生能够积极参与校内外实践活动，积极承担力所能及的工作，充分调动自主和责任意识，锻炼敢于担当、勇挑重担的魄力和能力。学生积极参与形式多样的劳动实践，充分进行劳动教育，有利于深化对劳动的认识，体会劳动的艰辛，享受收获劳动成果时的成就感和价值感，懂得珍惜劳动成果，懂得感恩。"一粥一饭，当思来之不易；半丝半缕，恒念物力维艰。"

个体的责任与担当意识关系到经济、社会的发展和国家战略的顺利实施和推进。劳动创造了物质财富和精神财富，劳动促进了人的发展、促进了社会的进步。通过劳动教育，学生意识到自己的未来需要通过自己的双手去创造，要为自己负责、为家庭负责、为国家负责，逐渐培养学生的主人翁意识，从而增强学生的社会责任感，最终成为一名具有良好个性品质，能够为国家、为社会做贡献的新时代青年。

社会责任感是指在一个特定的社会里，每个人在心理上和感觉上对其他人的伦理关怀和义务，是一种道德义务。社会整体是由若干个个体组合而成，但并不是无数个独立个体的集合，而是一个相辅相成、不可分割的整体。社会是共同生活的个体通过各种各样关系联合起来的集合。这种关系叫作"社会关系"。社会关系包括个体之间的关系、个体与集体的关系、个体与国家的关系，还包括群体与群体之间的关系、群体与国家之间的关系。社会不可能脱离个人而存在，纯粹独立的个体也是不存在的。所以，我们一定要有对他人负责、对社会负责的责任感，而不仅仅是为了个人的欲望而生活，这样才能使社会变得更加美好。

学生多参加社会实践和集体活动，树立大局观念和社会责任感，懂爱国、知进取，通过劳动实践教育学生多学习世界先进的文化，多做利人利己的事情，多为他人谋福利，多为社会做贡献。从小事上，要引导学生学会站在自己和他人的双重立场上看问题，做到"小事不计较"；在大事上，要教育学生学会站在国家和社会的角度看问题，做

劳动故事：快递小哥汪勇——疫情中的"生命摆渡人"

到"大事不糊涂"。这样，我们培养的学生才是合格的、有价值的、能为社会做贡献的人才。

（四）有利于增强大学生心理调节能力和心理韧性，培养积极乐观的人生态度

大学生作为社会主义事业的接班人，是祖国的未来、民族的希望。除学习文化知识、训练专业技能、锻炼身体素质外，劳动教育也是必不可少的。在学校教育中，涵盖了德、智、体、美、劳五个方面的教育。其中，劳动教育是将德、智、体、美充分展现和运用的主要途径，具有综合育人的特点。劳动可以树德、可以增智、可以强体、可以育美，同时对心理健康教育也有比较明显的促进作用。新时代的劳动教育涉及学生生活、工作、学习多个方面，包括日常生活劳动教育、生产劳动教育和服务性劳动教育多个领域，涵盖日常生活劳动、志愿服务劳动、生产劳动、创造性劳动等多种内涵，贯穿个人成长发展的全过程。

劳动教育有利于增强大学生心理调节能力和心理韧性，对学生的引导教育是多方面的。劳动教育可以为学生学习提供较为开放的教学环境，使学生的主体性得到充分发挥，充分激发其自主学习的意识，有利于学生良好习惯的养成。通过劳动教育，学生认识到劳动是人类社会生存和发展的重要条件，进而以积极的心态从事不同类型的劳动实践。在参与劳动活动中，通过四肢和全身肌肉运动，帮助学生放松身心，减轻心理压力，缓解紧张情绪。在劳动中，学生学会面对挑战、解决难题、达成目标、创造价值，不断积累心理资本，提高心理调节能力，培养学生敢于面对困难、勇于解决困难、坚定果敢、乐观进取的个性品质，增强心理韧性。

劳动教育中蕴含着多种积极的教育意义和作用，有利于培养大学生积极乐观的人生态度。劳动教育帮助学生形成科学正确的世界观、人生观和价值观，教育学生学会热爱生活、尊重他人、珍惜生命，对于培养学生积极乐观的人生态度具有重要的引导作用。在劳动实践中，学生认识劳动的价值、发现劳动的乐趣、体会人生的充实与价值，有利于引导学生树立正确的生活观念，培养学生积极的人生态度，在尊重自然、珍爱生命、热爱劳动中幸福地成长。在参与劳动活动中，学生不仅能够获得他人的肯定与赞扬、社会的认可，获得成就感、愉悦感和价值感，同时，参与劳动的过程也是学生感受生活、感悟生命、体验成长的过程。通过劳动实践活动，学生能够与大自然亲密接触，不断探索和感受生活中的美好，在学习生活知识的同时，亲身体验自然之美、劳动之美、创造之美、生命之美，发自内心地敬畏自然、珍惜生命，最终让学生在劳动实践的过程中学会与自然和谐相处，热爱劳动、热爱生活，幸福快乐地成长。

五、培养健康的劳动心理

人的一切智慧、成就、幸福、财富都始于健康的心理。大学生作为即将走上社会的高素质劳动者，必须了解劳动心理卫生影响因素，掌握科学的心理调适方法，在以后的职业

生涯中保持心理健康，具有较高的劳动心理素养，培养健康的劳动心理，保持劳动热情，提高劳动效率，增强可持续发展能力。培养大学生健康的劳动心理，需要在认知上，树立正确的劳动态度，崇尚劳动；在情绪上，培养积极的劳动情感，热爱劳动；在行为上，积极投入劳动实践，辛勤劳动；在劳动中，注重建立良好的人际关系，和谐共进；当压力较大时，要善于缓解心理压力，调节情绪；努力成为知、情、意、行和谐统一的、身心健康的中国特色社会主义时代新人。

（一）树立正确的劳动态度，崇尚劳动

劳动创造了人、创造了社会、创造了历史，也创造了物质财富和精神财富。无论何时何地，我们都应该也必须崇尚劳动、尊重劳动。崇尚劳动就是树立科学的劳动价值观，充分认识到"劳动最光荣、劳动最崇高、劳动最伟大、劳动最美丽"。崇尚劳动的观念自古就流淌在中华民族血脉之中。因为劳动，我们拥有了历史的辉煌和如今的成就。从"乡村四月闲人少，才了蚕桑又插田"的农民，到"赧郎明月夜，歌曲动寒川"的工人；从彰显中华灿烂文明的"四大发明"，到凝聚中华民族智慧的"四大名著"；从模范的359旅将"烂泥湾"改造成"陕北好江南"，到英雄的农垦部队把戈壁滩打造成"塞北明珠"；从杂交水稻"禾下乘凉梦""覆盖全球梦"逐步推进，到航天工程"可上九天揽月"、航空母舰"可下五洋捉鳖"成为现实……我们在非凡征途中铸就了科学的劳动观念，绘就了美妙的劳动画卷。

只有崇尚劳动，懂得劳动创造价值、劳动创造社会、劳动是值得的，人们才会渴望劳动。无论时代如何变化，都要崇尚劳动之风、认可劳动之力、推崇劳动之美。劳动不分高低贵贱，劳动者都值得被尊重。无论从事体力还是脑力劳动、简单还是复杂劳动、集体还是个人劳动、生产性还是服务性劳动，只要能为经济社会发展做出贡献，就应该得到广大人民群众的认可。通过思想宣传、教育引导、实践养成等，让崇尚劳动成为当代大学生的价值共识，才能让学生在奋发图强、比学赶超中书写出优秀的劳动考卷，才能为实现中华民族伟大复兴注入源源不断的动力。只有营造尊重劳动和劳动者的文化氛围，才能"唤起工农千百万，同心干"。

崇尚劳动，涵养志存高远的追求干事创业。有什么样的追求就会有什么样的价值取向和实际行动。青年学生应该有崇尚劳动的高远追求，坚持初心不改、使命不移，志存高远、跳出小我，始终心系党和国家的前途命运，把个人追求融入共同愿景，以真抓实干、善作善成的举措不懈努力，始终保持想干事、能干事、会干事、干成事的进取心，以"功成不必在我"的胸怀面对进退留转、以"一蓑烟雨任平生"的豁达面对得失、"不管风吹浪打，胜似闲庭信步"的从容面对挫折，不断加强自身道德修炼、涵养高尚情操，让视野放远、把胸襟放宽，崇尚劳动、热爱劳动，将劳动进行到底！

（二）培养积极的劳动情感，热爱劳动

热爱劳动是劳动者对劳动的积极心理态度，是创造众多社会奇迹的劳动者所共有的

品质。只有基于对劳动的热爱，才能最大限度地发挥个人的聪明才智，提高劳动效率，实现自我价值和理想抱负，体会到成功的满足与喜悦。相反，如果不能发自内心地热爱劳动，在劳动中会感到外在的束缚或要求，必然体验不到劳动带来的由衷的幸福感和美感。

劳动需要消耗人类体力和精力，需要艰辛的付出，人在潜意识层面会对劳动存在一定的排斥心理倾向。但是劳动的收获和回报比较丰富，包括财富的增加、需要的满足、价值的实现、自由的释放和幸福感的提升。因而，劳动不仅收获了丰厚的物质成果，劳动还蕴含着丰富的内在美感，能够激发人们对美的体验。古往今来人们歌颂劳动，赞美劳动，是因为劳动创造了人类的一切，劳动创造了美好生活。只有那些热爱生活的人，才能在内心深处懂得劳动的真正价值，由衷地热爱劳动，感悟和欣赏劳动之美，并主动投入现实的劳动实践之中。

热爱劳动是中华民族的传统美德，也是全人类共同赞赏的美德，是人类一切美德的根本。我们中华民族是世界上最勤劳的民族之一，从远古时代，从传说中的大禹治水时起，杰出的氏族领袖们都能够"克勤于邦，克俭于家"（《尚书·虞书·大禹谟》）。人们认识到，"赖其力者生，不赖其力者不生"（《墨子·非乐》），"忧劳可以兴国，逸豫可以亡身"（《新五代史·伶官传序》）。热爱劳动是做人、立身、安家、兴邦的根本。正是依靠着劳动和节俭，人们生产和积累了大量的物质和精神财富，支撑起个人、家庭和国家的发展成长。中华民族几千年来虽然历经艰难曲折，但是始终屹立在世界的东方，首先靠的就是热爱劳动这个"传家宝"。在今天，当中国人民已经站立起来，昂首挺胸建设中国特色社会主义伟大事业，实现我们民族的伟大复兴之时，劳动依然是解决一切困难、取得任何成绩的基本点，我们仍然要坚持和发扬热爱劳动这一光荣传统。

劳动创造了美好生活。各行各业千千万万的劳动者，在自己平凡的岗位上默默坚守、辛勤劳作，为经济社会发展做贡献，为我们创造了今天这样的幸福生活。淘粪工人时传祥，以主人翁的精神做好清洁工作，宁可一人脏，换来万人净，受到大家的敬仰；"铁人"王进喜不顾身体的虚弱，以"铁人"精神奋斗在大庆油田几十年，为我国石油工业的发展建功立业；售货员张秉贵，几十年如一日，以自己胸中的"一团火"精神，为顾客热情服务，做出了不平凡的业绩；公共汽车售票员李素丽，身挎票袋在小小的车厢里工作了15个春秋，向人们传递着她的真情……正是千千万万普通劳动者的辛勤耕耘，才有我们祖国大家园的和睦安详；正是因为这些爱岗敬业的平凡劳动者，我们才拥有了今天的幸福生活。

从认识劳动之美到产生热爱劳动之情，并非与生俱来的，而是需要在劳动实践中逐步学习、养成的。热爱劳动要从热爱本职工作做起，青年学生只有坚守热爱劳动的价值观念，继承和发扬中华民族热爱劳动的优良美德，才能心悦诚服地认同劳动，才会心甘情愿地从事劳动，实现"要我劳动"向"我要劳动"的转变，在工作岗位上埋头苦干。

（三）积极投入劳动实践，辛勤劳动

辛勤劳动是劳动者勤劳且肯于吃苦的劳动状态，是对劳动过程及劳动强度的肯定，表

明要充分遵循劳动的客观规律及相应的劳动强度，也是中华民族代代相传的优良品质。习近平总书记强调，"人生在勤，勤则不匮。""社会主义是干出来的，新时代是奋斗出来的。"奋斗就是使命，中国特色社会主义事业正是通过艰苦奋斗实干，才有了今天举世瞩目的辉煌成就。一代代中国共产党人不忘初心、牢记使命，前赴后继、奋力拼搏，带领各族人民用勤劳的双手艰苦卓绝地创造了一个又一个伟大奇迹，锤炼了辛勤劳动、艰苦奋斗的风骨和品质。

辛勤劳动反映的是艰苦奋斗的作风、脚踏实地的道德品质和真抓实干的工作作风。无论外在环境如何变化，辛勤劳动都是个人追求美好生活、实现个人人生价值的可靠抓手。"艰难困苦，玉汝于成""宝剑锋从磨砺出，梅花香自苦寒来"。要想在事业上有所成就，要艰苦奋斗，不断地磨炼自己，即使面对困难和失败，不要放弃，要顽强拼搏，努力向上，用顽强的生命力、战斗力，去实现自己心中的目标。无论体力劳动还是脑力劳动，都是一个艰苦奋斗的过程，体力劳动要付出辛劳和汗水，脑力劳动也要付出心血和智慧。所谓"一勤天下无难事""天道酬勤""业精于勤荒于嬉"。只有勤于奋斗、乐于奉献，"撸起袖子加油干"，不断锤炼本领、淬炼能力，追求卓越、争创一流，才能开创辉煌事业，彰显精彩人生。

"大道至简，实干为要。"美好的幸福生活是用辛勤劳动创造的。爱因斯坦曾说："在天才和勤奋之间，我毫不迟疑地选择勤奋，它几乎是世界上一切成就的催生婆。"治学立业离不开勤奋，通过辛勤劳动，人人都可以在平凡的岗位上创造不平凡的成绩。青年学生应牢固树立"一分耕耘，一分收获"的劳动认知，自觉抵制一切不劳而获、投机取巧的错误思想，尊重他人的劳动成果，杜绝坐享其成、贪图享受和无功受禄的现象，积极投身劳动实践，弘扬奋斗精神，坚持苦干实干，把个人的"小我"与祖国的"大我"统一起来，把个人成长与时代进步结合起来，崇尚劳动、尊重劳动、辛勤劳动、知荣明耻，为创造未来美好幸福的生活而奋斗。

劳动故事：先把
桌子擦好

（四）建立良好的人际关系，和谐共进

在劳动实践中，无论我们从事什么样的劳动分工，都无法避免处理各种各样的人际关系。我们在做好自己本职工作的同时，还要学会与人交往，学会正确地处理各种人际关系，如和领导的关系、和老师的关系、和同学的关系等。良好的人际关系，不仅可以营造轻松愉快的劳动环境，使成员关系融洽，相互信任，一团和气；还可以激发团队的创造性和潜力，促进团体奋斗目标达成，提升工作业绩。相反，如果人际关系不和谐，成员之间关系冷漠，没有充分的信任与沟通，就无法敞开心扉交流，就会有所顾忌和保留，无法形成高效的团队，很容易导致组织的内耗，组织目标无法实现。所以，营造和谐的工作氛围，建立融洽的人际关系，就像是开启了一扇方便之门，使人们能够专心地投入劳动，并保持愉悦的心情，顺利开展和完成各项工作，促进身心健康和谐发展。为了建立良好的人际关系，促进团体成员和谐共进，大学生需要注意以下几点。

1. 严于律己，脚踏实地

无论是在劳动中，还是与别人相处中，严于律己至关重要。我们必须严格要求自己，遵守规章制度，加深对劳动本质的理解，深入掌握劳动技能，苦练内功，保质保量完成自己的本职工作；更要在劳动中保持谦虚谨慎，当自己的工作有不足之处时，要虚心接受别人的批评，努力纠正，赢得同伴的认可，以便以后走得更远。另外，无论我们处在什么工作环境，做事一定要脚踏实地，一步一个脚印，实事求是而不浮夸。只有脚踏实地才能撑起自己的一片天。我们头顶的这片天是靠自己打拼出来的，是辛勤付出换来的。严于律己、脚踏实地是一种可贵的工作作风，是一种难得的个人美德，在工作中更容易赢得别人的尊重和认可。

2. 善于沟通，互相理解

因为每个人的劳动习惯、劳动方法不同，对待劳动也会有不同的态度和看法，在劳动中免不了会产生分歧。当我们与周围的同学对劳动的看法不一致时，不要急于反驳，首先要冷静，经过理性思考，然后与同学充分讨论、交流意见，以达成共识，一定要尊重他人的想法，切不可独断专行。当同学在劳动中犯错误或有缺陷时，我们可以帮助他们纠正，要注意态度温和、语气委婉，千万不要粗暴，对他人要有包容之心，学会站在他人的角度考虑问题，互相理解、互相体谅。在劳动中犯错误是不可避免的，不要抓住别人的错误不放，而是善于从中总结经验、吸取教训，学会换位思考，这项工作如果我做，可能也会有这样那样的问题，所以第一个要做的，是帮助同学找到解决问题的方法，指导而不是批评，帮助而不是责怪。特别是对于新的劳动环境、难度高的工作任务，我们必须以鼓励和宽容为本，帮助同学尽快适应劳动环境，熟悉劳动任务，帮助他们建立信心和提高士气。

3. 放大格局，敢于担当

梁启超说："知责任者，大丈夫之始也；行责任者，大丈夫之终也。"要担当就要实干，要尽责就要行动。空谈误国，实干兴邦。青年学生凡事做到有担当，不是给别人看，是自己为人处世必须遵守的原则，勇于担当，敢于直面困难，不逃避、不退缩，为了集体利益勇于承担责任，勇往直前，要敢啃"硬骨头"，甘做"老黄牛"。格局大的人，心胸宽广。能承受住种种委屈，容得下看不惯的人，听得进去逆耳之言，心中装得下很多不如意的事，能与他人相处更加和谐，能让眼前的景色更加亮眼，使前面的路更平坦。格局大的人，视野开阔。看人看事不仅看得准，还能看得远。能洞察入微，看穿真伪，看清本质，看出其中的规律；还能着眼未来、看清趋势，不受现状的束缚，不计较眼前一时的利益。

> **职业思索**

巴甫洛夫，条件反射学的创始人，1904 年荣获诺贝尔生理学或医学奖。从小就十分热爱劳动。

144

在他小时候，有一天，巴甫洛夫和弟弟米加约好去园子里种树，费了很大的劲儿才挖了一个坑，正要把苹果树栽下去的时候，爸爸从屋里跑出来了，指着园子里一块凸出的高地对兄弟俩说："你们看，那儿地势高，一下雨这里就会积水，苹果树不就被淹死了吗？"

弟弟听了爸爸的话，小嘴一撇，不高兴地走了。而巴甫洛夫并不灰心，跟着爸爸在高地上挑选了一块空地，重新挖起来……

巴甫洛夫从小养成爱劳动的习惯，一直持续到晚年。俄国国内战争年代，他还在实验室周围的空地上种菜，自力更生地解决了吃菜的困难。

"人们在那里高谈阔论天启和灵感之类的东西，而我却像首饰匠打金锁链那样精心地劳动着，把一个个小环非常合适地连接起来。"这是巴甫洛夫的名言。

探究与思考：巴甫洛夫从小热爱劳动，对他后来成为著名的生理学家产生了什么样的影响？

（五）善于缓解心理压力，调节情绪

随着生活节奏的不断加快，学习、劳动、工作和生活都会给我们带来一定的压力。当人们感到心理压力增大时，就会出现紧张焦虑、暴躁易怒、坐立不安、注意力不能集中、工作效率低下、睡眠不好等现象。这时候可以通过一些有效的方法来进行缓解，以调节不良情绪。

1. 正确认识压力

压力是普遍存在的。"天下不如意，恒十居七八"，人生在世，难免遇到各种各样的压力事件。压力本身不是问题，如何正确认识压力和应对压力才是问题。让我们陷入困境的，可能并非压力本身，而是我们对这些压力事件的反应。在面临心理压力时，保持乐观的心态、稳定的情绪是关键。遇事要多往好处想，用积极的心态、积极的视角看待问题，多聆听自己内心的心声，体察自己内心的需求，平心静气地想一想，我们应将压力视为鞭策我们前进的动力。

适度的压力是有益的。俗话说，"井无压力不出油，人无压力轻飘飘。"研究表明，压力水平和工作绩效的关系是倒 U 形关系。当处于没有压力或压力较小的劳动环境中，会让人感觉无聊、倦怠、索然无味，没有挑战性，缺乏工作动力，工作效率较低。随着压力的增加，人们能够充分调动工作积极性，激发工作动力，工作绩效也会得到改善，在压力达到顶峰之前，工作压力越大，绩效就越好。当工作压力超过最佳临界点时，压力越大，表现越差，随着压力的增加，随之而来的是超压，个体会感到心情烦躁、焦虑等，甚至情绪崩溃。所以，适度的压力有利于促进工作绩效，在一定范围内的压力可以使人更好地集中注意力，增强自身的机体活力，提高身心的耐受力，通过促进个体产生一系列的积极生理变化来应对工作压力，在不断地学习有效的工作方法的同时，还可以提高应对能力，创造良好的工作业绩，对个人的成长起到尤为重要的作用。

2. 有效缓解压力

（1）深呼吸。当压力过大、情绪比较激烈时，可以采取深呼吸的方式，能够快速减压。深呼吸就是胸腹式呼吸联合进行的呼吸，可以排出肺内残气，吸入更多的新鲜空气，以供给各脏器所需的氧分，提高或改善脏器功能。胸腹式联合的深呼吸类似瑜伽运动中的呼吸操。深吸气时，用鼻子自然地进行深吸气，腹部扩张，想象着空气充满了腹部，气沉丹田，然后使胸部膨胀，达到极限后，屏气几秒钟，再逐渐呼出气体。呼气时，先收缩胸部，再收缩腹部，尽量排出肺内气体。可以选择空气新鲜的地方，每日进行 2～3 次，每次 3～5 分钟。反复进行吸气、呼气练习，效果良好。

（2）找人倾诉。当心理压力较大的时候，可以找一些信任的朋友、亲人或专业人士诉说，可以起到很好的效果。当人们把积压在心里的、让自己烦躁不安的事情说出来之后，就会感觉轻松许多。经过朋友的宽慰、开导，可能还会拓宽我们的思路，进而转变思维观念，进行认知重构，会觉得自己面临的压力并没有想象的那么大，具有很好的减压效果。

（3）听音乐、唱歌。当压力过大，出现焦虑、抑郁、紧张等不良心理情绪时，不妨听一听音乐或者唱歌，做一次心理"按摩"。优美动听的旋律有助于调节情绪，如《梁祝》的优美、《步步高》的欢快、《秋日私语》的宁静等，优美的音乐可以缓解消极情绪，释放心理压力，让心灵放松下来，享受被音乐包围的美妙感觉。

（4）参加体育活动。体育运动能给人带来充实感和愉悦感，有利于个体忘却烦恼，消除精神压力和孤独感，使紧张、焦虑、不安的情绪状态得到改善，提高人的心理承受能力和社会适应能力。同时，体育运动还有利于改善人际关系，在体育活动中，不用语言做媒介，彼此就可以互相交往，产生亲近感，可以满足个体的社会交往需要；有利于增强团体的凝聚力，学会竞争与合作，懂得为集体的共同目标去奋斗。此外，体育运动还可以使人变得更坚强、更开朗、更乐观，使个性更趋成熟，提高社会适应能力，增强自信心。因此，适当的体育运动有助于个体缓解心理压力，可以通过散步、跑步、游泳、打球、爬山、瑜伽、太极、八段锦等体育活动来减压，把内心的消极情绪通过运动发泄、释放出来。

（5）调整饮食。当心理压力过大的时候，有的人会大量饮食或吸烟喝酒，用酒精和尼古丁来麻痹自己，这些都是不健康的调节方法。当我们心理压力较大时，还可以通过一些食物来缓解。比如：南瓜富含丰富的胡萝卜素，可以有效地缓解各种原因导致的心理压力；杏仁富含维生素 E，维生素 E 是一种可增强免疫力的抗氧化物，其还含有维生素 B，维生素 B 有助于帮助个体面对异常糟糕的事件；坚果富含 B 族维生素、锌、镁等营养物质，也是减压的有效物质；芹菜有助于提升睡眠质量和保持血糖水平；还可以吃黑巧克力，黑巧克力可以刺激中枢神经，缓解心理压力。

（6）保证睡眠的充足。当心理压力较大时，可以通过保证充足的睡眠时间进行缓解。充足的睡眠可以使我们的身体得到放松，恢复体力精力，有效地缓解由于压力过大产生的紧张、不安、焦虑等情绪。当每天都拥有充足睡眠的时候，就会觉得精力充沛，充满活力，各种身心不适症状得到了有效改善。

（7）享受大自然。当心理压力较大、难以有效工作时，可以通过外出旅游进行缓解。看看外面精彩的世界，去海边吹吹风，去风景区感受一下大自然的风采，可以让人们的头脑变得清醒，身心都得到放松，心态渐渐变得平和，能够有效地缓解心理压力。

> **职业思索**

关注员工心理健康，推动企业和谐发展

日本松下电器公司在管理过程中，为了帮助员工调节情绪，提高工作效率，在其下属的各个企业都设置了被称为"出气室"的"精神健康室"。

一个满腹牢骚的员工只要到此处一游，出来后就会变得心平气和，甚至笑容满面。那么，奥妙在哪儿呢？原来，员工们一走进室内，迎面看见的是一排各式各样的哈哈镜，一看到哈哈镜中自己的那副"尊容"，自然就会被逗得哈哈大笑，满腹的怨气便不知不觉在笑声中消失了。如果余怒未消，那么走过哈哈镜后，员工可以看到一些橡皮人，他们可以对着橡皮人喊叫，甚至击打，以此来解除心中积郁的闷气。过后，有关人员还会找员工谈心聊天，沟通交流思想，答疑解惑。就这样，松下公司逐渐形成了"上下一心、团结和谐"的工作氛围。

探究与思考：怎样保持一种高效、令人满意、持续的心理状态？

单元三　劳动创新

> **劳动箴言**

依照生活教育的五大目标来说：康健的生活即是康健的教育；劳动的生活即是劳动的教育；科学的生活即是科学的教育；艺术的生活即是艺术的教育；改造社会的生活即是改造社会的教育。

——陶行知

> **学习目标**

【知识目标】

了解劳动创新的概念、特点和内涵；了解劳动创新在推动社会经济发展、提高生产效率、增强企业竞争力等方面的重要作用；了解劳动创新与技术创新、管理创新等其他类型创新的关系。

【能力目标】

能够运用相关理论和方法，分析劳动创新的实际应用；能够在实践中发现劳动创新的机会和潜力，提出创新思路和方案；能够在团队合作中，运用劳动创新的思维方式和方法，实现共同目标。

【素质目标】

培养创新精神和实践能力，具备探索新思路、新方法、新技术的勇气和能力；培养团队协作和沟通能力，具备有效合作、互相尊重、共同成长的素质；培养实践能力和解决问题的能力，具备在实践中不断尝试、改进、创新的素质。

创新是一个民族进步的灵魂，是一个国家兴旺发达的不竭动力，也是中华民族最深的民族禀赋。创造在劳动中无处不在，创造性劳动既是在劳动中创造新事物、新方法、新理论和不断开辟劳动应用范围的活动，也是进行新发现、新发明，创造新技术、新工艺的活动，还是开发新产品和开辟新市场的活动。创造性劳动是人类在劳动中不断开拓新的活动领域，不断冲破常规、不断捕捉新的机遇、不断进行创新和创造，推动人类社会不断进步的复杂过程。

一、劳动创新的意义

劳动创新是引领发展的第一动力。纵观人类发展历史，劳动创新始终是推动一个国家、一个民族前进的不竭动力。曾经，中国古代创造的以"四大发明"为主要代表的科技成果造福了世界。然而，科学技术从来没有像今天这样深刻地影响着国家的前途命运，影响着人民的生活福祉。当前，中华民族迎来了千载难逢的历史机遇，要实现中华民族伟大复兴的中国梦，就一定要大力发展科学技术，努力增强自主创新能力，激发广大劳动者创新活力，夯实创新发展人才基础，营造创新文化氛围，跑出中国创造的"加速度"。

二、劳动创新的特点

（一）知识劳动成为第一生产劳动

按照国际经济合作发展组织的定义，知识经济是建立在知识和信息的生产、分配和使用之上的经济。知识成为占主导地位的资源和生产要素，而劳动力优势、自然资源优势及资本优势的重要性不断下降，知识劳动直接作为最大的资产或成为主要的价值来源，产业优势和产品价值主要决定于知识，决定于劳动者的经验、知识和技能。随着知识经济的发展，社会生活方式和人们的观念形态都将发生重大的变化和更新。

知识劳动本质上是一种以知识的生产和应用为核心的新的劳动形态。在农业社会和工业社会的生产中，经验和体力发挥着重要作用。但是，在信息社会，知识的重要性将变得日益突出，生产的自动化、智能化、数字化程度越高，对知识和科技的依赖程度也越高，因此，知识劳动成为第一生产劳动。其具体表现为以下三点。

（1）知识和科技对经济发展起第一位的变革作用。现代科学技术已经渗透到经济活动和社会生产的各个环节，成为推动经济发展的决定性因素。

（2）知识和科技在生产力诸要素中已成为主要推动力量。科学技术自身不但直接体现为生产力，而且还作用于其他要素，从而成为推动社会生产力的最重要力量。

（3）知识和科技使管理日趋现代化、科学化、高效化。随着科学技术的迅猛发展，生产社会化程度大大提高，分工越来越专业化，其结果是使劳动过程的环节增多、链条拉长，生产商品的劳动很难在同一个独立的时间和空间完成，劳动过程成为越来越复杂的系统工程，各种相对独立的劳动职能以直接或间接的方式参与同一个商品的生产过程，从而使劳动的综合性和整体性大大加强，经营管理成为重要的劳动形态。

（二）精神生产和服务业的劳动日益重要

随着社会生产力的大幅提高，当代社会产业结构也发生巨大变化。从事生产性劳动的劳动者大量减少，服务性劳动者队伍大幅度增加。一些知识密集型、科技密集型的新兴产业迅速崛起，新型服务性劳动形态日益增多，服务业的份额不断扩大，就业结构发生巨大变化，导致劳动向其他领域转移和延伸，第三产业在国民经济中的比例已成为一个国家现代化程度的重要标志。伴随着物质生产的发展，人们的需求日益多样化，在满足物质资料需求以后，对精神方面的需求明显增多。这就要求社会除提供满足人们物质需要的物质产品外，还需要提供满足精神需要的精神产品和发展产品。这种发展趋势将不断推动整个社会精神生产的发展，创造出越来越多的满足人们精神需要的文化和精神财富。因此，劳动力不仅局限于物质生产领域，还延伸到了社会服务领域和精神文化领域。

（三）劳动与生活休闲和消费的边界变得模糊

劳动与生活的分离，是农业生产和工业生产的突出特点。在农业社会和工业社会中，有着非常明确的上下班边界。上班意味去劳动，而下班之外的时间就是个体的生活。个体的劳动是为了更好地服务和服从于其生活品质的提升。但是，在信息社会特别是人工智能时代，个体的劳动与生活具有越来越高的统一性。一些劳动的属性融入消费过程当中，使劳动过程和消费过程的界限变得模糊。这种统一性一方面表现为上下班的边界在不断模糊，另一方面也说明由于信息社会劳动的自由度、个体性在不断增强，劳动本身也越来越多的具有娱乐的意味。很多人的职业选择是基于个体的兴趣和自我实现的需要。

此外，在人工智能时代，人们对体验或定制的需求将变得非常广泛。例如，当新产品上市后，第一批消费者需要花费精力对产品或者性能做出选择并体验，而这种体验可以给后来的消费者做参考，参考价值由此成为一种劳动形式，从而把劳动属性融入消费过程当中，使劳动过程和消费过程的界限变得模糊。

（四）过渡性的非典型劳动形态大量出现

在信息社会中，社会变革提速，社会流动加剧，劳动形态持续演化。一部分工作消

失，又有新的工作形式出现，工作内容、工作方式也在不断进化，劳动的变动将成为一种常态，劳动者在受雇和自雇状态之间的转换将更普遍、更自由。以互联网技术的应用为引导，当前市场催生了零工经济的兴起，传统的封闭性典型劳动关系已不能充分应对这种市场化机制，企业的用工需求趋于弹性化，大量过渡性的非典型劳动形态，如职业中介、人事代理、劳务派遣、劳务外包等应运而生。在信息社会，社会劳动将更加柔性，生产方式将更加碎片化。个体的工作时间和空间也因此变得更富有弹性，劳动的自由度明显增强，独立、个性、创新的自主劳动将逐渐占据主导地位，成为普遍形态。例如，远程劳动使从业者享有工作场所的自由，共享劳动使从业者享有工作时间的自由。

劳动故事：京东首批配送机器人上路

但是，对于信息社会而言，劳动的自动化程度越高，对人力的直接使用也就越低，这就使得劳动者的准入门槛极大提高，人工智能将对低技术含量的工种带来极大冲击。同时，许多零工劳动者与雇主之间并没有建立标准形态的劳动关系，具有非典型性，劳动保障存在缺失，面临风险。

三、劳动创新的表现形式

当今社会劳动形态呈现出持续迭代、新旧交融、多元并存的特征。特别是随着人工智能的应用，自动化、智能化、数字化生产已成为基本劳动形态。在劳动过程中，劳动者、劳动对象和劳动资料等劳动要素出现了许多新的表现形式。

（一）数字劳动

在经济全球化和大数据兴起的时代背景下，数字化已经成为不可逆转的趋势。数字劳动是伴随数字经济而产生的一种新型劳动形态。数字化时代的数字劳动代表了一种崭新的劳动方式，它是指数字劳动者在雇佣或非雇佣的关系中，通过数字平台所进行的各种有酬或无酬的生产性劳动。数字劳动与传统劳动一样，具备劳动的基本构成要素，但与传统劳动要素相比，数字劳动要素具有一些新特征：从劳动者角度而言，传统的劳动者主要是指雇佣劳动者，但在数字劳动过程中，处于雇佣关系之外的普通互联网用户也成为劳动者。从劳动资料的角度来看，数字劳动的劳动资料具有典型的非物质性；从劳动对象的角度来看，数字劳动的劳动对象是数据，数据不仅具有非物质性，而且具有非消耗性的特点。（数据的使用价值不是一次性的。）

从被雇佣者和非雇佣者的角度来分析，数字劳动分为互联网专业劳动者的数字劳动和一般互联网用户的数字劳动。

（1）互联网专业劳动者的数字劳动。互联网专业劳动者的数字劳动是指具有专业性知识的数字劳动者，运用不属于他们的生产资料来加工普通用户所生产的数据的劳动过程。它主要分为三种类型：一是互联网专业技术人员的数字劳动，包括互联网站、网络平台的开发人员、运营人员、维护人员的数字劳动等，这些数字劳动需要较高的专业技术要求，如程序员、工程师的数字劳动等；二是互联网数字平台中的微劳动，如刷单、发布风评等；三是借助于互联网平台的自我雇佣劳动，如网约车司机和外卖商家的数字劳动等，他们与平台并不具备严格的雇佣关系，实质上是一种自我雇佣关系。

（2）一般互联网用户的数字劳动。一般互联网用户的数字劳动是指一般的互联网用户运用自己所特有的生产资料作用于数字平台的劳动过程，它不是在现实中具体的公司从事信息技术处理工作，而是互联网用户在社交平台、移动设备上日常进行的信息分享、资源上传、经营交往等免费劳动。当一个人把自己的学习心得发在微信朋友圈，或者把自己的注意力集中到某一购物网站上时，其一般认为自己是在消费、休闲和娱乐。但人们在消费的同时也在进行着生产，只不过生产的不是一般的物质产品，而是数据。这种劳动形态有时也被称为"受众"劳动和"玩乐"劳动。

（二）远程劳动

远程劳动是指从业者在传统职业场所之外，通过电信技术和设备从事弹性工作的形式。远程劳动始于全职劳动者的灵活办公需求，随着互联网技术的不断发展，兼职类型的远程劳动形态得以迅速发展。对于全职的远程劳动而言，它往往依附于标准劳动关系，但不再拘泥于指挥、监督的细节，而是更加关注远程劳动的成果。此时，劳动者对雇主的从属性有所减弱，但从属性的本质特征并未改变，它是标准劳动关系的一种弹性延伸和拓展。

同时，远程劳动并不局限于标准劳动关系，对于非典型劳动关系来说，为了促进灵活用工和提高劳动效率，同样可能采取远程劳动的方式来完成工作任务。在远程劳动中，一般由劳动者自己提供劳动工具，工作场所和工作时间都很自由，但强调完成工作的时间节点。雇主对选用哪一个远程劳动者从事哪一项工作任务具有决定权，远程劳动者一般不具有专属性。随着科技与劳动的紧密结合，远程劳动将会得到更广泛的应用。

（三）人机协同劳动

人机协同劳动是人工智能时代的一种基本的劳动形态，指通过人机交互实现人类劳动与人工智能的结合。人机协同意味着人类智能与机器融为一体，使人脑和机器成为一个完整的系统，实现劳动者与类人机器人协同工作。现阶段人机协同劳动是机器人参与到组织化生产中，人类作为主导，对机器人进行指挥和管控，而机器人协助人类来提高劳动生产率。随着人工智能的发展，劳动工具趋向"类人化"，人工智能与人的智能的相似度越来越高，智能劳动工具进入模拟人的智能阶段，对劳动者的替代程度可能逐渐提高。但是，应该强调的是，开发人工智能的目的并不是希望由机器人来完全取代人类，而是希望借助人工智能的力量提高劳动生产率，完成更具创造性的工作，实现人与机器的理性协同。通过人机协同劳动促进生活品质提升，达到自我实现和心灵满足，从而更加确证自我存在的价值。

（四）多重身份劳动

多重身份劳动是指以多重身份劳动的从业人员不满足于只拥有一种专业技能或一种受雇状态，而以身份的变化和体验作为个人追求，有时甚至不以劳动的有偿对价作为条件，而是将其作为向自主劳动的过渡。多重身份劳动大大弱化了劳动关系的从属性，降低了雇主对劳动者的控制力。在人工智能时代，人们将从单一劳动的束缚中获得极大解放。一个人在一生中可以积累多个门类的专业知识。在个人兴趣的引导下，知识和技能的积累可以使其从事多种不同的工作，使传统的固定行业的工作不再是必需品。例如，某人可能白天做教师，下班后做记者，节假日又能从事艺术表演。这种多重身份的劳动形态将颠覆自由职业的传统概念。另外，劳动者的身份转换也可以发生在受雇和自雇状态之间，劳动者在被他人雇佣的同时，也可能自主创业，或同时雇佣他人从事另外的工作。

（五）共享劳动和委托劳动

共享劳动是指劳动者依托互联网平台搜寻或匹配服务对象，以个人身份向许多不特定主体提供服务的劳动形态。对于雇主来说，这种模式通常被称为众包。所谓众包，是指企业或组织通过网络将工作任务以自由自愿的形式外包给大众劳动者的行为。共享劳动者的劳动工具一般由劳动者自己提供，服务报酬除劳动本身外，还包括劳动工具等生产资料的消耗。互联网平台对共享劳动过程没有具体的指挥监督，但可以通过智能软件对服务方式、内容、条件等提出建议甚至据此进行考核，劳动者的工作时间比较自由。

委托劳动是指不采取标准劳动关系进行雇佣，而是基于双方的信任，利用业务委托的方式把某项雇主事务交由个体劳动者处理，由雇主承担其处理受托事务后果的劳动形态。委托劳动可以覆盖的业务范围包括销售、独立代理人、律师、人事、财务等专业领域。对于委托劳动而言，雇主一般不允许受托人把委托事项转委托，在委托劳动过程中一般也不会进行具体的指挥监督。

四、劳动创新的挑战及应对

在人工智能时代，以人工智能、大数据、云计算、物联网、区块链等为代表的科学技术极大提高了劳动生产率，导致了现代生产方式的重大变革和产业结构的重大调整，推动劳动形态持续迭代。为适应新型劳动形态的新发展和新挑战，必须适时在劳动政策、劳动法律和劳动教育等方面做出积极应对。

（一）劳动创新对劳动者的挑战与应对

新型劳动形态呈现出自动化、智能化、数字化的生产特征。劳动的自动化、智能化、数字化程度越高，对劳动者的劳动技能、科技素质、管理能力等要求越高，这就提高了劳动者就业的门槛，同时降低了对低技术含量岗位的需求，对低技术含量工种带来极大冲击。

应对新型劳动形态的挑战，需要赋予劳动更具历史解释力的内涵，将知识生产、科技创造、数字劳动等主动纳入劳动教育的视野和劳动保护的范围，使建立在现代劳动基础上的劳动政策既要体现出传统劳动的尊重，又要体现对新型劳动形态的保护和激励；既要保护传统生产要素，又要鼓励新的生产要素的投入。这种新的劳动政策应该是全方位的，既要体现在财富的生产领域和分配领域，又要体现在分配后财产的保护上。

（二）劳动创新对劳动关系的影响与应对

新型劳动形态呈现出的劳动方式灵活化、劳动关系弹性化、劳动群体松散化等特征，也给劳动法学的理论和实践带来前所未有的挑战。其主要体现在以下方面。

（1）对劳动关系从属性的影响。传统的劳动关系是劳动者与雇主或用人单位所有的生产资料相结合，通过劳动产生利益，雇主或用人单位从中支付劳动者的工资、补贴和各种福利，劳动者对于雇主或用人单位具有较高的人身从属性。在新型劳动形态下，许多劳动形态已不具备传统劳动关系的某些要件。劳动者与雇主或用人单位的人身依附性和组织从属性被削弱，而主要体现为经济从属性。

（2）对劳动者主体身份的影响。新型劳动形态下的灵活就业主要利用网络平台进行劳动，其主要特点是去组织化，利用网络平台配置劳动资源，提供产品和服务。这种"对企业来说是弹性用工，对劳动者来说是灵活就业，对劳资双方来说则是非标准劳动用工"的就业方式，使越来越多的劳动者的就业身份变得不明确，导致新型劳动形态中一些应该获得劳动法律保护的劳动者没有得到保护。

（3）对劳动者风险防范和救济的影响。技术进步导致的劳动力替代与转移，将进一步导致劳动力市场供求关系的失衡，加深强势资本与弱势劳动的"马太效应"。劳动力市场供求情况和市场结构的不合理会使劳动者处于相对弱势的地位，可能导致劳动者的各种安全保障和救济措施受到影响，从而使劳动关系趋于紧张。

应对以上挑战，需要从劳动法学理论和劳动法制实践层面对新型劳动形态下的劳动用工进行治理。

（1）合理界定劳动关系的适用范围。将部分具有劳动关系特征的新型就业形态纳入非标准的劳动关系体系，扩大非标准劳动关系的范畴，并在薪酬、劳动时间、休息休假、社会保障等方面进行适度规范。

（2）建立健全违法行为预警防控机制。完善多部门综合治理与监察执法联动机制，严肃查处各种违法行为，督促企业严格落实国家规定的工时制度，依法保障劳动者的休息休假，促进企业改善劳动条件，增强企业依法用工、政府依法行政的意识，将劳动关系的建立、运行、监督、调处的全过程纳入法治化轨道，从而切实维护劳动者合法权益。

（3）完善新型就业形态的劳动保障机制。进一步完善相应的社会保险制度，构建多层次的冲突防范化解机制，创新发展新型就业形态劳资双方平等对话机制，按照属地化管理原则，由相关部门、工会和企业组织共同建立劳资冲突事件的应急防范联动机制，完善劳

动争议调处机制。

（三）劳动创新对劳动教育的要求与应对

在新型劳动形态下，劳动和生活边界的模糊使个体的闲暇生活问题在劳动教育中变得非常突出。新型劳动形态一方面极大地提高了社会生产力，由此带来了社会物质财富空前丰富和人们闲暇时间明显增多；另一方面赋予了个体较强的劳动自主性，使消费、闲暇和劳动融为一体。当前，社会普遍存在的符号消费、过度消费、攀比消费等现象，从一个侧面反映了劳动教育的缺位。因此，如何消费、如何休闲等成为新型劳动形态下开展劳动教育必须关注的现实问题。

首先，要加强马克思主义劳动思想教育，树立正确的劳动价值观，自觉坚持人民立场，确立劳动幸福观、奋斗幸福观；其次，要加强社会主义劳动道德教育，厚植劳动情怀，自觉培养向上、向善的劳动品德，尊崇诚实劳动，尊重劳动和劳动者；最后，要加强新时代劳动素养教育，树立热爱劳动、辛勤劳动和积极劳动态度，养成善于劳动、创造性劳动的良好劳动习惯，掌握新时代必备的劳动相关知识、技术和技能，培养诚实守信的劳动品质。

劳动故事：强制休息，困在系统里的外卖小哥终于可以喘口气了

> ❯ **职业思索**

分析本专业中的一个工作岗位，迎合它的目标群体，在当今的经济大环境下可以做出哪些创新？并完整记录下来。

实践篇

模块四
正确看待劳动

新时代是劳动者的时代、奋斗者的时代。只有正确看待劳动，树立正确的劳动价值观和良好的劳动品质，才能破解人生幸福的现实命题。本模块是学期开始的第一个实践性任务，从这个任务开始，学生要脚踏实地地着手设计劳动计划，观察体会身边劳动者的艰辛，为毕业后的劳动方向树立好标杆。

单元一　制订学期劳动计划

【调查问卷】

你对劳动了解有多少？	
1. 你的年级是哪个？	A. 大一　B. 大二　C. 大三
2. 你的性别是什么？	A. 女　B. 男
3. 你会自己洗衣服吗？	A. 是　B. 否
4. 你经常自己整理房间吗？	A. 是　B. 否
5. 你帮助家人做家务吗？	A. 是　B. 否
6. 你是否维修过身边出故障的家电或家具？	A. 是　B. 否
7. 你抱怨过承担班级的劳动任务吗？	A. 是　B. 否
8. 你觉得劳动和体育活动的作用是一样的吗？	A. 是　B. 否
9. 你是否知道劳动对人的意志发展具有的重要意义？	A. 是　B. 否
10. 你是否知道劳动对人的知识增长具有的重要意义？	A. 是　B. 否
11. 你是否知道劳动对人的思维能力发展具有的重要意义？	A. 是　B. 否
12. 你是否知道劳动对人的社会能力发展具有的重要意义？	A. 是　B. 否
13. 你是否知道劳动对人的肢体发展具有的重要意义？	A. 是　B. 否
14. 你认为劳动对未来职业帮助吗？	A. 是　B. 否
15. 你 18 岁以后还理所应当地花家里的钱吗？	A. 是　B. 否
16. 如果你有一笔固定资产足够支撑你的日常开销，你是否还会继续进行劳动活动？	A. 是　B. 否

17. 你是否认为劳动有贵贱之分？	A. 是　B. 否
18. 你是否认为从事脑力劳动是高人一等？	A. 是　B. 否
19. 你是否因为家庭成员从事的某一职业感到自卑？	A. 是　B. 否
20. 你是否会欣然接受组织团体安排给你的劳动任务？	A. 是　B. 否

📝 学习目标

【知识目标】

理解制订劳动计划的作用与意义；了解学期劳动计划的内容。

【能力目标】

通过制订劳动计划，能够更好地分配劳动时间、清楚地划分阶段性中心任务和重点内容。

【素质目标】

培养良好的时间规律、作息规律，提升生活和工作中的计划性。

一、劳动计划的作用

计划是对未来活动所做的事前预测、安排和应变处理。计划，管理学术语，拆解开"计划"的两个汉字来看，"计"的表意是计算，"划"的表意是分割，"计划"从属于目标达成而存在，"计划"的表意定义：计划是分析计算如何达成目标，并将目标分解成子目标的过程及结论。因此，我们设立目标一定要有可衡量的结果，并做好过程的记录工作。

在管理学中，计划具有两重含义。

（1）计划工作：是指根据对组织外部环境与内部条件的分析，提出在未来一定时期内要达到的组织目标，以及实现目标的方案途径。

（2）计划形式：是指用文字和指标等形式所表述的组织及组织内不同部门和不同成员，在未来一定时期内关于行动方向、内容和方式安排的管理文件。

我们要完成诸多劳动任务，就要先做好劳动计划，有规划性地按照清晰的步骤开展劳动活动。

二、劳动内容

（1）明确劳动任务，为自己制定本学期的劳动技术书。

（2）划分阶段、划分不同劳动种类进行书写。明确每一项任务的劳动中心和工作重点。

（3）分解计划任务，按照劳动目标、劳动准备、劳动过程进行记录。目标具体化、明确化。

（4）明确计划实施的地点与时间，了解计划实施的环境条件和限制，以便合理安排计划实施的空间组织和布局。

（5）最终形成《学期劳动计划表》上交。

三、劳动方法

（1）通过调查问卷，了解自身对劳动互动的认知情况，确定思路方向。

（2）寝室研讨，集思广益，认真听取身边人的建议，明确劳动类别。

（3）对设定的劳动计划内容进行可行性分析，保留最可行的劳动计划任务。

四、劳动成果

完成以学期为单位的个人劳动计划表（表 4-1），并上交 Word 文档记录劳动实施过程，辅以佐证图片。

表 4-1　个人劳动计划表

_____学年第_____学期劳动计划表					
区域	子任务	目标	完成时间	劳动内容	劳动形式
生活区域	1. 2. ……				
学习区域	1. 2. ……				

五、劳动评分

劳动评分见表 4-2。

表 4-2　劳动评分表

要素	内容	劳动重点	分值	得分
前提	预测、假设、实施条件	该计划在哪种情况下有效	10	
目标	最终结果、工作要求	做什么，做到何种程度	10	
目的	理由、意义、重要性	为什么要做	10	
战略	途径、基本方法、主要战术	如何做	10	
责任	人选、参与者	由谁来做	10	

续表

要素	内容	劳动重点	分值	得分
时间表	起止时间、进度安排	何时做	10	
范围	组织层次或位置范围	涉及何人、何地	10	
预算	工具、物品、人力	需要投入多少资源和代价	10	
过程	运用劳动方法实施	顺利且有效地进行劳动任务	10	
应变措施	最坏情况计划	实际与前提不相符时的应对策略	10	

单元二　礼赞校园最美劳动者

【调查问卷】

你是否尊重劳动？	
1. 你是否认同劳动成果都来之不易？	A. 是　B. 否
2. 你是否认同当今社会仍需要勤俭节约？	A. 是　B. 否
3. 你是否认同人们应该理性消费？	A. 是　B. 否
4. 你是否认同父母的劳动成果应该得到珍惜？	A. 是　B. 否
5. 你是否认同网络资源也拥有知识产权？	A. 是　B. 否
6. 你是否认同公民有爱护社会公共财物的义务？	A. 是　B. 否
7. 你是否认同只有脚踏实地地积累才能获得伟大的成就？	A. 是　B. 否
8. 你是否认同劳动需要有计划地开展？	A. 是　B. 否
9. 你是否认同不同类型的人类劳动在本质上都是无差别的？	A. 是　B. 否
10. 你是否认同每一位劳动者都值得尊敬？	A. 是　B. 否
11. 你是否认为劳动有贵贱之分？	A. 是　B. 否

📝 学习目标

【知识目标】

掌握宣传板的制作要求；掌握宣传主题的设定方式。

【能力目标】

通过文字描述和图片配置，能够完成宣传任务。

【素质目标】

树立科学的劳动态度，引领班风、学风建设，塑造团队协作精神，促进个人全面发展。

一、发现劳动的美，尊重劳动

热爱劳动、崇尚劳动体现为尊重劳动成果及其背后的劳动者。即使在市场经济如此发达的今天，人们可以用金钱交换到各类商品与服务，也要对劳动成果给予尊重和保护。劳动本身是无价的，劳动创造出有价值的物品供社会消费，因此，劳动者是最伟大的。另外，劳动的过程也是一个奋斗的过程，取得成功需要以劳动成果的不断积累为前提。我们不仅要尊重劳动者，更要学会欣赏、保护和合理使用劳动过程中取得的每一项成果。

（一）合理使用自己的劳动成果

珍惜劳动果实，首先要学会合理消费和使用自己的劳动成果。勤俭节约是中华民族的传统美德。我们要建立正确的消费观念，合理地规划和使用自己的劳动所得，更好地发挥财富的价值。养成记录每一笔开支的习惯，分析找出自己消费结构的合理之处与不合理之处，并及时进行调整、优化，实现理性消费，形成积极的理财意识和消费习惯。

（二）尊重他人的劳动成果

尊重每一位劳动者，尤其是身边为我们的生活提供便利和服务的劳动者。无论是教书育人的教师，还是行政人员、食堂的打饭大姐、保洁员，他们都是平等的劳动者，都是以不同方式在为社会做出贡献的人。我们的新时代，只要肯劳动、会劳动、勤劳动，在任何岗位上都可以发光发热。

尊重身边其他人的劳动成果。从小事做起，不乱扔垃圾、不扰乱公共秩序，认真学习所有的小事情其实都是对劳动成果的尊重，对劳动者的尊重。

二、劳动内容

（1）选择一项校内实际的工作岗位进行工作内容的学习。

（2）采访一位该岗位的工作人员，了解其工作体会。

（3）实际操练。帮助受访者完成一项工作。

（4）与同小组同学进行交流，相互讲解自己的采访及实操过程，交流心得体会。

（5）根据亲身劳动的体会，结合采访内容，撰写一篇演讲稿。

三、劳动方法

观察法、劳动访谈法、头脑风暴法。

四、劳动成果

写一篇演讲稿，1 000 字左右。可结合当前时政，或热门事件，或印象最深的劳动模范事迹，抒发自己最真实的感情，由教师安排时间，激情饱满地向同学们演讲。

五、劳动评分

劳动评分见表4-3。

表 4-3　劳动评分表

评价标准	评价细则	分值	得分
演讲内容	中心鲜明，深刻，观点正确，见解独到	15	
	材料真实、新颖，反映客观事实，具有普遍意义，体现时代精神	15	
	语言自然流畅，富有真情实感，具有较强的思想性	10	
	结构完整合理、层次分明，论点、论据具有逻辑性	15	
语言表达	普通话标准，语速适当，吐字清晰，声音洪亮、饱满	10	
	节奏张弛符合思想情绪的起伏变化	15	
形象风度	举止自然得体，精神饱满，能较好地运用姿态、手势、表情表达对演讲稿的理解	10	
综合表达	演讲效果好，富有感染力	10	

模块五
校园劳动

新时代高校劳动教育应该真正实现与德智体美"四育"并举，以端正劳动价值观、培育劳动技能、养成劳动习惯、加强劳动实践锻炼为主要内容，挖掘内在价值与外在价值，实现两个价值的统一。实施劳动教育的重点是在系统的文化知识学习之外，开展校园劳动必修课，有目的、有计划地组织学生参加日常生活劳动、生产劳动和服务性劳动，充分发挥劳动的育人功能。

本模块需要学生完成三个实践项目，是校园生活中大家每天涉及的场所：教室、寝室、实训室，我们在其中生活、学习、实操。爱劳动要首先从爱护我们身边的环境开始。

单元一　教室清扫

【调查问卷】

你的"小家"干净吗？	
1.你是否喜欢在自己班级教室里上自习？	A.是　B.否
2.你是否认同"教室环境影响学习质量"这句话？	A.是　B.否
3.你是否经常在教室制造垃圾？	A.是　B.否
4.你是否积极主动帮助教师擦黑板？	A.是　B.否
5.你是否在发现教室电灯或电器产品未关闭电源的时候主动关闭？	A.是　B.否
6.你是否经常去其他班级的教室？	A.是　B.否
7.你是否按照班级值日表认真值日？	A.是　B.否
8.你是否经常整理自己的书桌？	A.是　B.否
9.你是否爱惜教室内的一切物品？	A.是　B.否
10.你是否同意收取班费装点我们的教室环境？	A.是　B.否

📝 **学习目标**

【知识目标】

认知校园生活、劳动实践的基本途径和意义。

【能力目标】

完成教室清扫实践任务，提升劳动实践能力。

【素质目标】

形成积极参与校园劳动实践的意识，能结合专业和自身实际养成劳动习惯。

一、教室清扫的意义

教室是学生学习生活的地方，营造良好的学习环境，干净整洁的教室能使同学们身心舒适愉快。一方面不会藏污纳垢、滋生蚊蝇，而造成叮咬、感染等卫生问题；另一方面窗明几净，更能赋予教室一种明亮且充满朝气的感觉。在这样的环境下学习不会昏昏欲睡，学习状态佳，上课气氛轻松有趣。因此，保持教室清洁卫生非常重要，有利于同学们的身体健康，也有利于同学们养成良好的卫生习惯。

与此同时，该项劳动可以让同学们有一种集体意识，培养同学之间的感情，发展学生的身心健康，提高学生的参与意识和责任意识。这样的集体活动，也能够让同学之间有团队协作的意识，分工明确，互帮互助，学会在活动中融入团队，默契配合。提高自身的基本素质，强健体魄，锻炼意志，优化品格，让我们用积极热情的心态面对未来的工作，知道劳动是光荣的。

二、劳动内容——教室清扫 6S 管理

教室 6S 管理是一种管理模式，6S 即整理（Seiri）、整顿（Seiton）、清扫（Seiso）、清洁（Seiketsu）、素养（Shitsuke）、安全（Security）。"6S"之间彼此关联，整理、整顿、清扫是具体内容；清洁是指将清洁做法制度化、规范化，并贯彻执行及维持结果；素养是指培养每位学生养成良好的习惯，并遵守规则做事，开展 6S 管理容易，但长时间的维持必须靠素养的提升；安全是基础，要尊重生命，杜绝违章。

1. 整理（Seiri）

将工作场所的任何物品区分为有必要和没有必要的，除了有必要的留下来，其他的都消除掉。

目的：腾出空间，空间活用，防止误用，塑造清爽的工作场所。

教室内物品，讲课桌上物品，学生课桌内、外物品，白板上字迹、教室内张贴物品等首先区分要与不要。

2. 整顿（Seiton）

把留下来的必要的物品依规定位置摆放，并放置整齐加以标识。

目的：工作场所物品一目了然，消除寻找物品的时间，维护整整齐齐的工作环境，消除过多的积压物品。

教室内劳动工具、体育用品等要摆放在教室前或后面的角落，摆放整齐有规律；学生课桌横竖成线，离开座位时，将椅子随手推回桌面下；教师讲课桌上除计算机鼠标外不能放置任何其他物品，且物品摆放整齐、美观；学生课桌内、外物品摆放整齐、有规律，学习用品要分门别类，下课后桌内要清空；黑板在教师下课后及时擦干净；教室内班训、奖状、学习专栏、学校通知等张贴要整齐、美观，要营造能体现班级、专业特色的教室文化。

3. 清扫（Seiso）

将工作场所内看得见与看不见的地方清扫干净，保持工作场所干净、亮丽的环境。

目的：稳定品质，提高效率。

教室内物品每天至少清理两次，每节课后要及时清理讲桌上物品、黑板上字迹，每节课后及时清理学生课桌内、外物品，教室内张贴物品每天要进行清理，教室内卫生每天至少要打扫两次，并做好卫生的保持工作。

4. 清洁（Seiketsu）

将整理、整顿、清扫进行到底，并且制度化，经常保持环境处在美观的状态。目的：创造明朗现场，维持干净、整洁的打扫成果。

物品摆放整齐有规律，黑板干净、整洁，教室卫生干净，窗明几净，有幽雅、高尚的教室文化，制度健全、职责明确。

5. 素养（Shitsuke）

每位成员养成良好的习惯，并遵守规则做事，培养积极主动的精神（也称习惯性）。

目的：培养良好习惯、遵守规则的学生，营造团队精神。

要有教室物品摆放的标准和检查监督制度，要有卫生打扫、检查、保持的制度，教室内物品要有专人负责保管。

6. 安全（Security）

重视成员安全教育，每时每刻都有安全第一观念，防患于未然。

目的：建立起安全生产的环境，所有的工作应建立在安全的前提下。

班级有安全教育和安全检查制度，并能认真执行。能在大型活动前、学生离校前对学生进行安全教育，定期检查班级公共设施完好情况，发现问题，及时上报；设置班级安全责任人，安全工作有记录、有台账（图5-1）。

用以下的简短语句来描述6S，也能方便记忆。

整理，要与不要，一留一弃；

整顿，科学布局，取用快捷；

清扫，清除垃圾，美化环境；

清洁，清洁环境，贯彻到底；

素养，形成制度，养成习惯；

安全，安全操作，以人为本。

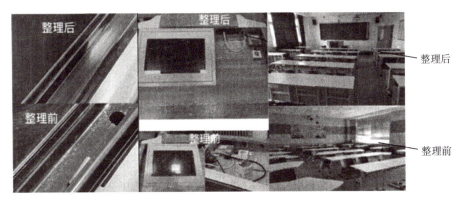

图 5-1　6S 教室管理——清理工作成果

三、劳动方法

小组协作法、分期任务法、分工法。

四、劳动成果

以小组为单位，分配不同的任务，按照评分标准打扫教室，并上传打扫教室过程照片。

五、劳动评分

教室清扫评分办法参见表 5-1。

表 5-1　教室清扫评分办法

教室清扫任务			
任务目标	此次任务旨在宣传人文校园环境理念，进一步为全校师生营造一个温馨、整洁、舒适的生活和学习环境。同时，激发同学们的爱护校园环境的热情，使同学们能在日常生活中自觉维护校园环境卫生		
实施过程	清扫教室卫生死角、清理室内灰尘、清理个人卫生区域、物品摆放合理、整齐有序		
项目	分值	评分标准	得分
地面	20	清洁，无果皮纸屑、口香糖等杂物，地板清洁无污渍，垃圾桶无异味	
门窗、窗台	20	清洁无灰尘、污渍，玻璃干净 （玻璃只擦底部内表面并注意安全，严禁学生爬窗台！）	
清扫工具	20	工具摆放有序、整齐	
黑板	10	黑板面清洁，粉笔整齐摆放	
桌椅	10	桌椅面整洁，凳椅整齐摆放于课桌下，书籍摆放有序	
灯、开关	10	灯管清洁，灯罩无灰尘，开关洁净	
讲台	10	讲台整洁，物品摆放有序	
总分	100		

单元二　寝室打扫

【调查问卷】

问题	答案选项			
1. 你的性别是什么？	A. 男		B. 女	
2. 你的年级是哪个？	A. 大一	B. 大二	C. 大三	
3. 你认为所在寝室卫生状况怎么样？	A. 干净	B. 一般	C. 不干净	
4. 你所在寝室多久进行一次一般清扫？	A. 每天	B. 2～3 天	C. 一周以上	
5. 你所在寝室多久进行一次大扫除？	A. 一周	B. 两周	C. 两周以上	D. 没有
6. 楼道和洗漱池卫生怎么样？	A. 好	B. 一般	C. 差	D. 极差
7. 厕所卫生怎么样？	A. 好	B. 一般	C. 差	D. 极差
8. 你的室友是否注意寝室卫生保洁？	A. 有	B. 部分	C. 没有	
9. 寝室垃圾多久倾倒一次？	A. 马上	B. 一天	C. 两天	D. 更久

学习目标

【知识目标】
掌握寝室打扫的基本要求。

【能力目标】
能够掌握寝室打扫相关工具的使用方法，提升劳动实践能力。

【素质目标】
强化劳动意识，从小事、身边事着手激发劳动积极性。

寝室是学生学习、生活、休息的重要场所，寝室环境是学生精神面貌和个人素质的直接体现。因此，寝室环境同学生的身心健康密切相关，全体学生都应该积极维护整洁文明的寝室环境。

一、寝室现状

众所周知，大学寝室是大学生们集体生活的地方，同时也是一个令人放松的场所。在寝室里面，大学生不仅可以日常居住和学习，还能够和室友谈天说地、畅谈人生。因此，大学宿舍是一个非常休闲的场所，每个人都应该维护寝室的环境卫生，让大家居住起来有一个更加良好的环境。爱护寝室卫生也是每个人都应该做的事情，但是有一些寝室由于学生比较懒，卫生保持并不好，甚至出现了脏、乱、差的情况。居住在这样的寝室内，就会影响学生的身体健康。部分学生表示，这只是常态而已（图5-2）。

图5-2 寝室现状

由于不同的学生的生活习惯不同，行为习惯也不同，因此对于环境卫生的保持也有很多的差异。有很多大学寝室都出现了"脏乱差"的情况，很多大学生为了节约时间，早晨起床的时候不叠被子，同时也不注意寝室的卫生，什么东西都往寝室里面放。甚至连刚刚洗过的衣服也放在寝室内。过于潮湿的环境下会滋生大量的细菌，也会影响到自己的身体健康。还有很多大学生将自己的棉被及一些杂物扔到了没有人居住的床位上，虽然自己方便了，却让整个寝室都显得非常脏乱。

要说大学寝室"脏乱差"的问题，我们还得看一下每个人在寝室里面的行为。对于每个大学生来说，最应该保持清洁的就是自己的书桌。因为每个人的书桌面积都是有限的，仅仅只有 $2 \sim 3 \ m^2$。如何在有限的空间内，更好地整理和布局自己的物品，就显得非常重要。而很多大学生往往都会购买计算机和一些书籍，如果不注意物品的陈列，就会让书桌显得非常凌乱，也会影响大学生的学习效率（图5-3）。

图5-3 寝室物品摆放现状

另外，还有很多的宿舍通道都会张贴各种各样的海报及告示，而这样做的意图可能也是方便大家查看。但是有些大学宿舍外张贴了很多的"牛皮癣"，这会让整个宿舍楼看起来非常"脏乱差"。虽然每个人都觉得自己只张贴了很小的一部分，但是宿舍楼环境卫生是靠大家一起来维护的，只有每个寝室做好了，其余寝室都会跟着做好。相反，一个寝室对外张贴"牛皮癣"，其他的寝室看了之后也会出现这样的行为，从而形成一个恶性循环。而宿舍楼内的过道作为公共区域，同样应该引起重视，大家都应该维护公共区域的环境卫生。

还有一些大学生为了自己方便，将电脑桌搬到了自己的床铺上，这样晚上在看电视剧

或者玩游戏的时候将会非常方便。尤其是到了冬天气温下降，大学生也不愿意坐到书桌前，因此他们会买一个小书桌放在自己的床位上面，这样就可以躺在被窝里面用电脑了。虽然这样做确实给自己提供了便利，但是对整个寝室环境造成了一定的影响。同时，也会造成用电安全的隐患。

劳动故事：一屋不扫何以扫天下

二、劳动内容

（一）"六净""六无""六整齐"

（1）"六净"：地面干净、墙面干净、门窗干净、玻璃干净、桌椅橱柜干净、其他物品整洁干净。

（2）"六无"：无杂物、无烟蒂、无乱挂现象、无蛛网、无酒瓶、无异味。

（3）"六整齐"：桌椅摆放整齐、被褥折叠整齐、毛巾挂放整齐、书籍叠放整齐、鞋子摆放整齐、用具置放整齐。

（二）自觉做到"六个一"、自觉遵守"六个不"

（1）"六个一"：叠一下被子、扫一下地面、擦一下台面、整一下柜子、理一下书架、倒一下垃圾。

（2）"六个不"：异性寝室不进出、外人来访不留宿、危险物品不能留、违规电器不使用、公共设施不损坏、果皮纸屑不乱丢。

（三）杜绝寝室不文明行为

不在寝室养宠物、不在寝室吸烟、不在寝室门口堆放垃圾、不乱用公用洗衣机。

三、劳动方法

小组法、分工协作法、自我评价法、组间互评。

四、劳动成果

制作一个小视频，记录寝室全体人员打扫寝室的过程。在视频中要明确体现分工，打扫过程的要领，打扫前、中、后寝室的变化。视频可搭配背景音乐、讲解，时长最短30秒。

五、劳动评分

（一）任务目标

（1）素质目标：让学生亲身参与到劳动中来，体验劳动，并切身体会到劳动的辛苦和劳动成果给自己带来的成就感、收获感、喜悦感，树立正确的劳动教育观念，培养吃苦耐劳的良好品质。

（2）知识目标：通过打扫寝室卫生，学习掌握卫生健康知识、垃圾分类知识，熟悉寝室卫生打扫的基本要求和劳动要点。

（3）能力目标：在劳动过程中，注重培养学生正确使用劳动改造与内务整理能力，提高学生动手能力，引导学生养成勤动手、爱整洁的良好习惯。

（二）实施过程

1. 实践场所

学生寝室。

2. 材料与工具

扫帚、簸箕（畚斗）、垃圾袋、垃圾桶、拖把、水桶、抹布、消毒液、手套等。

3. 实践操作

（1）分组、制订计划。在打扫卫生之前，先按照寝室情况进行分组，寝室成员一起讨论、确定劳动目标，根据团队成员个人的实际情况，发挥每个人的特点优势，协商确定工作分工，明确工作任务。

（2）开展安全教育。结合劳动任务，开展必要的安全教育，如安全用电、小心玻璃划伤等。

（3）劳动步骤。劳动步骤见表5-2。

表 5-2 劳动步骤

序号	具体步骤	操作及说明	劳动标准
1	材料与工具准备	准备扫帚与水桶等，并检查工作是否齐全，能否正常使用	工具准备齐全，可正常使用
2	打扫室内卫生	对宿舍内地板、墙壁、房顶等进行清扫，做到"六净""六无""六整齐"	清扫效果明显，做到"六净""六无""六整齐"
3	垃圾分类	对清扫出的垃圾按照可回收垃圾、厨余垃圾、有害垃圾和其他垃圾4类进行分类	分类准确无误
4	垃圾清运	用垃圾袋将分类后的垃圾集中运送至相应的垃圾箱	清运干净，无遗落

序号	具体步骤	操作及说明	劳动标准
5	内务清理	对牙杯、水桶、脸盆、毛巾等进行归类整理；桌椅摆放整齐，整理桌面物品，小件物品装入柜子、抽屉，搭建物品摆放整齐；行李箱放到箱架、柜子里或床底；床上物品叠放整齐、有序，被子统一叠成"豆腐块"	床上被褥叠放整齐；衣物装入衣柜或箱子里；桌面整洁干净，物品分类放置整齐，无杂物
6	收拾清理	对使用后的劳动工具进行收拾整理，并整齐摆放到指定位置	工具齐全，摆放整齐

（三）劳动评价

寝室打扫结束后，由寝室长组织小组进行讨论，充分听取大家的意见、建议，每位成员对自己的劳动态度、劳动质量、劳动效果进行自我评价，总结自己在掌握劳动知识、技能，增强合作意识、沟通能力，培养创新意识、吃苦耐劳精神方面的体会和收获。具体评价工作可参考表5-3和表5-4进行。

表5-3　寝室打扫自我评价表

劳动内容			
评价方式	评价标准	分值	得分
自我评价	提前查阅了寝室打扫方面的相关资料	5	
	能够做好准备，准时参加团队活动	5	
	全程参与劳动过程，并发挥了积极作用	15	
	不怕脏和累	10	
	乐于助人，愿意帮助团队其他成员	5	
	言行举止得体，有利于团队合作	5	
	高质量完成自己所承担的工作任务	15	
	遵守劳动安全规定和操作要求	15	
	分工合理，能够合理调配资源	15	
	劳动有创新	10	
总分		100	
劳动感悟			
教师评价			
填表人		填表日期	

表 5-4 寝室劳动过程量化记录表

劳动时间	_____年_____月_____日		
寝室成员			
准备工作	1. 集体发现寝室中的卫生与收纳问题，研究解决方案； 2. 设计美化装饰方案； 3. 准备劳动工具和劳动物资； 4. 打开门窗，保证劳动地点通风； 5. 任务分工		
寝室劳动得分标准			
	内容	分值	得分
阳台要求	地面无垃圾；无杂物；行李物品有序摆放；窗帘白天向两侧拉开	10	
窗台要求	无任何杂物；窗台上无灰尘	5	
屋内玻璃	玻璃洁净明亮，粘贴装饰物有美感且不影响光线，窗框、阳台门框无灰尘	5	
床铺要求	床上用品干净整齐，被子以豆腐块状叠好，床单无褶皱，被子统一摆放于靠近窗一侧，床上不摆放衣物，装饰品统一放于枕头靠墙一侧。床帘白天打开，一边拉帘的都靠向临窗近的一侧；双面拉帘的打开，保持布面垂直	20	
桌面要求	桌面上学习用品、生活用品分类整齐摆放，桌面上无灰尘，若有桌面装饰寝室全体需统一，椅子放于桌子下方，椅背上不挂任何物品	20	
鞋物要求	外穿鞋子整齐摆放于床下左侧（面对床站立），拖鞋紧挨外穿鞋子。其余鞋子收纳至床下内侧或柜内。洗漱用品、暖壶等生活用品寝室统一划出摆放地点，整齐有序摆放	15	
地面要求	地面整洁，无水渍、污渍、果壳、废物等	10	
空气要求	保持室内空气流通，每日按时换气，保证空气清新无异味。及时清理垃圾，防止发出腐败气味。注意个人卫生，及时清洗体味大的贴身衣物	5	
主题与美化	寝室可统一进行美化设计，呈现统一色调、风格，运用恰当的艺术形式展现寝室文化。禁止墙壁桌面出现个人行为的粘贴	5	
劳动工具要求	在阳台划归一角整齐摆放劳动工具；垃圾桶放于寝室门后方	5	
总分			
劳动心得			

▶ 实践守则

某高校学生寝室卫生管理规范

（1）寝室卫生保洁由寝室成员共同负责，寝室长统筹安排，寝室成员轮流值日，坚持做到每日一清扫。

（2）寝室成员不得将有异味的食物带回寝室食用。

（3）寝室内垃圾每天由值日生负责，按照分类原则倾倒到指定地点，不得堆积在寝室门外。

（4）寝室公共物品要按照学校统一要求，放置在规定位置，不得随意挪动。

（5）寝室内要保持干净整洁，做到窗明几净，灯具无尘土，门窗无污物，室内无异味，墙壁无蛛网、窗台无杂物，禁止私拉乱接电线。

（6）寝室地面要保持干净，无烟蒂、果皮、纸屑等。

（7）床柜物品摆放整齐有序。

（8）寝室内可有计划地开展寝室文化建设，但墙壁不得张贴内容不健康的宣传品。

（9）床上被褥干净整洁、叠放整齐，无其他衣物，个人生活用品摆放有序。

（案例来源：百度网）

知识拓展：
清洁小技巧

单元三　实训室 8S 管理

【调查问卷】

实训室管理状况调查问卷	
1. 你对实训室的管理制度了解吗？	A. 了解　B. 不了解
2. 你认为进入实训室人员的衣着整洁度如何？	A. 很好　B. 一般　C. 很差
3. 你认为实训室物品摆放合理吗？	A. 合理　B. 一般　C. 不合理
4. 你认为实训室内场地、物品、设备干净整洁吗？	A. 很好　B. 一般　C. 很差
5. 你认为实训室空间规划利用合理吗？	A. 很好　B. 一般　C. 不合理
6. 你认为实训室内各个物品用途、用法、使用频率标识清晰吗？	A. 很好　B. 一般　C. 很差
7. 你认为实训室各个物品的放置位置标识清楚吗？	A. 很好　B. 一般　C. 很差
8. 你认为实训室内废弃器械及垃圾的处理到位吗？	A. 很好　B. 一般　C. 很差
9. 你对实训室目前的管理满意吗？	A. 满意　B. 不满意
10. 你认为当前实训室存在的最大问题是什么？	_____

📝 **学习目标**

【知识目标】

了解 8S 管理内容，明确 8S 管理目的。

【能力目标】

能够提升大学生劳动实践能力。

【素质目标】

提升大学生规范、秩序意识，提高大学生劳动素养。

8S 管理是一种现代管理方法，企业实施 8S 管理法的目的主要是在现场管理的基础上，通过创建学习型组织不断提升企业文化的素养，消除安全隐患、节约成本和时间。目前，8S 管理已被广泛应用于大学实训室管理当中。所谓的 8S，就是整理（Seiri）、整顿（Seiton）、清扫（Seiso）、清洁（Seiketsu）、素养（Shitsuke）、安全（Safety）、节约（Save）、学习（Study）8 个项目，因其发音均以"S"开头，简称为 8S。

一、实训室 8S 管理

8S 管理的内容、目的、实施要求见表 5-5。

表 5-5　8S 管理的内容、目的、实施要求

管理项目	管理内容	管理目的	实施要求
整理	区分要和不要的物品，将不要的物品清除掉	实训场所规范有序，行道畅通，改变混乱状态，拓展实训空间，营造清爽、和谐、宽敞的实训场所，便于实训场所灵活运用	1. 对实训室全面检查，包括看得到和看不到的； 2. 制定"要"和"不要"的判别标准； 3. 要有决心将不要的物品清除出实训室； 4. 对需要的物品调查使用频率，决定日常用量及放置位置； 5. 制定废弃物处理方法； 6. 每日自我检查
整顿	要用的物品依规定定位、定量摆放整齐，明确标识	实训场所一目了然，创设整齐划一的实训环境，节省寻找物品时间，尽快进入有效工作状态	1. 前一步骤整理的工作要落实到位； 2. 流程布置，确定放置场所，明确数量； 3. 规定放置方法； 4. 划线定位； 5. 场所、物品标识明确
清扫	清除实训室内的脏污，并防止污染发生	保持实训室整洁干净	1. 建立清扫责任区（工作区内外）； 2. 执行例行扫除，清理脏污，形成责任与制度； 3. 调查污染源，予以杜绝或调离； 4. 建立清扫标准，并作为规范执行
清洁	将整理、整顿、清扫进行到底，并且制度化，经常保持环境处于清洁的状态	维持"整理、整顿、清扫"成果	1. 前面 3S 工作实施彻底； 2. 定期检查，实行奖惩制度，加强执行； 3. 管理人员经常带头巡查，以表重视

续表

8S 管理项目	8S 管理内容	8S 管理目的	8S 实施要求
素养	养成良好习惯，并遵守规则做事，培养积极主动的精神	培养师生的良好习惯，遵守规则，养成严谨认真的工作习惯	1. 培训共同遵守的有关规则、规定； 2. 新教师及新生强化教育与实践
安全	重视师生安全教育，每时每刻都要有安全第一的观念	建立安全生产的实训环境，所有实训工作必须在保障安全的条件下进行	1. 落实安全工作； 2. 时查时防，专人负责； 3. 清除隐患，安全生产实践
节约	减少人力、成本、空间、时间、库存、物料消耗等因素	养成降低成本的习惯，强化师生减少浪费的自觉	1. 用以校为家的心态对待学校的实训资源； 2. 能用的东西尽可能利用； 3. 切勿随意丢弃东西，丢弃前要思考其剩余的使用价值； 4. 减少动作浪费，提高作业效率； 5. 加强时间管理意识
学习	深入学习各项专业技术知识，从实践和书本中获取知识，不断向同学及教师学习	使师生知识技能得到持续改善	1. 学习各种新的技能技巧，不断满足个人学习发展要求； 2. 互补知识面与技术面的薄弱，互补能力的缺陷，提升整体竞争力与应变能力

二、实训室 8S 管理的劳动过程

1. 学习设备使用与维护方法

以小组为单位，在教师指导下，熟悉实训设备的技术性能及规则原理，掌握实训设备操作规程的相关要求。

2. 做好安全准备

按照实训要求佩戴劳保用品，着装须符合劳保用品佩戴要求，要对设备运行过程中产生的意外情况做好预防及应急预案，如发现设备存在安全隐患或其他问题，要及时记录和保修（图 5-4）。

3. 进行设备操作

在教师的指导及同学的互相帮助下，合理、合规地正确操作设备，遵守设备操作规则，尽量避免重复动作及错误操作，从而节约耗材及时间。设备使用后，按要求对设备进行简单的维护。

4. 整理整顿实训设备

将实训物品进行整理，不得随意丢弃。有用物品按规定分类放置，无用物品需在教师确认后，按实训室废弃物处理方法进行处理。设备使用及清洁结束后，将实训设备按照各实训室规定的放置方法进行整理整顿，清点设备数量，按标识放置在指定位置。

5. 清扫实训室

教师将实训室卫生责任区划分到组，各组员按照实训室的清扫规范，精细擦拭实验台、桌椅、黑板、工具箱、置物架等，清扫拖洗地面，倾倒垃圾，以达到清扫标准。

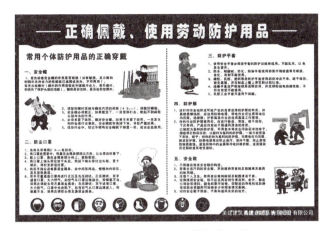

图 5-4 劳保用品佩戴规范示意

6. 清洁实训室

教师安排各组轮流、定期对实训室进行清扫、整理及通风，以保持实训室内的环境卫生，做到设备摆放整齐，门窗玻璃无破损、无灰尘，地面无积水、无垃圾。

7. 填写实训室日志

按照 8S 要求，填写实训设备使用维护及整理、整顿情况，实训室清扫清洁情况，学习内容，职业素养等方面内容，做到如实记录（表 5-6）。

表 5-6 实训室日志

课程名称及项目内容		
专业班级		
学生姓名		
使用时间		
使用类型	课程实验	
	实习实训	
	卓越技师	
	技能竞赛	
	其他活动	
8S 实施记录	整理	
	整顿	
	清扫	
	清洁	
	素养	
	安全	
	节约	
	学习	

续表

教师评价	情况描述	
	设备使用	
	学习过程	
	8S 实施	
	指导教师签字	

填写实训室日志的要求如下。

（1）每次使用仪器设备的学生填写实训室日志。

（2）使用时间填写样例：第18周12月3日周五1～2节。

（3）使用类型、8S实施记录对应项目打"√"。

（4）情况描述：如无问题，填写"正常"。如存在问题，简要描述，以利于整改维修。

（5）教师填写教师评价，评价分为4个等级：A为优秀、B为良好、C为合格、D为不合格。

三、劳动方法

小组法；分工协作法；自我评价法；组间互评法。

四、劳动成果

制作一个小视频，记录小组全体人员打扫本专业实训室的过程。在视频中要明确体现分工，打扫过程的要领，实训完打扫前、中、后的变化。视频可搭配背景音乐，讲解，时长最短30 s。

五、劳动评分

（1）实训室8S管理过程考核见表5-7。

表5-7　实训室8S管理过程考核表

任务类别	□个人任务		□团队任务
个人姓名		班级	
团队成员		班级	
阶段任务内容（满分50分）	阶段任务要求、完成情况等		得分
收到任务，分析任务（5分）	收到任务后，小组成员分析任务，确定要完成的劳动内容后，学习实训室8S管理方法		
学习实训设备安全操作规程（10分）	认真阅读安全操作规程，熟记每一项要求		

续表

阶段任务内容（满分50分）	阶段任务要求、完成情况等	得分
设备操作（10分）	不出现错误操作及重复动作，合理合规正确操作	
清扫实训室（10分）	达到清扫标准，整洁干净	
清洁实训室（5分）	门窗玻璃无破损、无灰尘，地面无积水、无垃圾	
填写实训室日志（10分）	规范填写，记录详尽	
总得分		

（2）实训室8S管理个人成绩评价见表5-8。

表5-8 实训室8S管理个人成绩评价表

姓名		班级	
劳动心得体会（总结本次劳动任务完成情况，掌握了哪些知识和技能、锻炼了哪些能力、体验了哪方面的劳动精神等）（满分10分）			
得分			
劳动任务个人完成效果多方评价（满分20分）	评价要求		得 分
自我评价（5分）	1.能认真参加劳动，积极学习相关的知识和技能； 2.能预先制订劳动计划，围绕劳动目标，有效地完成劳动；		
同学（其他团队、小组）评价（5分）	3.能通过网络、社会企业等多种途径调查收集资料，并对收集的信息进行有效处理，能从不同角度了解行业、产业和企业信息； 4.能在规定的时间内完成劳动任务，劳动记录及时、真实、完整，文字表达清晰准确； 5.在劳动过程中能虚心听取他人的意见建议，不断进行自我反省，发现问题能及时更正；		
教师评价（10分）	6.能高质量地完成劳动任务，成果显著并有创新		
总得分			

（3）劳动任务成绩汇总见表5-9。

表5-9 劳动任务成绩汇总表

序号	评价内容	分值	得分
1	劳动任务实施计划	10	
2	劳动任务完成过程	50	
3	劳动成果	10	
4	劳动心得体会	10	
5	个人完成效果多方评价	20	
合计		100	

模块六
生活劳动

生活劳动是指生活中必须从事的无报酬劳动。家务劳动看似平常，却是一项非常有意义的家庭活动。不仅有益于身心健康，还可以增强生活责任意识，养成良好的劳动习惯，进而为未来的职业工作打下良好的基础。

本模块需要学生完成收纳整理、清洁、烹饪三项实践内容。这三项生活基本劳动可以使学生的生活变得更加舒适、美好。

单元一　整理收纳

📝 学习目标

【知识目标】

掌握不同种类物品的分类方法；熟悉不同收纳工具的使用方法；了解劳动安全的基本知识。

【能力目标】

能够根据物品种类和大小合理选择收纳工具，并正确使用；能够按照规定要求完成个人物品收纳任务；能够根据实际情况进行整理和调整，使个人物品收纳更加有条理。

【素质目标】

培养良好的整理和收纳习惯；提高自我管理和自我约束的能力；增强团队合作精神，遵守规定，共同维护整洁的劳动环境。

一、摆脱"混乱"生活的重要性

在现代生活中，收纳早已不是一个简单的话题，它既是一门技术，也是一门艺术。好的收纳方案最关键的是要从个人的生活习惯入手，人们需要采用高效的整理收纳方法，来帮助自己理顺生活，摆脱"混乱"（图6-1）。

图6-1　物品收纳前后对比

收纳是一种筛选必要物品的工作。在筛选必要物品的时候，要考虑两个维度：一个是自己与物品的关系；另一个是当下的自己是不是与物品在时间轴上有联系，进而对物品进行取舍、选择、存放的过程。

二、整理收纳的步骤

（1）确定空间。这里的空间是指家里储物空间，如书柜是收纳书的空间，衣柜是收纳衣服的空间等。

（2）集中物品。比如书柜空间，物品就是书籍，把家里所有相关书籍都整理集中起来。

（3）认识自己。物品集中起来，需要你去选择和处理，这不是简单的扔东西和归置物品，是决策和判断的过程。

三、整理术

（一）衣——省钱式衣柜整理术

1. 两米衣柜装所有，告别"换季乱"

（1）想规划好衣柜，首先规划好衣服的种类与数量。

①种类。想想周一到周五上班需要穿什么衣服，套装类、商务休闲类还是休闲类？

②数量。每季准备7套衣服，一周不重样就可以。如果你喜欢两周甚至一个月不重样也可以。一季7套，一年有四季，春秋可以合二为一，所以即使在北京这样四季分明的城市，21套衣服也足够应付上班需要了。而且冬天里面可以穿春秋的衣服，冬季这7套可以包括风衣、羊绒大衣、长羽绒服、短羽绒服、冲锋衣、夹克和棉服。这样，一个精简实用的衣柜就搞定了。

（2）整理衣服的环节。整理衣服可以采用以下四个方法。

1）心动法：拿起一件衣服，感受一下自己是否怦然心动？如果是，就留下，不心动就丢弃。

2）递进选择法：选出一定数量的衣服，剩下的都不能要。它能让你明白自己的标准和喜好，这些选出来的衣服都是你最喜欢的。

3）五步法：看、想、问、穿、拍。

①看：对着光仔细查看，如果衣服上有污渍或破洞，能洗的洗、能修的修，没得救就不要了。

②想：拿起一件衣服，想想上一次穿它是在什么时间，如果间隔很长，基本以后你也不会穿，也可以淘汰。

③问：如果还是拿不定主意，也可以问问自己，"明天如果天气合适，出门我会穿这件吗？"如果不会的话，继续问是为什么。

④穿：看看衣服是不是依然适合你现在的身材与气质。

⑤拍：穿了之后还是不知道，就拍照给衣品好又"毒舌"的朋友看看，相信你很快会有答案。

4）四分法：根据自己的喜好和习惯，将物品分成四类，喜欢又常用的衣服一定要放在最好拿、好放的区域；反过来，不喜欢、不常用的物品要尽快流通掉；有一些喜欢又不常用的衣物则好好收起来，需要的时候能拿到就好；不喜欢但是经常穿的，有机会把它们换成喜欢又常用的。

2. 站式整理，衣柜不杂乱

衣柜规划：根据使用的频率，从上至下可以分成不常用、最常用和次常用三个区域，对应的功能分区就是储存区、悬挂区和折叠区。

上部：储存区。高于挂杆的部分，推荐搁板＋收纳袋的设计，最好选有拉手的，用的时候方便。这部分可以用来收纳第二类喜欢却不常穿的衣服或换季时收纳秋冬的衣服等。

中部：悬挂区。用挂杆和衣架将常用的衣物挂起来，这部分可以用来收纳四分法中经常穿的衣服。

底部：拼叠区。收纳不需要悬挂的衣服，如袜子、内衣及家居服等。

（二）食——省地式厨房整理术

1. 让厨房由小变大

厨房堪称是家里物品种类最多的地方。厨房内的物品有五谷杂粮、油、盐、酱、醋等，种类繁杂。那么，如何才能把这些东西规划好呢？

按照用途划分，厨房物品可分为餐具类、烹饪器具类和食材类（图6-2）。其规划原则如下。

（1）就近：例如，水盆收在水槽下，锅收在灶台下，以方便使用。

（2）集中：分类后同类物品集中放置便于使用，也方便掌握物品的数量。

（3）站立：无论是锅、盘子还是任何物品，争取都站立收纳，拿取方便。

（4）无物：如果想五分钟清洁厨房，尽量将物品收纳在柜子或抽屉里面，台面少物或无物。

（5）头要"轻"，脚要"重"：就是轻的东西放吊柜，重的东西放地柜。

（6）区分客用、备用、不常用：厨房空间小、物品多，只保留最常用的。对客用和备用物品另外找地方存放。

图6-2 厨房物品分类

2. 轻松搞定厨房品类多问题

将所有物品取出来放到地面上，同类物品集中放置。

（1）看：看是否过保质期。

（2）分：客用单独拿出，再根据喜欢和常用两个标准把物品进行分类，最好将常用物品收到橱柜最顺手的位置，喜欢、不常用的和客用物品集中收纳，不喜欢、不常用的拿去流通。

（3）算：计算需要收纳的物品数量，配置合适的收纳工具。

（4）放：利用收纳工具将物品放到规划位置，记得用完物归原位。

3. 厨房物品收纳

（1）清洁类盆：说到清洁类，不得不提的就是各种洗菜、洗水果的盆。为了充分利用空间，可以使用水槽架。

（2）洗涤类：有的洗涤类物品一天用好几次，称为高频使用的物品，如洗碗巾、抹布等。这些物品必须放在水槽周围能通风的地方晾干，推荐在水槽附近安装一根横杆。洗涤液、洗手液这类天天使用的物品，可以购买同色的容器统一收纳。

（3）垃圾类：一般丢垃圾都会在水槽附近，所以把垃圾桶安排在离水槽近的地方会非常方便。

（4）餐具类：餐具的位置建议灵活一些，跟随使用的地点收纳。比如碗筷，其实每次都是在餐桌上用得最多，可以准备一个餐具盒放到餐桌附近。

4. 冰箱规划整理

冰箱规划整理可以采用五步法。

第一步：取出所有物品，可以分冷藏、冷冻两次取出。

第二步：查看食物是否过期变质，不好的直接处理。

第三步：分类。根据冰箱的结构及个人习惯，给不同种类食材固定区域，相同种类食材按类别集中。

第四步：计算同类物品需要多大空间，需要几个收纳盒。

第五步：归位。将东西放在规划好的位置上，记得用完放回。

（三）住——省事式房间整理术

1. 合理划分区域

（1）打造玄关衣帽间：有以下三种空间规划方案。

①两米玄关：对于 100 m² 左右的户型，在保证深度 60 cm 左右的前提下，玄关的墙壁高度如有 2 m，则可以在这个玄关中布置"1 米鞋柜 +1 米衣柜"的完美组合。这种组合甚至可以实现你全部鞋子的收纳。1 m 衣柜装外套，下面配几个抽屉，装外出需要的物品，如帽子、手套、口罩等。

②一米玄关：这种玄关应该是最常见的，建议配置如下。

高区：一块搁板，放帽子和不常用的包。

中区：一个挂杆，悬挂外套。

低区：最好单配一个可调高度的鞋架，放置当季穿的鞋。

玄关物品收纳如图 6-3 所示。

③没有玄关：最简单的方法就是利用墙面，也可以考虑在门上安挂钩，挂钩有强磁、吸盘几种可以选择，至少挂几件外套没问题。再搭配一组"衣帽架 + 挂钩"，就能解决基本收纳需求。

（2）儿童物品收纳法。

①阶段一：0～3 岁。儿童房 = 主卧 + 客厅分区："睡眠 + 收纳"在主卧，"阅读 + 游戏"在

图 6-3　玄关物品收纳

客厅。儿童在主卧睡觉，换衣服也肯定都在这里，所以，预备一个小的抽屉柜或在衣柜划分出一块专门的区域给儿童会更方便。

②阶段二：3～6岁。独立的儿童房分区："睡眠＋收纳"在儿童房，"阅读＋游戏"在客厅。这时候的儿童房可以考虑配置"床＋衣柜"。不想客厅看起来太乱的话，可以设法将游戏区藏起来，可以用沙发或玩具架隔开。

应将客厅里阳光最好的位置划分出来供儿童使用。在其内放置书、玩具、小黑板等，使儿童可以写写画画、看书、玩玩具。

③阶段三：6～12岁。

收纳规划重点：学习区域。

这个年龄段的孩子学习自制力较差，需要更多的陪伴。可以在客厅中设计学习区域，这样既有利于家长在做家务的同时方便与孩子的交流，又有利于提高孩子写作业的效率。同时，客厅又是个多功能的家庭区域，这样的安排，可以变相地培养孩子的抗干扰能力。

衣柜规划：能挂的挂起来，省去叠衣服的时间。悬挂区放当季要穿的衣服，衣柜上面的区域放非当季的衣服。

④阶段四：12岁＋。

收纳规划重点：尊重孩子的意见。

该年龄段的孩子即将进入青春期，需要更多自己的私密空间。同时他们具备独立的思考能力。尊重孩子的个人意愿，只要方案合理可行，就按照孩子自己的方案执行。

（3）打造干净舒爽的四分离浴室（适用于装修阶段）。四分离是指浴室、马桶、洗手盆和洗衣机分布在四个不同的空间，便于利用。

①四步之一：洗衣机分离。为了安全，建议将洗衣机先分离出去。可以单独为洗衣机规划一个区域，洗完澡出来直接洗衣服。如果配合烘干机或取暖干燥机，还可以实现晾晒功能。

②四步之二：洗手盆分离。在洗手盆和马桶之间砌一堵假墙。空间够大的话，可以用收纳柜代替墙，配上镜柜和底部抽屉柜，收纳能力大大提升。

③四步之三：马桶分离。这是最有必要也是最难的一步，可采用隐蔽式水箱＋壁挂马桶＋移位器的方法进行装修。卫生间也可以很干净整齐，还兼顾储物功能。

④四步之四：淋浴、浴缸分离。是否需要这种形式看个人习惯。

（4）不拆墙不动土，让浴室焕然一新。一般浴室会出现的问题总结如下。

①收纳。小：护肤品、彩妆、牙具等。中：毛巾、洗脸盆、洗脚盆、卷纸。大：婴儿浴盆、大浴巾。

②晾晒。毛巾、浴巾、随手洗的小衣物。

③温度、湿度调节。冬暖夏热去水汽。

护肤、彩妆都最好放置在自然光线下，最好能在卧室规划一个梳妆台。当然，也可以放置一个镜柜来进行收纳。如果可能，可增加洗手盆下部的收纳空间，最好是安装抽屉，

使用方便。有了镜柜和洗脸池柜，基本上就能收纳好所有的物品了。

浴室的毛巾每天都要使用，拿到晾晒区去晒太阳最好，如果室内晾晒，建议安装浴霸或取暖干燥机等，能让毛巾变得干燥又柔软。

2. 合理规划，利用好垂直空间

当一个区域有大量物品堆积在一起时，可以考虑借助空间进行垂直收纳，在摆放的时候将它竖起来，这样就可一目了然，同时提升了抽屉和柜子的容量。创造更大的利用价值。

（1）定位收纳物品。

①同类集中。做好空间的规划后，就轮到物品了，可以将家里的所有物品进行大致的空间分类，每一类物品有对应的收纳空间。例如：家里所有囤积的零食，都安排放在固定的零食柜子中；同类物品集中收纳管理，便于日常更好查找与拿取。

②多次细分。当物品集中管理时，就会发现同类物品的数量也不少，这时候就需要对物品进行细分了。家中大多数物品都是小而零散的，就像一个抽屉台的空间，里面也有几十甚至上百件物品。一般情况下，细分物品比较零散，这时候需要借助收纳工具进行分隔。经过细分收纳后，零散的物品更一目了然。

③固定位置。物品经过分类后，就等于已经定位收纳在那个位置上，除非这件物品已不符合你的需求，否则不要轻易变动。

④形成定位习惯。物品摆放一定要分类，分类的标准可以按照自己的需求、习惯和偏好确定。特别需要注意的是每一种分类都要习惯放在固定的位置，有了固定的位置，下次找的时候就可以按照直觉随拿随用了。

（2）巧用透明容器。

①去包装。为了更方便收纳，物品更整齐有序，我们可以去掉物品包装，利用收纳盒分隔收纳物品。在视觉上减少信息的杂乱，这也是一种帮助找到整齐感的方式之一。

②可视化。在选择收纳工具时，优先选择透明可视类，再加上标签，就能快速辨别物品。使用统一的、合理暴露的收纳工具，在视觉上也会更加清爽、舒适。

（四）行——省时式出行整理术

1. 五分钟钱包整理术

（1）钱包五步整理法。

第一步：平铺。把钱包里的东西都拿出来，放在桌面上。

第二步：整理。现在电子支付很方便，因此只需随身携带一张最常用的信用卡身份证、公交卡即可，将其余的卡放在家里备用。

第三步：分类。整理后的物品分为卡证和现金两大类。

第四步：计算。因为最后只需要带两张卡证和一些现金，可以放弃原来的大钱包。

第五步：归位。从上到下，从里到外，依次放身份证、现金和信用卡，以后出门带一个名片包就可以了。

（2）先规划后整理。每天随身携带的不外乎以下六种。

①手机：作为必需品，就算不带钱包也不能不带手机。

②充电宝：现在有些地区的商店已经有共享充电宝可租用了。

③钱包：上面讲到瘦身之后的小钱包。毕竟身份证是要装在里面的，如果开车的话，可以备一些零钱来结算。

④钥匙：小区门禁卡、家里的钥匙。

⑤纸巾：日常刚需，随身都会带。

⑥美妆类：每个人的清单不一样，可以带一支口红和用来补妆的基础化妆品。

由于每日带的东西不多，除手机、手表外，其他东西为了便于寻找，可以放进收纳袋里，一眼就能看到。每天出门根据自己所需取用。

2. 30 分钟，鞋柜理清楚

还是利用五步整理法，特别适合那些没有决心和行动力的人。

第一步：平铺。取出所有鞋柜里的物品。

第二步：整理。旧了、坏了、不想穿的等可以直接扔掉。

第三步：分类。留下的鞋子再按人、季节、类型分类。

第四步：计算。根据鞋柜的大小决定能留在鞋柜里鞋的数量，比如当季的放在鞋柜里，非当季的放在储藏室，当季装不下的也可以去第二储藏地点。可以根据鞋配鞋柜，看看是否需要更换新鞋柜。

第五步：归位。整理后放好位置，最好写个标签。脱下的鞋散味之后，及时回归原位。

鞋凳：即使有了鞋柜也建议搭配一个鞋凳，一是刚穿完的鞋需要通风散味再收进柜子；二是家里就算没有老人孩子，坐着穿鞋也会舒服很多；三是背包或买的东西可以有个地儿临时存放一下。

3. 旅行必备——行李打包法

（1）行李整理的 3 个要点。

①轻便：若旅行周期短，尽量少拿东西。

②适合旅行风格的衣服：根据出行天气和目的地挑选自己喜欢的衣物。

③一物多用：拿一把晴雨两用伞。大人孩子都带一件外套，当有小雨、降温或者进空调房间时可以穿。

（2）收纳。把所有需要带的物品整理好之后，开始收纳。找出收纳袋，把相关物品逐一装进去。

①第一大类是衣服：将衣服收纳在衣物袋里，前面说的有简单防雨功能的小外套，用于应付降温或者空调温度低的情况，收在装羽绒服的收纳袋里，以便寻找。鞋子准备两双，穿一双，再带一双拖鞋。

②第二大类是随身携带的物品：可以预备坚果、饼干和小零食，以及水杯、卫生湿巾等，都装在背包里随身携带。

③第三大类是洗护用品：可以带一条薄薄的小毯子和一次性床单被罩。洗护的用品中

牙膏是必须带的，还有防晒霜、毛巾。将洗护用品收到防水的小袋子里，没有防水的袋子用透明收纳袋也可以。

④第四类是药品：体温计、晕车药、腹泻药、创可贴等。必备品统统收在另外一种颜色的袋子里。

最终，所有的东西都被装在一个旅行箱里面，再加上带着随身物品的小背包，这样就可以出门了。

总结：做好规划之后，整理收纳就很容易了。

袋子有专用：尽量将同类物品集中收纳在一个袋子中，这样找东西会很方便。

宁少勿多：删繁就简就能多点力气玩。

收纳工具：如果没有现成的收纳袋，用各种尺寸的透明包装袋也完全没问题。

（五）用——省心式杂物整理术

1. 家庭文件收纳法

文件收纳很重要的一点就是固定地点存放，最好能固定到每一类物品。例如，所有文件类实体物品除煤气卡、水卡等放在厨房外，其余文件都集中收纳在书房。这样家人也能找得到。其中，证件类和资产类的集中收纳在一个盒子里，最好能够分层或使用透明材质的收纳物，以便于查找。如果家里文件特别多，可以参考办公室的文件管理方法，用一个专用的文件抽屉，配合文件夹收纳各类文件，应做好标签以便查找。

所有物品使用之后最重要的就是归位，否则下次再用就找不到了。

2. 小物品整理术

小物品收纳的原则是集中和就近。集中原则比较适合使用频率低的物品，如客用物品、季节物品、储存用品。不过，更多的物品还是推荐按照就近原则收纳。比如纸品储备，应集中放在储藏室的一个储存箱里，按照使用频率高低分成厕纸、手帕纸、抽纸。当使用完需要补充的时候，家人都会来这里找。

关于"近"没有标准答案，因为每个人、每个家庭都不一样。在收纳这件事情上，只有不断地尝试，才会得到更好的结果。

3. 快速找到任意药品

从规划入手，按需购买。建议只准备最重要、最急需的药品，数量也要尽量少，能应急就可以。急需时去药店买药、使用送药服务或者闪送也都很方便。

整理：及时扔掉过期的药品。将药品简单地按外伤、内服、外用分类。

收纳：分类收纳，一分钟找到需要的药品是很重要的。可以购买一个专门存药的医药箱。药品一定要放在阴凉干燥处，最好固定地点存放。

（六）工——省力式办公整理术

1. 简洁办公桌整理

（1）桌面无物的优点。

①工作效率更高：桌面无物，空间就更大，工作更方便。

②清洁更方便：随手擦拭就非常干净。

③视觉更清爽：心情愉悦。

（2）一般进入办公室的流程：脱外套—放包—打开计算机—接杯水—处理工作。

外套：放到挂衣架或者椅子背上。

包：如果办公桌有足够的空间或抽屉可以容纳包最好，也可以使用包挂钩把它悬挂起来。

水杯：放在伸手可及的位置。

计算机：下班后将计算机放在抽屉里或背回家。

记事本和笔：处理方法同计算机一样。

文件：在抽屉中分类存放，使用完归位。尽量朝无纸化方向努力，将需要留存的合同和文件分类存放于文件夹中锁好。

文具：在抽屉中分类存放，使用完归位。

票据：报销用的发票和收据用专门的票据夹分类收好，及时或定期报销。

综上所述，为了实现办公桌桌面无物，我们可以准备一个抽屉柜，分别能容纳文具、文件和个人物品等。

2. 高效书架整理方法

（1）现有的书籍整理。可以尝试心动法，先找一个地方，把所有的书全部取出来，平铺在上面。每拿起一本书，问问自己是否会为之心动？诀窍是不要打开翻阅，只看封面就好。

（2）未来书籍的购买方法。

①先查找有没有可以在线阅读的电子书。

②如果看了电子书觉得特别喜欢，未来一生都要收藏的，可以再去买纸质版。

（3）留下的书籍收纳。最简单的收纳方法就是按工作、学习、兴趣等分类，然后分区摆放。如果在你家中的每个人都有自己的藏书，建议可以在书架上按人分层或者分区，在这个级别下，每个人的书再按类别分。

以上介绍的收纳方法，大家可以采用试试。一定要注意就近收纳，这样才能保证家里长期整洁，否则即便是请收纳师把家里整理得再整洁，客户生活一段时间，又会恢复凌乱的生活状态。

当然，收纳没有标准的答案，我们每个人都可以根据自己的生活习惯，探索真正适合自己的收纳方式，从而获得整洁、有序的美好生活。

四、劳动内容

任务一：收纳自己寝室内书桌的物品。

任务二：收纳寝室衣柜衣物的收纳活动。

五、劳动成果

上传收纳过程照片，照片需展现前后对比的变化。

六、评分办法

个人物品整理收纳			
劳动时间	_____年_____月_____日		
劳动人员			
准备工作	1. 选取场景； 2. 准备好收纳盒或收纳箱，对要进行整理的场景实地分析； 3. 利用图片编辑软件完成任务		
整理收纳任务得分标准			
内容		分值	评分
场景选取是否恰当		5	
对即将整理的场景分析是否精准，并阐述整理规划		5	
收纳后是否做到就近原则，保证每个空间都要有收纳储存空间，常用物品放在随手可拿的地方		20	
收纳后是否做到分级原则，能够清晰地说出分级理由		20	
收纳后是否做到分类原则，每一类物品摆放在固定位置上		20	
收纳后二八原则体现得是否明显		20	
收纳后整体效果是否统一美观		10	
总分			

单元二　清洁物品

📖 学习目标

【知识目标】
掌握各种清洁物品的分类、特点、用途和使用方法等基本知识。

【能力目标】
能够正确地选择、搭配和使用清洁物品，熟练掌握清洁方法；能够高效地完成各种清洁任务。

【素质目标】

通过学习清洁工具的使用和清洁的技巧，培养勤奋、认真、细心和注重卫生的良好习惯和素质，同时提高环保意识，保护环境和健康。

生活中，很多家庭都会备有各种各样的清洁工具，用以满足日常卫生整理工作，而日常打扫离不开的就是清洁工具。现在市场上针对不同的打扫问题有不同的清洁工具，各个清洁工具的功能和作用都会有所不同，也大大满足了不同家庭、不同环境的清洁需求。接下来为大家介绍日常的清洁工具种类，以及清洁工具收纳方法。

一、常用清洁工具的种类

（一）清扫工具

（1）扫帚：用于清扫地面较大碎片和杂物的保洁工具。

（2）簸箕：用于撮起集中的垃圾，然后倒入垃圾容器内的保洁工具。

（3）拖把：用布条或棉纱安装在手柄上制成，是用于室内地面清扫工作的保洁工具。

（4）挤水器、清洗桶：与拖把配套使用，用于清洗室内地面的器具。

（5）玻璃清洁器：用来清洁各种门窗玻璃及镜面的保洁工具。

（6）吸尘器（电动真空吸尘器）：一种用来吸集地面、墙壁、地毯、家具及衣物上的灰尘和脏物的家用电器。

（二）保洁工具：收集容器

收集容器是用于收集垃圾、废弃物的容器，主要有垃圾桶、垃圾箱、废物箱（废纸篓）等。清洁时穿戴外套、口罩、胶皮手套、防滑鞋、防尘帽、套袖等。

不同清洁工具的用处如下。

（1）簸箕是配合着扫把一起使用的，把灰尘和其他垃圾扫进簸箕中，再从簸箕倒入垃圾桶内。

（2）拖把一般是用棉质或者是布条做的，现在很多拖把都是海绵制成的，用在室内的地面瓷砖或者地板的清洁。

（3）挤水器一般是用于清洗室内的地面，是配合着拖把一起使用的，但是有的拖把自带挤水器，就不用单独使用挤水器了。

（4）无论是窗户还是卫生间的玻璃门，用玻璃清洁器加上清洁剂来清洁是非常有效的。

（5）吸尘器一般是用于墙壁、地毯、家具、床铺等一些地方的灰尘吸尘。

（6）收容器其实就是垃圾桶，专门收集废弃物和一些杂物。

二、清洁工具的使用方法

（一）擦拭类清洁工具

1. 水桶

水桶用于装工具或盛水。水桶是塑料制品，严禁摔打、重放，随时保持桶内、外洁净。

2. 抹布

抹布应选用柔软并具有一定吸水性的布，工作中要配备三种不同颜色的抹布进行清洁，便于区分使用。一块用于清洁桌面及装饰用品；一块用于墙身、踢脚线等的清洁；一块用于清洁便池等。

用抹布擦拭时，应先将抹布叠成比手掌稍大的尺寸，顺着物品纹路擦拭。一面用脏，再换另一面，或重新折叠，全部用脏时，应洗干净再使用。

（1）干擦：去除细微的灰尘，干擦用力不能太重。

（2）半干擦：当灰尘较多时使用。

（3）水擦：去除污垢，但抹布中也不能浸水过多；应经常清洗抹布，保持抹布清洁。

（4）利用清洁剂擦拭：在去除不溶于水，含油脂的污垢时，应用沾有清洁剂的抹布擦拭后，再用干净的抹布擦一遍。

（5）注意事项：严禁不同颜色抹布混合使用；抹布随时保持整齐干净；下班前要将抹布清洗干净整理好，保持干燥，以免出现异味。

3. 白布

白布用于清洁不锈钢、玻璃上的手印、水迹或污迹，擦拭铜等金属制品及红木家具。

（1）使用方法：与抹布一样折叠成多层，顺着物品纹路使用。

（2）特点：不易藏匿尘土颗粒，因此不易造成物品划伤。

（3）注意事项：由于白布易脏且不易清洗干净，因此要定期漂洗。

4. 百洁布

百洁布用于粗糙的办公桌面、隔板、铝制品等物体表面，配清水或清洁剂一起使用，起到清洁物体污迹的作用。

注意事项：不锈钢制品、瓷面、高档家具等光滑物体表面严禁使用。

5. 鸡毛掸

鸡毛掸用于扫去物体灰尘，可配伸缩杆一起使用。注意事项：严禁用于扫地面和有水的地方，在使用后清洁干净，并保持干燥。不能在离人太近的时候使用。

（二）清扫拖洗类清洁工具

1. 扫帚和簸箕

扫帚和簸箕是清扫垃圾和尘土的常用工具，清扫时按照先边角后中间空旷地带的顺序进行，此处主要介绍防风簸箕的使用。

（1）防风簸箕的使用方法：左手提簸箕，握住簸箕拉杆，右手拿扫帚，清收垃圾时，簸箕底部平贴地面，左手将拉杆向左后方向拉起，拉开盖子，把垃圾快速扫进，最后将簸箕提起，簸箕盖自然关闭。

（2）特点：将垃圾污物隐藏在簸箕内，保证美观；不会因起风而造成再次污染，有防风吹的作用。

（3）注意事项：在使用当中扫帚不能往前推，以免扫帚分叉，减少使用寿命；用后要清洗干净规范放置，严禁将簸箕在地上拖拉。

2. 大扫帚

大扫帚用于清扫广场、外围及大面积场地的垃圾，用后放于防潮的地方。

（1）特点：能快速地清扫完垃圾，但环境卫生质量不高，一般情况下只用于院落的清洁。

（2）注意事项：严禁乱摆放，不能用于清扫砂浆水泥。

3. 地拖（拖把）

地拖按其形状分为圆拖、扁拖（蜡拖），用于地面拖洗。

（1）使用方法：拖把的水分要扭干，防止地面上水分过多，行人容易滑倒。使用时清洁人员应右手握着拖杆头，左手握着拖杆。拖地时，按照先边角后中间的顺序进行。如果是圆拖，应手提拖把旋转把杆使拖布360°散开后落下，呈一字形拖地，一边拖一边往后退，在拖地的同时要注意后面的行人。拖桶装水不能超出2/3，在洗拖把时，用力轻些，并注意前后行人，防止水溢出影响行人及拖把杆碰到行人。根据物品脏污的程度及时更换清水并放中性清洁剂一起使用。

（2）地拖的特点：由地拖头、地拖夹、地拖杆组成，拆装方便，便于更换拖头、清洗晾晒；便于拖擦边角。

（3）注意事项：勤洗，经常晾晒，保持干燥。

4. 尘推

尘推主要用于瓷砖、大理石、木地板等光滑地面的清洁保养，它可将地面上的沙砾、尘土带走，以减少摩擦。

尘推由尘推罩、铁架、杆组成。尘推罩一般用棉料制成，可用洗衣机洗涤，晾晒时注意梳理尘推罩棉毛。

（1）操作方法：尘推使用时应提前8小时将静电吸尘剂喷洒在干净尘推上，使其充分吸收。

（2）使用时将尘推平放在地面上，直线方向推尘。推到墙边时，做U形转弯，确保

尘推不离地面，两行之间应重叠 1/4。将地面的灰尘推到角落处，清扫干净。

（3）注意事项：

①在推尘过程中，切忌中途提起和抖动，应将脏物推至角落，抖下，扫净。

②地面有水渍时，应先用抹布擦干净水滴后再推尘。

③尘推套用脏后，将之取下，洗净晾干后喷上静电吸尘剂备用。

④存放尘推时，应将其倒放，不可随意摆放。

5. 刷洗、刮洗类清洁工具

（1）钢丝球及钢丝刷。钢丝球主要用于清洁物品表面的污迹，一般配合钢丝刷一起使用，用于水泥地面或磨石地面。

①使用方法：钢丝球可直接用手拿着配合水或清洁剂清洁污迹；使用钢丝刷时，右手握柄，左手按住刷背，配合右手来回刷洗污迹。

②特点：钢丝球及钢丝刷可分开单独使用。因其本身很粗糙，与粗糙物品接触后，增强摩擦力度，有利于清洁表面污迹。

③注意事项：严禁用于陶瓷等抛光地面及不锈钢制品，在使用中不要用手去拉钢丝球，以免割伤手指。

（2）地刷。地刷用于清除地面的污迹及边角或槽缝污迹，用后要清洗干净，放于干燥的地方。

（3）手刷。手刷用于刷洗地毯上的小污迹和石材的线条边。

（4）面盆刷。面盆刷用于刷洗面盆的污迹，用后要把水挤干，不要长时间放在桶里面，以免出现异味。

（5）厕刷。厕刷用于刷洗便池里面的污迹和便池的边缝。注意：在使用过程中禁止敲打便池，用后清洁干净。

（6）杯刷。杯刷用于刷洗杯子，使用完毕要及时清洗干净、晾晒，以免出现异味或变色。

（7）铲刀。铲刀用于初始清洁及铲除地面墙身上的水泥、污渍和胶。注意：在使用过程中，铲刀与地面的角度不能超过 45°，刀片用坏可及时换新，但要注意安全。

（8）伸缩杆。伸缩杆一般用铝合金制成，有两节或三节，用于刮洗高位玻璃和高位的石材及天花板清洁，可用伸缩杆配合涂水器使用；高位管道使用鸡毛掸和伸缩杆可扫去灰尘。注意：使用完伸缩杆后要擦干净并及时存放好。

（9）玻璃刮、涂水器。玻璃刮用于刮去玻璃上的水渍和污迹，与涂水器、清洁剂一起使用。

①使用方法：将涂水器在清洁剂稀释液中完全浸透，用手轻挤涂水器毛套，用涂水器自上而下将物体抹湿，再用玻璃刮从上往下（可从左至右刮洗也可绕圈式刮洗，这视熟练程度而定）刮洗。

②注意事项：涂水器抹水时不能一次抹太大面积，以免干掉；玻璃刮每刮完一下，必须将玻璃刮上多余的水擦干，以免出现接头印迹；前后两次之间必须要有约 1/3 的重叠。

6. 其他辅助类清洁用具

（1）鞋套。新地毯、正在清洁的地毯或刚清洁完的地毯，以及有特别要求的室内，进入必须穿鞋套，防止鞋上的泥沙、污迹带入室内。

（2）胶手套。用于卫生间的环境清洁工作及使用药水时使用。

（3）梯具。梯具的高度为 0.87 ～ 2.5 m，用于协助做较高位的环境卫生维护工作。

1）操作方法：将梯子放在平坦的地面，使梯子与地面形成 50° ～ 60° 角，即可开始进行清洁工作。

2）注意事项如下。

①梯子不得缺档，不得垫高使用，使用时下端应采取防滑措施，以免自己或他人的生命财产安全受到损害。

②禁止二人同时在梯子上作业。

③用梯子在 2 m 以上高度作业，必须至少有 1 人固定梯具。比较危险的施工，必须经负责人现场勘察，确保安全后，方可施工，否则禁止施工。在工作过程中，固定梯具的人员不得松手离开。

（4）榨水桶。拖地或打蜡时使用，将地拖头放于榨水器内挤干即可使用。用完后立即清洗干净，如刚打完蜡，则用起蜡水浸泡，直至桶内黏附的蜡水完全脱掉，再用清水冲洗干净。

注意：榨水桶是胶桶，要轻拿轻放，不能用粗糙的东西清洁，以免损伤。

（5）喷雾器。喷雾器是擦拭玻璃、家具、墙壁饰物和喷药杀虫消毒的工具，清洁保养常用气压式小喷雾器和背挂式大喷雾器两种。前者用于擦拭玻璃、家具、墙壁饰物等；后者用于喷药杀虫、消毒。

（6）推水器。推水器用于清理地面积水。其由橡胶制成，一般在车场冲洗后使用。

（7）杂物车。杂物车是在日常清洁工作中常用的装运工具，主要用于清洁物品的运送，垃圾的收集中转。

三、清洁物品的小妙招

（1）纱窗的清洁：当纱窗上落满灰尘时，人们在打扫的时候，大多数是拆下纱窗，再用水清洗。要想不用拆下纱窗就能将纱窗打扫干净，可以采用以下办法：将废旧报纸用抹布打湿，再将打湿后的报纸粘在纱窗的背面，待 5 分钟后，将纱窗上的报纸取下，你会发现潮湿的报纸上沾满了纱窗上的灰尘污渍。使用这种方法打扫纱窗，省时又省力。

（2）房间周围的角落或地毯和墙壁的接缝处，是最难打扫的死角，非常容易产生霉垢，可尝试使用旧牙刷清理。如果遇到比较顽强的污垢，则可用牙刷蘸洗涤剂刷除，再用水擦拭干净，保持干燥即可。

（3）用扫帚扫地时，若担心灰尘飞扬的话，不妨将报纸弄湿，撕成碎片后撒在地上。由于湿报纸可以黏附灰尘，便可轻松扫净地板。若地板相当脏，则可先用湿抹布擦拭整

体，再用干抹布擦干净。

（4）粘贴式挂钩虽然相当便利，可是一旦要拆除，却得大费周折。此时，只要将蘸醋的棉花铺在挂钩四周，使醋水渗入紧粘的缝隙中，几分钟之后，便可用扁头螺丝起子轻易拆除挂钩。残留的胶粘剂也可用醋擦拭，清除干净。

（5）因尼古丁而发黄的窗帘，丢到洗衣机里清洗，常常有怎么也洗不干净的困扰，此时，盐可派上用场。只要将窗帘浸泡在洗衣机中，加入半杯食盐，摆放一天后再放入洗衣粉清洗，窗帘就能恢复洁白，整个房间也会更加清爽。

（6）餐桌上出现污渍时，只要撒一些盐，再滴点色拉油，便能刷除干净。汽油或松节油也能去除污渍，但为避免桌面脱漆，最好还是用盐擦拭，真的无法清除时，再使用上述清洁剂。

（7）泡过茶的陶瓷或搪瓷器皿，往往沉积一层褐色的污垢，很难洗净。如果用细布蘸上少量牙膏，轻轻擦洗，很快就可以洗净，而且不会损伤瓷面。厨房的墙壁常黏附油烟而变得黏腻，只要用面包柔软的部分即可将之擦除，轻松省事。

（8）使用磨损了脚跟的旧袜子套在手上擦拭家具，可轻松除尘。

（9）冬季，在打扫房间时，在地板上撒一些雪，这样做，既扫得干净，又能避免起灰。

（10）擦门窗玻璃时，可先把洋葱去皮切成两半，用其切口摩擦玻璃，趁洋葱的汁液还未干时，再迅速用干布擦拭，这样擦后的玻璃既干净、又明亮。

（11）白色的门窗、床单等，可用淘米水浸泡冲洗，有明显的除垢去污和增白的效果。

（12）将一软布放在凉的浓茶水中浸透，用它擦洗桌椅等家具，可使家具光亮如新。

（13）脸盆边上的积垢，可用一小撮乱头发蘸点牙膏擦拭，可很快除去积垢。

（14）各种容器上的油污，可先用废报纸擦拭，再用碱水刷洗，最后用清水冲净即可。

（15）将一些废白纸烧成灰，用其擦拭碗、碟、杯等瓷器，去污效果极佳。

（16）铝锅、铝盆、铝勺等铝制品上的污垢，可用食醋涂擦，这样擦拭铝制品既可使其光洁，又不损伤其表层。

（17）厨房灶面瓷砖上的污物，可用一把鸡毛蘸温水擦拭，一擦就净。

（18）先用湿布擦一下玻璃，然后再用干净的湿布蘸一点白酒，稍用力在玻璃上擦一遍。擦过后，玻璃既干净又明亮。

（19）使用干净的黑板擦擦玻璃，既干净、明亮又快速省力。

（20）瓷砖接缝处的黑垢，挤适量牙膏在刷子上，纵向刷洗瓷砖接缝处；然后将蜡烛涂抹在接缝处，先纵向涂一遍，再横向涂一遍，让蜡烛的厚度与瓷砖厚度持平，以后就很难再沾染上油污了。

（21）茶几上的茶渍。经常在茶几上泡茶，时间久了会留下难看的片片污迹。可以在桌上洒些水，用香烟盒里的锡箔纸来擦拭，然后用水擦洗，就能把茶渍洗掉。

（22）木质家具表面的烫痕。如果把热杯盘直接放在家具上，漆面往往会留下一圈烫痕。可以用抹布蘸酒精、花露水、碘酒或浓茶，在烫痕上轻轻擦拭；或者在烫痕上涂一层凡士林油，隔两天再用抹布擦拭，烫痕即可消除。

（23）木质家具表面的焦痕。烟火、烟灰或未熄灭的火柴等燃烧物，有时会在家具漆面上留下焦痕。如果只是漆面被烧灼，可以在牙签上包一层硬布，在痕迹处轻轻擦抹，然后涂上一层蜡，焦痕即可除去。

（24）白色家具表面的污迹。家中的白色家具很容易弄脏，只用抹布难以擦去污痕，不妨将牙膏挤在干净的抹布上，只需轻轻一擦，家具上的污痕便会去除。但注意用力不要太大，以免伤到漆面。

（25）地板或木质家具出现裂缝。可将旧报纸剪碎，加入适量明矾，用清水或米汤煮成糊状，用小刀将其嵌入裂缝中，并抹平，干后会非常牢固，再涂以同种颜色的油漆，家具就能恢复本来面目。

（26）家里的卫生间一般都是瓷砖的，要把墙面、地面、浴盆、洗手池、抽水马桶擦干净，用专门的瓷器清洗剂就很方便。其实，用牙膏也是洗瓷制品非常到位的东西，比如说洗手池，挤出和平时刷牙用的差不多的量，用旧牙刷或直接用手把洗手池擦一遍，再用清水清洗，效果非常好。

（27）如果是清洗大理石台面可以用海绵和清洁剂，洗干净之后，最好再喷上一层亮光蜡，这样大理石的表面就不太容易粘上污垢了。

（28）清除油污巧用纸巾。厨房天天被油烟缭绕，是家中打扫卫生的重中之重。 在油污比较多的地方，先喷上厨房清洁剂，然后在上面铺上餐巾纸，这样清洁剂能保持湿润，比较充分地与污垢结合，而不会很快地蒸发。过15分钟左右，大部分油污会附着在湿纸巾上，再拿起湿纸巾顺手把油污处擦拭干净就行了。一些犄角旮旯的地方，在喷了清洁剂后，要用旧牙刷反复擦洗，最后用湿抹布把清洁剂全部擦洗干净。

（29）用温水清洁微波炉。微波炉也是污垢最爱藏的地方，这么多的污垢，不仅会影响到食物的烹调，有时还可能会引起火花或烟雾，使电磁辐射增加。因此，平时最好养成随手用温水擦拭的好习惯。 如果微波炉上的污垢沉积太多，可以用微波炉专用的容器，装好水，以静止不回转的方式，加热几分钟，先让蒸发的水湿润一下炉内的污渍，然后拿出水，回盘当然要拆下来洗，炉内的污垢先用湿纸擦掉，再用洗涤灵把油污完全洗净，一定要用温水多擦几次微波炉，不要让清洁剂残留在炉内，否则以后加热食物时，残留的清洁剂会附着在食物上。另外，要清除微波炉里的异味，只要将一个橘皮放进微波炉中加热15～30秒即可。

（30）用旧丝袜洗涤水槽。对付洗涤槽里的油污，一般可以用海绵蘸上洗涤灵，横向刷洗就行了，如果污垢比较严重，就要使用钢丝球了，但使用钢丝球可能会有刮痕出现。可以尝试把旧丝袜套在钢丝球外面，就不必担心刮痕了。洗干净之后，一定要用干布把水完全擦干，这样洗涤槽的表面才能真正显现出光亮来。旧丝袜还能洗窗帘挂钩。将丝袜脚尖15厘米长的部分剪下，放入窗帘挂钩后，再把开口部分绑起来，之后将之浸泡在加入洗涤剂的温水中，用手搓洗整体，再用清水冲净，直接晾干就可以了。

（31）茶叶有助于除尘。由于茶叶渣可以吸附灰尘，清扫房间灰尘时，可先撒上一些

冲泡过的茶叶，再用扫帚扫干净，这样会更轻松省事。记住，湿茶叶比干茶叶效果好。

（32）巧除衣领污渍。夏天，男士经常穿着的浅色衬衣，因为老出汗的原因，领口特别难洗，时间长了就会发黄变色。去除衣领污渍可以使用牙膏。为了能够更加清楚地看出效果，用牙膏和一般方法来清洗两件同样穿脏了的衣服牙膏的效果还是非常明显的。最重要的是，牙膏中所含的刺激性化学成分要远远低于其他洗涤剂，所以可以放心使用，绝对不会让皮肤过敏。

（33）去除衣服上的果汁和茶渍。准备白醋和盐，白醋是用来对付衣服上的果汁的，在洒上果汁的地方倒上一些白醋，我们可以看到果汁的痕迹在慢慢消失。盐是用来对付衣服上的茶渍的，把盐在留有茶渍的地方轻轻撒上一层，10分钟后拿一盆热水和一块肥皂，把衣服泡在水中5分钟。5分钟后，像平时洗衣服一样搓洗，衣服上的果汁和茶渍已经不见了。这是一个行之有效的好办法。需要注意的是，使用这种办法清洗洒在衣服上的果汁和茶渍一定要及时，否则可能无法达到理想的效果。

（34）巧擦锅盖的窍门。家里的锅盖用久了之后，总是蒙上一层油污，应选择用什么擦洗呢？钢丝球？抹布？使用胡萝卜头也是一个好的选择，平时切菜时随手就扔掉的胡萝卜头可是擦锅盖的好工具。在锅盖有油污的地方滴上洗涤灵，然后用萝卜头来回擦，就会发现油污立刻被去除了，之后再用湿抹布抹拭即可。更重要的是，这样擦拭锅盖丝毫不用担心会像钢丝球刷过后那样留下难看的刮痕。

（35）开关、插座、灯罩清洁方法。电灯开关上留下手印痕迹，用橡皮一擦，即可干净如新。插座上如果沾染了污垢，可先拔下电源，然后用软布蘸少许去污粉擦拭。清洁带有皱纹的布制灯罩时，用一种毛头较软的牙刷做工具，不易伤灯罩。清洁用丙烯制的灯罩，可以先抹上洗涤剂，再用水洗去洗涤剂，然后擦干。普通灯泡用盐水擦拭即可。

（36）厨房、卫生间清洁。厨房和卫生间一直都是居室清洁的卫生死角，既麻烦又很难清理干净。除勤打扫外，一些小窍门也能帮上大忙。对于厨房来说，洗菜池、厨房垃圾、油烟是最主要的"顽疾"。把旧丝袜脚的部分剪开，在一侧打结做成袋状，套在排水口内侧，经常更换就能保持洗碗池的清洁；把两三包食品干燥剂铺在垃圾箱底部，再套上塑料袋装垃圾，干燥剂可以吸收垃圾的湿气和气味，或者放两块活性炭，能除去厨房垃圾的异味；每次做完饭，趁着抽油烟机上还有余热，用抹布或纸巾将表面擦拭一遍，就可以轻松擦去沾在抽油烟机上的油渍，长保干净不油腻。对于卫生间来说，最难办的可能就是马桶了。一般情况下，用马桶刷蘸洗涤剂就能去污，但对于不易刷净的马桶圆圈状脏物可不奏效，可以把卫生纸贴在脏的地方，洒上清洁剂湿敷一会儿，再刷就能轻松去除污渍了。

四、清洁物品的注意事项

人们为了保持家居用品整洁光鲜，使用一些清洁用品来保养维护家居用品。但许多清洁用品含有有毒物质，损害家人身体健康，在保养家具产品的时候也要合理选择清洁用品。清洁用品主要有以下五种。

（1）含氯清洁剂：如消毒液、漂白粉等，多数用于衣服的漂白及瓷砖、排水管的清洁。

（2）含氧清洁剂：如洗涤灵，用于清洁餐具、果蔬，因其含有毒化学物质较少，比较安全。

（3）阳离子表面活性剂：如润发剂、衣物柔顺剂等。

（4）酸性消毒洁剂：如洁厕灵、过氧乙酸等，主要用于卫生间、瓷砖等的清洁。

（5）阴离子表面活性剂：如洗涤灵、肥皂等。

（一）女性在使用清洁用品时的"防毒"必读

在月经期、妊娠期、哺乳期应避免或尽量减少接触清洁用品。

平时在进行清洁卫生消毒工作时，特别是使用含氯清洁剂或酸性消毒剂时，一是不可混合使用；二是需戴上橡胶手套操作；三是皮肤沾染之后须立即用清水加以冲洗。清洁卫生时且应打开窗户加强通风，若发生过敏、中毒反应，需及时转移至空气新鲜处或吸入氧气，病情严重者应及时送到医院救治。

（二）家居清洁用品的"毒"从何来

沾在皮肤上的洗涤剂约有0.5%会渗入血液，当皮肤存在伤口时渗透力可提高10倍以上。这些物质一旦进入人体内，将使血液中钙离子的浓度下降，血液酸性化，使人容易疲倦，同时还会促使肝脏的排毒功能降低，体内毒素淤积，导致人的免疫功能下降。

表面活性剂中的一种不能降解的化学物质，其血溶性很强，很容易引起血红蛋白的变化造成贫血，特别是其内含苯、磷等有害成分，如果长期频繁使用这类洗涤剂清洗碗筷和水果，其残留的苯和磷成分可通过餐具食物和皮肤黏膜进入人体内部，造成体内蓄积性苯中毒，从而最终危害到人的眼睛和骨髓。这种积累若达到一定量时还会导致细胞突变诱发癌症。

大量的洗涤剂使用错误也是危害人体健康的重要因素之一。最典型的就是随意将不同的洗涤剂、消毒剂混合使用，如将含氯的漂白剂与含酸的洁厕灵混用，或漂白粉与含氨类清洁剂合用，都会导致氯气的产生。而氯气轻者会刺激人的眼、鼻、喉等器官，重者可损伤人的心肺组织，当空气中的氯达到一定浓度时甚至会危及人的生命。

（三）家庭使用清洁用品时的防"毒"三知

使用前，首先要认真阅读洗涤剂的使用说明，了解它的种类和注意事项，掌握正确的使用方法。并在使用家居清洁剂前打开门窗，保持室内通风。

使用中，厨房用品和厕所用品要严格区分摆放，特别是不可随意混用洗涤用品，混用洗涤剂除可能产生有毒物质引起中毒外，其他如阳离子表面活性剂与阴离子表面活性剂合用还会降低消毒效果。例如，果蔬洗涤剂的正确清洗方法是在清水中滴几滴餐具果蔬洗涤

剂，搅拌一下，再将瓜果蔬菜表面脏物洗去，并放在里面浸泡近十分钟左右，再捞出以水冲洗沥清后食用。如果浸泡时间过长，农药等污染物停留在洗涤残液中，反而被蔬菜水果吸收，不利于人的健康。

使用后，一些人认为洗涤剂用得越多洗得越干净，事实上这是一种误解。目前市场上出售的普通洗涤剂只能消除果蔬表面的大部分残余农药，但不具备消毒杀菌的功能，如浸泡时间过长，一些细菌还是会随着洗涤残液进入人体。专家提醒消费者，用洗涤剂清洗餐具后必须用流动的清水反复冲洗，至少须漂洗两次，洗涤剂浓度一般应控制在0.2% ～ 0.5%，浸泡时间以 2 ～ 5 分钟为宜。

五、劳动成果

录制一个小视频，记录刷鞋或清洗衣物的全过程。重点环节需要有讲解。可以配背景音乐等。可以调速，速度小于 2.5 倍。总时长不超过 3 分钟。

六、劳动评分

衣物清洗评分表			
劳动时间	_____年_____月_____日		
劳动人员			
准备工作	1. 找出待清洗的衣物（鞋子）； 2. 清洗工具、摄制工具、摄制辅助人员； 3. 利用视频剪辑软件完成任务		
衣物清洗任务得分标准			
内容		分值	评分
清洗准备工作是否得当		5	
洗涤物品选择是否正确		5	
清洗过程是否正确		30	
讲解时，使用普通话，声音洪亮、语速平稳、生动、流畅、富有感染力，知识点突出		30	
是否搭配字幕、背景音乐是否恰当，是否具有美感		20	
视频剪辑画面流畅，能突出任务的要点，表达清楚重点内容		10	
总分			

单元三　烹饪技巧

学习目标

【知识目标】

学习烹饪技巧的概念，了解我国烹饪文化的发展历史；掌握不同的烹饪技巧。

【能力目标】

能够学会不同的烹饪技巧，为家人制作一桌饭菜；当厨房遇到突发状况，能够快速冷静地进行应急处理。

【素质目标】

培养学生热爱烹饪、会做饭，将爱化作一汤一饭，勇敢展示和表达的能力。

一、中国饮食文化的历史

自从劳动创造人类世界、洪荒大地出现人类之后，饮食这个人类肌体与其生活环境进行基本物质交换的生活现象也就产生了。人类的饮食文明，经历生食、熟食、烹饪三个阶段，各个国家和民族在这三个阶段的起止时间则不尽一致。

在我国，生食、熟食与烹饪三个阶段的划分，大致是以北京猿人学会用火以及10 000年前发明陶器作为界标的。换句话说，我们的祖先从生食到熟食，从火炙石燔到水煮盐拌，走过170万年的艰辛历程，直到学会制造最早的生活用具——陶罐，作为文明标志的烹饪术，始在华夏大地诞生。我们的祖国是世界文明发源地之一。170万年前，"人猿相揖别"，我国境内出现最早的人群——元谋猿人。元谋人和60万年前出现的蓝田猿人、50万年前出现的北京猿人，统称"猿人"。他们群居于洞穴或树上，集体出猎，共同采集，平均分配劳动所获，过着"茹毛饮血""活剥生吞"的生活，这便是中国饮食史上的"生食"阶段。大约在50万年前，先民学会人工取火。继北京猿人之后陆续出现的马坝人、长阳人、丁村人、柳江人、资阳人、河套人及山顶洞人，被考古学家称为"古人"或"新人"。出土文物证实，"古人"或"新人"尽管人处于原始状态，但已学会了用火烧烤食物、化冰取水、烘干洞穴、照明取暖、防卫身体和捕获野兽，进入了中国饮食史上的"熟食"阶段。熟食的最大贡献在于它从燃料和原料方面，为烹饪技术的诞生准备了物质条件。中国社会进入距今10 000年左右的旧石器时代晚期，生产力已有一定的发展，氏族公社最后形成，并出现原始商品交换活动。这一切又为烹饪技术的诞生准备了社会条件。特别是制造出适用的刮削器、雕刻器、石刀与骨锥，发明摩擦生火，学会烧制瓦陶，更为烹饪技术的诞生提供了必不可少的工具与装备。再加上盐的发现、制取与交换，梅子、苦瓜、野蜜与香草的采集和利用，进而初步解决了调味品的问题，至此，中国烹饪之道始而齐备，中国饮食史从此揭开"烹饪"这崭新的一页。在学术界，也有把用火熟食作为烹饪诞生的标志，称为中国烹饪的萌芽时期，即火烹时期。烹饪的发明，是中华民族从蒙昧野蛮进入文明的界碑，是"新人"向"现代人"进化的阶梯，是旧石器时代向新石器时代转变的触媒。它对于维系中华民族昌盛、促进生产力发展、带动社会进步、缔造物质文明和精神文明，均起到极其重要的意义。中国菜肴的发展，可分为先秦时期、秦汉魏六朝时期、隋唐宋元时期、明清时期、中华民国时期和中华人民共和国时期。

（1）先秦时期：这是指秦朝以前的历史时期，即从烹饪诞生之日起，到公元前221年秦始皇统一中国止，共约7 800年。此乃中国烹饪的草创时期，其中包括新石器时代（约6 000年）、夏商西周（约1 300年）、春秋战国（约500年）三个各有特色的发展阶段。总之，新石器时代的烹饪好似初出娘胎的婴儿，既虚弱、幼稚，又充满生命活力，为夏商周三代饮食文明的兴盛奠定了良好的基石。

（2）秦汉魏六朝时期：秦汉魏晋南北朝起自公元前221年秦始皇吞并六国，止于公元589年隋文帝统一南北，共810年。这一时期是我国封建社会的早期，农业、手工业、商业和城镇都有较大的发展。民族之间的沟通与对外交往也日益频繁。在专制主义中央集权的封建国家里，烹饪文化不断出现新的特色。这一时期的后半段，战争频发，诸侯割据，改朝换代频繁，统治阶级醉生梦死、奢侈腐化，在饮食中寻求新奇的刺激。由此，烹饪就在这种社会大变革中演化，博采各地区、各民族饮馔的精华，蓄势待变，焕发出新的生机。

（3）隋唐宋元时期：中国烹饪发展的第三阶段是隋唐宋元时期，它起自589年隋朝统一全国，止于1368年明朝建立，共779年。这一时期属于中国封建社会的中期，先后经历过隋、唐、五代十国、北宋、辽、西夏、南宋、金、元等20多个朝代，经济发展快，饮食文化成就斐然，是中国烹饪发展史上的第二个高潮。

（4）明清时期：从1368年明朝立国起，到1911年辛亥革命止，共543年。这一阶段属于中国封建社会的晚期，政局相对稳定，经济上升，物资充裕，饮食文化发达，是中国烹饪史上第三个高潮。

（5）中华民国时期：1911—1949年，共38年。这一时期，中国处在帝国主义、封建主义、官僚资本主义统治下的半封建半殖民地社会，百业凋敝；与此同时，中国共产党人领导劳苦大众进行新民主主义革命，浴血抗争。总体来看，这38年间工农业发展缓慢，人民生活困苦，市场也不活跃，烹饪演进速度不快，突出成就不甚明显；但是，由于世界经济危机的影响，日、美等国纷纷在中国抢占市场，加上战事频繁的刺激，局部地区的烹饪也出现了一些新因素，并产生深远影响。

（6）中华人民共和国时期：1949年10月1日中华人民共和国成立后，人民当家作主，解放了生产力，也极大调动了广大厨师的积极性和创造性。由于国民经济复苏振兴，工农业产值成倍增长，奠定了餐饮业发展的物质基础，饮食市场也空前活跃。再加上科学技术进步，文化教育普及，有利于烹饪理论研究的开展和新型厨师的培养。而人民生活水平提高，国际交往频繁，第三产业兴盛，又赋予烹饪以新的活力。这都说明，中国烹饪发展史上的第四次高潮正在来临。

二、中国饮食文化的内涵

经过数千年的发展，中国饮食文化形成了丰富的内涵，大致可以概括成四个字，即精、美、情、礼。这四个字反映了饮食活动过程中饮食品质、审美体验、情感活动、社会功能等所包含的独特文化意蕴，也反映了饮食文化与中华优秀传统文化的密切联系（图6-4）。

图6-4　中国节日饮食文化

"精、美、情、礼"分别从不同的角度概括了中华饮食文化的基本内涵，换言之，这四个方面有机地构成了中华饮食文化这个整体概念。精与美侧重于饮食的形象和品质，而情与礼，则侧重于饮食的心态、习俗和社会功能。但是，它们不是孤立地存在，而是相互依存、互为因果的。唯其"精"，才能有完整的"美"；唯其"美"才能激发"情"；唯有"情"，才能有合乎时代风尚的"礼"。四者环环相生、完美统一，便形成中华饮食文化的最高境界。只有准确把握"精、美、情、礼"，才能深刻地理解中华饮食文化，才能更好地继承和弘扬中华饮食文化。

三、烹饪技巧的分类及做法

一般常用的烹调技法有十二种，具体如下。

1. 炒

炒是最基本的烹饪技法。其原料形态一般是片、丝、丁、条、块。炒时要用旺火热锅热油，所用底油多少随料而定。依照材料火候、油温高低的不同有生炒、滑炒、熟炒、干炒等方法。

2. 爆

爆就是急速、烈的意思。加热时间极短，烹制出的菜肴脆嫩鲜爽。爆法主要用于烹制脆性、韧性原料，如肚子、鸡肫、鸭肫、鸡鸭肉、瘦猪肉、牛羊肉等。常用的爆法主要为

油爆、芫爆、葱爆、酱爆等。

3. 熘

熘是用旺火急速烹调的一种方法。熘法一般是先将原料经过油炸或开水汆熟后另起油锅调制卤汁（卤汁也有不经过油制而以汤汁调制而成的），然后将处理好的原料放入调好的卤汁中搅拌或将卤汁浇淋于处理好的原料表面。

4. 炸

炸是一种旺火多油无汁的烹调方法。炸有很多种，如清炸、干炸、软炸、酥炸、面包渣炸、纸包炸、脆炸、油浸、油淋等。

5. 烹

烹分为以鸡、鸭、鱼、虾、肉类为料的烹和以蔬菜为主的烹两种。以鸡、鸭、鱼、虾、肉类为料的烹，一般是把挂糊的或不挂糊的片、丝、块、段用旺火油先炸一遍，锅中留少许底油置于旺火上，将炸好的主料放入，然后加入单一的调味品（不用淀粉）或加入多种调味品兑成的芡汁（用淀粉）快速翻炒即成；以蔬菜为主料的烹可把主料直接用来烹炒，也可把主料用开水烫后再烹炒。

6. 煎

煎是先把锅烧热，用少量的油刷一下锅底，然后把加工成型（一般为扁形）的原料放入锅中用少量的油煎制成熟的一种烹饪方法。一般是先煎一面再煎另一面煎，要不停地晃动锅，使原料受热均匀、色泽一致。

7. 贴

贴是把几种粘合在一起的原料挂糊之后下锅，只贴一面，使其一面黄脆而另一面鲜嫩的烹饪方法。它与煎的区别在于，贴只煎主料的一面，而煎是两面。

8. 烧

烧是先将主料进行一次或两次以上的热处理，之后加入汤（或水）和调料，先用大火烧开，再改用小火慢烧至或酥烂（肉类海味）或软嫩（鱼类豆腐）或鲜嫩（蔬菜）的一种烹调方法。由于烧菜的口味色泽和汤汁多寡的不同，又可分为红烧、白烧、干烧、酱烧、葱烧、辣烧等。

9. 焖

焖是将锅置于微火上加锅盖把菜焖熟的一种烹饪方法。其操作过程与烧很相似，但小火加热的时间更长，火力也更小，一般在30分钟以上。

10. 炖

炖和烧相似，所不同的是，炖制菜的汤汁比烧菜的多。炖先用葱、姜炝锅，再冲入汤或水烧开后下主料。先大火烧开，再小火慢炖。炖菜的主料要求软烂，一般是咸鲜味。

11. 蒸

蒸是以水蒸气为导热体，将经过调味的原料用旺火或中火加热，使成菜熟嫩或酥烂的一种烹调方法。常见的蒸法有干蒸、清蒸、粉蒸等。

12. 汆

汆既是对有些烹饪原料进行出水处理的方法，也是一种制作菜肴的烹调方法。汆菜的主料多是细小的片、丝、花刀形或丸子，而且成品汤多。余属旺火速成。

四、烹饪技巧的注意事项

（1）烧肉不宜过早放盐：盐的主要成分氯化钠，易使肉中的蛋白质发生凝固，使肉块缩小，肉质变硬，且不易烧烂。

（2）油锅不宜烧得过旺：经常食用烧得过旺的油炸菜，容易产生低酸胃或胃溃疡，如不及时治疗还会发生癌变。

（3）肉、骨烧煮忌加冷水：肉、骨中含有大量的蛋白质和脂肪，在烧煮中突然添加冷水，会使汤汁温度骤然下降，蛋白质与脂肪会迅速凝固，肉、骨的空隙也会骤然收缩而不会变烂。而且肉、骨本身的鲜味也会受到影响。

（4）未煮透的黄豆不宜吃：黄豆中含有一种会妨碍人体中胰蛋白酶活动的物质。人们吃了未煮透的黄豆，对黄豆蛋白质难以消化和吸收，甚至会发生腹泻。而食用煮烂烧透的黄豆，则不会出问题。

（5）炒鸡蛋不宜放味精：鸡蛋本身含有与味精相同的成分谷氨酸钠。因此，炒鸡蛋时没有必要再放味精，味精会破坏鸡蛋的天然鲜味。

（6）酸碱食物不宜放味精：酸性食物放味精同时高温加热，味精（谷氨酸钠）会因失去水分而变成焦谷氨酸二钠，虽然无毒，却没有一点鲜味了。在碱性食物中，当溶液处于碱性条件下，味精（谷氨酸钠）会转变成谷氨酸二钠，是无鲜味的。

（7）反复炸过的油不宜食用：反复炸过的油，其热能的利用率只有一般油脂1/3左右。而食用油中的不饱和脂肪酸经过加热，还会产生各种有害的聚合物。此物质可使人体生长停滞、肝脏肿大。另外，此种油中的维生素及脂肪酸均遭破坏。

（8）冻肉不宜在高温下解冻：将冻肉放在火炉旁、沸水中解冻，由于肉组织中的水分不能迅速被细胞吸收而流出，就不能恢复其原来的质量，遇高温，冻猪肉的表面还会结成硬膜，影响了肉内部温度的扩散，给细菌造成了繁殖的机会，肉也容易变坏。因此，冻肉最好在常温下自然解冻。

（9）吃茄子不宜去掉皮：维生素P（芦丁）是对人体很有用的一种维生素，在所有蔬菜中，茄子中所含有的维生素P最高。而茄子中维生素P最集中的地方是在其紫色表皮与肉质连结处。因此，食用茄子应连皮吃，而不宜去皮。

（10）铝铁炊具不宜混合：铝制品比铁制品软，如炒菜的锅是铁的，铲子是铝的，较软的铝铲就会很快被磨损而进入炒菜中，人体摄入过多的铝对身体是很不利的。

五、日常生活中常用的烹饪技巧

（1）淘米。米里含有维生素和无机盐，易溶于水。要是淘米时间过长，还使劲搓洗米，米的表层营养就会全部流失。所以，淘米时不要用流水和热水淘米，不使劲搓和搅

和，不要用水泡着米，淘的时候少用水。

（2）煮饭。正确的煮饭方法应该是用开水煮。这是因为开水煮饭可以缩短蒸煮时间，减少米中的维生素被破坏。淀粉颗粒不溶于冷水，只有水温在60 ℃以上时，淀粉才会吸收水分膨胀、破裂，变成糊状。大米含有大量淀粉，用开水煮饭时，温度约为100 ℃（水的沸点），这样的温度能使米饭快速熟透。

（3）陈米也可蒸出新米的味道。要想将陈米蒸出新米的味道可在锅里加入少量的精盐或花生油，记住花生油必须是烧熟的，而且是晾凉的。只要在锅里加入少许就可以。

（4）米饭防馊：在夏季米饭很容易变馊。若在蒸米饭时，按1.5千克米加2～3 mL醋的比例放入食醋，可以使米饭易于存放和防馊，而且蒸出来的米饭并无酸味，反而饭香更浓。

（5）米粒不粘锅的方法。蒸完米饭的锅，粘上米粒后不容易清洗。蒸饭时，在米里加几滴食用油，蒸好的米饭就不会粘在锅上。

（6）煮稀饭不溢锅的方法。煮稀饭时，在锅里滴几滴香油，等开锅后把火调小一些，就不会发生溢锅的问题。

（7）煮饭时，把饭烧煳了，可以采用以下方法除去煳味。将8～10厘米长的葱洗净，插入饭中，盖严锅盖，片刻煳味即除。

（8）蒸隔日的剩饭。水中加少量盐水，可去除异味。

（9）煮粥方法是煮和焖。煮法是先用旺火煮至滚开，再改用小火，将粥汤慢慢收至稠浓，粥不可离火；焖法是指用旺火加热至滚沸后，倒入有盖的木桶内，盖紧桶盖，焖约2小时即成。此法做出来的粥香味更加醇正、浓厚。

（10）煮粥时，应注意水要一次加足，煮粥一气呵成，才能达到米水交融、柔腻如一的效果。不要中途加冷水。

（11）熬粥或煮豆时不要放碱，否则会破坏米、豆中的营养物质。

（12）将绿豆在铁锅中炒10分钟再煮能很快煮烂，但注意不要炒焦。忌高温长时间煮绿豆，因绿豆中的单宁在高温下遇铁会生成黑色的单宁铁，使绿豆汤汁变黑，有特殊气味，不但影响食欲、味道，而且对人体有害。

（13）蒸馒头时，掺入少许橘皮丝，可使馒头更清香。

（14）蒸馒头碱放多了起黄，如在原蒸锅水里加醋2～3汤匙，再蒸10～15分钟可变白。

（15）煮水饺时，在水里放一颗大葱或在水开后加点盐，再放饺子，饺子味道鲜美不粘连；在和面时，每500克面粉加拌一个鸡蛋，饺子皮挺括不粘连。

（16）煮水饺时，在锅中加少许食盐，锅开时水也不外溢。

（17）煮面条时，加一小汤匙食油，面条不会粘连，并可防止面汤起泡沫、溢出锅外。

（18）在春卷的拌馅中适量加一些面粉，能避免炸制过程中馅内菜汁流出煳锅底的现象。

（19）将少量明矾和食盐放入清水中，把切开的生红薯浸入十几分钟，洗净后蒸煮，可防止或减轻腹胀。

（20）做馒头时，如果在发面里揉进一小块猪油，蒸出来的馒头不仅洁白、松软，而且味香。

（21）炒菜时，应先把锅烧热，再倒入食油，然后再放菜。

（22）炒蔬菜如何保持鲜绿：蔬菜的叶绿素中含有镁，这种物质在做菜时会被蔬菜的另一种物质——有机酸（内含氢离子）替代出来，生成一种黄绿色的物质。如果一开始把锅盖得严严的，就会褪色发黄。如果先炒或煮一下，让这种物质受热先发挥出来，再盖好锅盖，就不会使叶绿素受酸的作用而变黄了。

（23）若为了美观，可在烹调时稍加一些小苏打或碱面，能使蔬菜的颜色更加鲜艳、透明。

（24）炒茄子时，在锅里放点醋，炒出的茄子颜色不会变黑。

（25）炒土豆时，加醋可避免烧焦，并使色、味相宜。

（26）炒豆芽时，先加点黄油，然后再放盐，能去掉豆腥味。

（27）炒菠菜时，不宜加盖。油热后倒入菠菜煸炒，煸炒至全部变色，加适量盐、味精调味，翻炒即成。

（28）炸茄子前，在茄子块上撒一些干面粉，这样炸出来的茄子吸油少，而且颜色金黄好看。

（29）切西红柿时，从西红柿的蒂部沿着几条凹槽切下去，这样下刀的位置在瓤与瓤之间，不会让西红柿汁流出来。

（30）炸土豆之前，先将切好的土豆片放在水里煮一会儿，使土豆皮的表面形成一层薄薄的胶质层，然后再用油炸。

（31）在西红柿的底部插一个叉子，放在火上烤10秒，外皮就会开裂，再冷却几秒钟就能轻松将外皮撕下去。

（32）煮海带时，加几滴醋易烂，放几棵菠菜也行。

（33）用开水煮新笋容易熟，且松脆可口；要使笋煮后不缩小，可加几片薄荷叶或盐。

（34）烧豆腐时，加少许豆腐乳或汁，味道芳香。

（35）花生米用油炸熟，盛入盘中，趁热撒上少许白酒，稍凉后再撒上少许食盐，放置几天几夜都酥脆如初。

（36）泡菜坛中放十几粒花椒或少许麦芽糖，可防止产生白花。

（37）放有辣椒的菜太辣时或炒辣椒时加点醋，可减轻辣味。

（38）放酱油时若错倒了食醋，可撒放少许小苏打，醋味即可消除。

（39）菜太酸时，将一只松花蛋捣烂放入。

（40）菜太辣时，放一只鸡蛋同炒，或放些醋可减轻辣味。

（41）菜太苦时，滴入少许白醋。

（42）汤太咸又不宜兑水时，可放几块豆腐或土豆或几片西红柿到汤中；也可将一把米或面粉用布包起来放入汤中。

（43）汤太腻时，将少量紫菜在火上烤一下，然后撒入汤中。

（44）菜籽油有一股异味，可把油烧热后投入适量生姜、蒜、葱、丁香、陈皮同炸片刻，油即可变香。

（45）用菜籽油炸一次花生米，就没有怪味了。炒出的菜肴鲜香可口，并可做凉拌菜。

（46）菜馅不出汤，把菜切好后放入盆里，倒上少许食用油，拌均匀，再把切好的肉馅、调料拌进去。菜被一层油脂包裹，遇到盐等调料就不容易出汤。

（47）大火炒菜，小火煮菜。维生素 C、B$_1$ 都怕热、怕煮。据测定：急火快炒的菜，维生素 C 损失仅 17%；若炒后再煮，菜里的维生素 C 将损失 59%。所以，如果是炒菜要用旺火。如果是煮菜，则用小火。开煮前菜里加少许醋，有利于维生素的保存。

（48）大蒜快速去皮，将整头大蒜的根部切下去一点，然后放在微波炉里高火打 10 秒，拿出来后在尖头部位轻轻一捏，整瓣蒜就出来了。

（49）快速发木耳，把木耳放在可微波加热的碗中，倒入凉水，然后把碗放进微波炉高火打三四分钟，木耳就泡发好了。如果做凉拌木耳，也无须再焯烫。

六、劳动成果

制作一道家常菜给父母品尝。记录制作过程、营养价值、成本、心得体会，附照片完成实训记录。

七、劳动评分

烹饪技能评分表			
劳动时间	_____年_____月_____日		
劳动人员			
准备工作	1. 设计菜品； 2. 选择合适的烹饪地点； 3. 准备食材、烹饪器具； 4. 准备好录制设备，联络好辅助同学进行拍摄		
任务得分标准			
内容		分值	评分
菜名，菜名文雅得当		10	
刀工与成型		10	
色泽与色彩搭配		10	
口感与口味		10	
火候与质地		10	
清洁与卫生质量		10	
成本得当		10	
讲解时，使用普通话，声音洪亮、语速平稳、生动、流畅、富有感染力，知识点突出		10	
搭配的字幕、背景音乐是否恰当，是否具有美感		10	
视频剪辑画面流畅，能突出任务的要点，表达清楚重点内容		10	
总分			

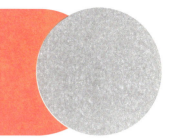

模块七
社会劳动

　　社会劳作的意义是为社会做出自身的贡献。通过劳动获取生活必需的物质资料的同时，能够为他人带来收获、为社会做出贡献、为人类做出贡献，这是一个人生活的价值。

　　本模块学习垃圾分类、农事实践、二十四节气与中国古典劳作习惯之间的关联，共同领略中华农耕文化的精髓。希望学生在实践过后，能够提升基本素养，做一个有劳动智慧、有优良劳动习惯、有科学劳动方法的高素质人才。

单元一　环保——垃圾分类

📝 学习目标

【知识目标】

　　理解垃圾分类的概念；明确垃圾分类的原因；掌握垃圾分类的规则；了解垃圾分类的现状。

【能力目标】

　　能够将生活中的垃圾正确分类；能够通过自己的行动来提升周围人的环保意识。

【素质目标】

　　认识到环境保护的重要性，提升学生的环保意识；身体力行地将垃圾分类进行到底，为人类营造一个美好的生活环境。

　　垃圾分类（Garbage Classification）一般是指按照一定规定或标准将垃圾分类储存、投放和搬运，从而转变成公共资源的一系列活动的总称。垃圾分类的目的是提高垃圾的资源价值和经济价值，减少垃圾处理量和处理设备的使用，降低处理成本，减少土地资源的消耗，具有社会、经济、生态等方面的效益。垃圾在分类储存阶段属于公众的私有物品，垃圾经公众分类投放后成为公众所在小区或社区的区域性公共资源，垃圾分类搬运到垃圾集中点或转运站后成为没有排除性的公共资源。从国内外各城市对生活垃圾分类的方法来看，

大多是根据垃圾的成分、产生量，结合本地垃圾的资源利用和处理方式等来进行分类的。

一、立法过程

2019年6月25日，《固体废物污染环境防治法（修订草案）》初次提请全国人大常委会审议。该修订草案对"生活垃圾污染环境的防治"进行了专章规定。2019年9月，为深入贯彻落实习近平总书记关于垃圾分类工作的重要指示精神，推动全国公共机构做好生活垃圾分类工作，发挥率先示范作用，国家机关事务管理局印发通知，公布《公共机构生活垃圾分类工作评价参考标准》，并就进一步推进有关工作提出要求。2019年12月6日，垃圾分类入选"2019年中国媒体十大流行语"。每个人每天都会扔出许多垃圾，在一些垃圾管理较好的地区，大部分垃圾会得到卫生填埋、焚烧、堆肥等无害化处理，而更多地方的垃圾则常常被简易堆放或填埋，导致臭气蔓延，并且污染土壤和地下水。垃圾无害化处理的费用非常高，根据处理方式的不同，处理一吨垃圾的费用约为一百元至几百元不等。人们若一直如此大量地消耗资源，大规模生产，大量地消费，又大量地生产着垃圾，后果将不堪设想。从国外各城市对生活垃圾分类的方法来看，大致都是根据垃圾的成分构成、产生量，结合本地垃圾的资源利用和处理方式来进行分类。例如，德国一般分为纸、玻璃、金属和塑料等；澳大利亚一般分为可堆肥垃圾、可回收垃圾、不可回收垃圾；日本一般分为塑料瓶类、可回收塑料、其他塑料、资源垃圾、大型垃圾、可燃垃圾、不可燃垃圾和有害垃圾等。垃圾分类的目的就是将废弃物分流处理，利用现有生产制造能力，回收利用回收品，包括物质利用和能量利用，填埋处置暂时无法利用的无用垃圾。各地、各区、各社（区）、各小区地理、经济发展水平、企业回收利用废弃物的能力、居民来源、生活习惯、经济与心理承担能力等各不相同。社区和居民，包括企事业单位，逐步养成"减量、循环、自觉、自治"的行为规范，创新垃圾分类处理模式，成为垃圾减量、分类、回收和利用的主力军。制定单位和居民垃圾排放量标准，低于这一排放量标准的给予补贴；超过这一排放量标准的则予以惩罚。减排越多补贴越多，超排越多惩罚越重，以此提高单位和居民实行源头减量和排放控制的积极性。在居民还没有自愿和自觉行动而居（村）委会和政府的资源又不足时，推动分类排放需要物业管理公司和其他企业介入。但是，仅仅承接分类排放难以获利，企业不可能介入，而推行捆绑服务就能解决这个问题。将推动分类排放服务与垃圾收运、干湿垃圾处理业务捆绑，可促进垃圾分类资本化，保障企业的合理盈利。

垃圾分类回收中的分而用之实为关键，因地制宜提供方便，自觉自治行为规范。垃圾分类是垃圾终端处理设施运转的基础，实施生活垃圾分类，可以有效改善城乡环境，促进资源回收利用。应在生活垃圾科学合理分类的基础上，对应开展生活垃圾分类配套体系建设，根据分类品种建立与垃圾分类相配套的收运体系、建立与再生资源利用相协调的回收体系、完善与垃圾分类相衔接的终端处理设施，以确保分类收运、回收、利用和处理设施相互衔接。只有做好垃圾分类，垃圾回收及处理等配套系统才能更高效地运转。垃圾分类处理关系到资源节约型、环境友好型社会的建设，有利于我国新型城镇化质量和生态文明建设水平的进一步提高。

二、垃圾分类处理的优点

（1）减少占地。垃圾分类，去掉能回收的、不易降解的物质，减少垃圾数量达50%以上。

（2）减少环境污染。废弃的电池等含有金属汞等有毒物质，会对人类产生严重的威胁，废塑料进入土壤，会导致农作物减产，因此，回收利用可以减少这些危害。

（3）变废为宝。1吨废塑料可回炼600千克无铅汽油和柴油。回收1 500吨废纸，可避免砍伐用于生产1 200吨纸的林木。因此，垃圾回收既环保又节约资源。

三、垃圾的具体分类

垃圾分为可回收垃圾、厨余垃圾、有害垃圾及其他垃圾四大类。

（一）可回收垃圾

可回收物主要包括废纸、塑料、玻璃、金属、厨余垃圾和布料五大类（图7-1）。

（1）废纸：主要包括报纸、期刊、图书、各种包装纸等。但是，要注意纸巾和厕所纸由于水溶性太强不可回收。

图7-1　可回收物品的类别

（2）塑料：各种塑料袋、塑料泡沫、塑料包装（快递包装纸是其他垃圾/干垃圾）一次性塑料餐盒餐具、硬塑料、塑料牙刷、塑料杯子、矿泉水瓶等。

（3）玻璃：主要包括各种玻璃瓶、碎玻璃片、暖瓶等（镜子是其他垃圾/干垃圾）。

（4）金属物：主要包括易拉罐、罐头盒等。

（5）布料：主要包括废弃衣服、桌布、洗脸巾、书包、鞋等。

这些垃圾通过综合处理回收利用，可以减少污染，节省资源。如每回收1吨废纸可造好纸850千克，节省木材300千克，比等量生产减少污染74%；每回收1吨塑料饮料瓶可获得0.7吨二级原料；每回收1吨废钢铁可炼好钢0.9吨，比用矿石冶炼节约成本47%，减少空气污染75%，减少97%的水污染和固体废物。

（二）厨余垃圾

厨余垃圾是指居民日常生活及食品加工、饮食服务、单位供餐等活动中产生的垃圾，包括丢弃不用的菜叶、剩菜、剩饭、果皮、蛋壳、茶渣、骨头等，其主要来源为家庭厨房、餐厅、饭店、食堂、市场及其他与食品加工有关的行业。经生物技术就地处理堆肥，每吨可生产06～0.7吨有机肥料。

（三）有害垃圾

有害垃圾是指生活垃圾中对人体健康或自然环境造成直接或潜在危害的物质，必须单独收集、运输、存贮，由环保部门认可的专业机构进行特殊安全处理。常见的有害垃圾包括废灯管、废油漆、杀虫剂、废弃化妆品、过期药品、废电池、废灯泡、废水银温度计等。有害垃圾需按照特殊正确的方法安全处理。

（四）其他垃圾

其他垃圾包括除上述几类垃圾之外的砖瓦陶瓷、渣土、卫生间废纸、纸巾等难以回收的废弃物及尘土、食品袋（盒）。采取卫生填埋可有效减少对地下水、地表水、土壤及空气的污染。

生活中，要区分垃圾种类，详细进行垃圾分类。大棒骨因为"难腐蚀"被列入"其他垃圾"。玉米核、坚果壳、果核、鸡骨等则是餐厨垃圾。卫生纸：厕纸、卫生纸遇水即溶，不算可回收的"纸张"，类似的还有烟盒等。餐厨垃圾装袋：常用的塑料袋，即使是可以降解的也远比餐厨垃圾更难腐蚀。此外，塑料袋本身是可回收垃圾。正确做法应该是将餐厨垃圾倒入垃圾桶，塑料袋另扔进"可回收垃圾"桶。果壳：在垃圾分类中，"果壳瓜皮"的标识就是花生壳，的确属于厨余垃圾。家里用剩的废弃食用油，也归类在"厨余垃圾"。尘土：在垃圾分类中，尘土属于"其他垃圾"，但残枝落叶属于"厨余垃圾"，包括家里开败的鲜花等。

四、解决方法

（1）依靠社区消费者。面对此现状，首先一定要尽快规范拾荒者的经营行为，加强引导和管理，在使其减少对社会不良影响的前提下，实现从无序到有序的经营企业的转变，充分发挥垃圾分类回收利用的作用。更重要的是，必须建立更加超前的消费者分类回收体系。目前，社区中大量投放的智能垃圾分类回收箱具有积分奖励的功能，为帮助大众建立垃圾分类的意识起到重要的作用（图7-2）。

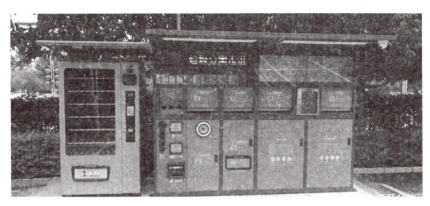

图7-2 智能垃圾分类回收箱

（2）树立垃圾分类的观念。广泛开展垃圾分类的宣传、教育和倡导工作，使消费者树立垃圾分类的环保意识，阐明垃圾对社会生活造成的严重危害，宣传垃圾分类的重要意义，呼吁消费者积极参与垃圾分类。同时，教会消费者垃圾分类的知识，使消费者的垃圾分类行为逐渐成为自觉和习惯性行为。

（3）改造或增设垃圾分类回收的设施。可将一个垃圾桶分隔成几个隔段或建立几个独立的分类垃圾桶。垃圾分类应逐步细化。垃圾分类搞得越细越精，越有利于回收利用。可以用不同颜色的垃圾桶分别回收玻璃、纸、塑料和金属类包装垃圾、植物垃圾、生活垃圾、电池灯泡等特殊的垃圾（图7-3）。垃圾桶上必须注明回收的类别和简要使用说明，指导消费者使用。垃圾桶也可以成为企业广告的载体，企业可以承担制作费用。社区回收站可由社区物业或居委会负责管理，建立现代社区的垃圾经营和回收服务功能，使垃圾回收成为其创收的途径，贴补消费者卫生保洁费用的不足。政府可实行减免经营税的倾斜政策，来调动社区的管理积极性。新建小区更是要合理规划垃圾回收站，逐渐成为审批和验收的必备条件，强化新型社区的综合功能。

（4）改善垃圾储运形式。对一些体积大的垃圾，应该压缩后进行储运。尤其应注意的是，要对环卫局的垃圾回收车进行分隔式的改造，分类装载垃圾。充分发挥原有垃圾回收渠道的作用，将可再生利用的垃圾转卖到企业。另外，建立垃圾下游产业的专门回收队伍，由厂家直接回收，实现多渠道回收，引入价格和服务的竞争机制，以此提高他们的服务质量和垃圾的回收率。

（5）社区或物业管理部门定期对新来户上门指导或发宣传册，让居民都知道如何垃圾分类。有条件的地方，还要定期播放学习国外环保收集垃圾的视频，提高本地区居民的素质，养成爱护环境就是爱护自己的习惯。

图7-3　垃圾四分类示意

五、操作流程

在家中或单位等地产生垃圾时，应将垃圾按本地区的要求做到分类贮存或投放，并注意做到以下几点。

（1）收集垃圾时，应做到密闭收集，分类收集，防止二次污染环境，收集后应及时清理作业现场，清洁收集容器和分类垃圾桶。非垃圾压缩车直接收集的方式，应在垃圾收集容器中内置垃圾袋，通过保洁员密闭收集。

（2）投放前纸类应尽量叠放整齐，避免揉团；瓶罐类物品应尽可能将容器内产品用尽后，清理干净后投放；厨余垃圾应做到袋装、密闭投放。

（3）投放时应按垃圾分类标志的提示，分别投放到指定的地点和容器中。玻璃类物品应小心轻放，以免破损。

（4）投放后应注意盖好垃圾桶盖，以免垃圾污染周围环境，滋生蚊蝇。

六、制度原则的制定

垃圾分类必须始于制度设计。具体分析，要重点设计以下几个方面的制度。

（1）要理顺垃圾分类工作的环节及相互关系，做到分工细致、流程简化、条理缜密、管理有序。垃圾分类是按一定标准将垃圾分类储存、分类投放和分类驳运，从而转变成公共资源的一系列活动的总称，必须协调推进分类储存、分类投放和分类驳运环节，而且，还必须同时推进分类收运环节和分类处理环节。这些环节的主体、作业内容及要求各不相同，应区别对待、理顺相互间关系，尤其要理顺主体之间的关系。分类储存和分类投放的主体是公众，分类驳运的主体是区域管理者，分类收运和分类处理的主体是企业，制度设计应保证这些主体之间形成相互促进、相互监督关系。

（2）要把垃圾分类纳入社区自治内容，明确主体职责，充分调动公众和管理者的主动性和积极性。公众，包括居（村）民、企事业单位、集团单位，是垃圾分类的行为主体，在享有排放权利的同时，应承担源头减量、分类储存、分类投放等责任与义务，履行源头减量与排放控制的监督义务，逐步形成自觉、自愿、主动与合适排放垃圾的生产生活习惯。区域管理者是分类驳运的主体，也是区域垃圾分类责任人。垃圾分类应坚持谁管理谁负责的责任人制度，有物业管理服务的区域，垃圾分类由物业管理服务企业负责，没有物业管理服务的由经营管理者负责，没有经营管理者的公共场所由其行政主管部门负责。垃圾分类责任人应负责组织、管理所在区域的垃圾分类，包括建立垃圾分类运行管理制度，设立指导管理工作专责岗位，制定垃圾分类方案，设置分类排放容器（堆点），负责分类驳运，指导、引导、规范与监督分类投放，计量管理分类垃圾和负责排放费管理。

（3）应坚持先易后难、循序渐进的原则，制定切实可行的垃圾分类实施方案和执法监督计划。垃圾分类启动之初可考虑只将餐厨垃圾、大件垃圾和有害垃圾与其他生活垃圾分开，而且，宜先在管理正规且便于管理的集团单位、农贸市场、商场、校园、酒店宾馆、物业小区等单位（小区）开展垃圾分类，保证分类垃圾得到分类处理，并通过分类处理体系建设促进垃圾分类长效化。重视垃圾分类示范单位（小区）的建设工作，发挥榜样的示范效应，稳步推进垃圾分类区域由小到大、内容由简到繁和标准由粗到细。

（4）通过强化垃圾的物质利用促进垃圾分类。

①利用现有工业产能强化资源回收利用。

②加速建设厨余垃圾资源化处理设施，加强厨余垃圾等易腐有机垃圾的分类处理。

③创新体制和商业模式，重视利益的驱动作用，优化资源配置，融合垃圾资源化处理和产品生产，完善垃圾物质利用的财政补贴机制，理顺物质利用流程及产业链，完善市场准入退出机制，促进垃圾收运、回收、物质利用多元化和市场化，切实加强垃圾的物质利用，并借此促进垃圾分类。

（5）合理利用经济激励手段，树立垃圾排放成本意识。奖励垃圾减量、分类投放和回收利用，惩罚混合排放，严惩偷排偷运。建立健全生活垃圾排放费征收机制，鼓励根据垃圾的污染性、资源性、社会性及其处理成本制定垃圾排放费标准，条件成熟时实施垃圾排放费按类从量计费，激励公众自觉自愿地开展垃圾源头减量与分类。

（6）应加强垃圾分类及分类处理监管。坚持公开、公平、公正原则，采取行政监管、第三方专业监管和行业协会、人大、政协、新闻媒体、公众监管等形式，通过督察、检查、抽查、巡查和审核审计等方法，从实体和程序两方面对进入垃圾处理行业的事业体和事件进行规范监督。加强垃圾排放总量、排放方法、收费等监管。加强企业准入和退出监管。加强处理设施建

设营运及处理成本监管。加强垃圾污染及垃圾处理二次污染监管。加强规章制度及规划制定、执行与修订监管。严惩偷排偷运、违法经营、浪费资源、破坏环境、失职渎职等行为和事件。

七、垃圾分类倡议书

广大的市民朋友们：

随着我们生活质量的日益提升，城市产生的生活垃圾也越来越多，成分也越来越复杂。生活垃圾正以惊人的速度侵蚀着我们美丽的家园。开展生活垃圾分类，倡导资源循环利用，既是缓解我市环境资源压力、改善人居环境的要求，也是发展循环经济、助推美丽城市建设、绿色发展的需要。为此，特向全市人民发出以下倡议：从我做起，争当垃圾分类参与者。牢固树立公民意识、公共意识和责任意识，从自我做起、从点滴做起，在公共场所将垃圾准确投放至分类垃圾箱。在家里将生活垃圾按可回收、有害、厨余、其他垃圾进行分类，并准确投放至小区公共生活垃圾投放点，让生活垃圾分类成为一种生活习惯。

从我做起，争当垃圾分类宣传者。在日常生活中，我们不仅要自己做好生活垃圾分类，同时要当好监督员，主动分享生活垃圾分类技巧，通过践行绿色的生活方式带动身边的家人、邻居、朋友共同参与生活垃圾分类，纠正不规范投放行为，争当垃圾分类践行者、宣传者和推动者，让更多的人行动起来，培养垃圾分类的好习惯。从我做起，争当美丽城市建设者。发扬"城市是我家，建设靠大家"的主人翁精神，积极传播生态文明思想和理念，树立生态文明价值观，让绿色、低碳、公益成为我们的时尚追求，让垃圾分类成为我们的生活习惯，以实实在在的行动支持城市的发展，争当美丽城市的建设者。

美丽的城市是我们共同的家园，舒适的环境需要大家共同创造。让我们行动起来，齐出一份力、同尽一份心、共担一份责，从身边做起、从点滴做起，从源头实现生活垃圾减量，养成主动分类、自觉投放的行为习惯，"垃圾分一分，环境美十分"。

八、劳动成果

请学生从实际出发，制作一份垃圾分类手册。

九、劳动评分

垃圾分类任务评分表	
劳动时间	_____年_____月_____日
劳动人员	
准备工作	1. 学习垃圾分类相关知识，掌握垃圾分类的由来、意义等内容； 2. 学习垃圾分类的具体要求； 3. 观察你身边的垃圾分类活动，拍下正确做法、错误做法

续表

任务得分标准		
内容	分值	评分
垃圾分类 PPT 制作精美、色彩鲜艳	15	
手册制作内容准确，包含垃圾分类的历史、发展、意义等知识点	40	
拍摄自己践行垃圾分类的照片（3 张）	30	
拍摄效果好，能够露出人脸、表情大方、自然	15	
总分		

单元二　农耕——农事劳作

学习目标

【知识目标】

了解中国农业对世界的影响；掌握中国四部经典农事古书；掌握五谷的内容；理解中华农耕文化中包含的人生智慧。

【能力目标】

通过实践，对人与自然、动植物与自然的关系建立敏锐的、深刻的认知。

【素质目标】

鉴古知今，学史明智。从中国农业文化中汲取民族自信心。

人类悠长的文明史河波澜起伏、瑰丽壮阔。虽然很多地方都一度燃起过绚烂的古文明的火炬，但唯有中华文明，起源既早、成就也大。虽有跌宕，却未曾中断，长明不灭。且在世界历史中，长期占据着重要的地位。一种文明的早期很长一段时间是农业文明，我们中华民族有非常悠久的辉煌历史，这段历史中有相当长的一个阶段也是农耕文明历史。所以在建设社会主义强国的进程中，要做强农业、建设农业农村现代化。我们有必要了解中华历史的发展进程中农耕文明的形成、发展及对当代中国社会产生的影响，以及对世界文明产生的巨大影响。习近平总书记在党的二十大报告中指出："从现在起，中国共产党的中心任务就是团结带领全国各族人民全面建成社会主义现代化强国、实现第二个百年奋斗目标，以中国式现代化全面推进中华民族伟大复兴。"为什么叫"复兴"？就是中国在延绵几千年的发展史上，一直是非常强大的、有着辉煌发展历史的一个民族。这个发展史跟我们文化的强大、文化的源远流长有着十分密切的关系，所以，今天我们回过头来谈中华的文明，中华的农耕文明，对整体理解民族的发展、民族的形成、民族的建设都具有十分重大的现实意义。

英国经济学家安格斯·麦迪森认为，在公元1世纪，中国的汉朝和欧洲的罗马帝国处于同一发展水平，人均收入水平基本一致。此后很长一段时期，我国远远领先于世界其他国家。直到1820年，中国仍是世界上最大的经济体，国内生产总值仍占世界份额的32.9%，这个比重在749年和1083年超过了50%。麦迪森认为，即使到1890年，农业也占中国经济的68%以上。农业是一个国家非常重要的组成部分，从事农业的劳动力占全部劳动力的4/5。所以，农业是一个最大的就业部门。而且，80%的耕地是用来种粮食的。粮食经济一项就占到经济总量的60%。100多年前，在中国，农业依然是整个经济的主体。20世纪初，有一位美国学者富兰克林·金到日本、中国和朝鲜三个国家进行考察。考查结束以后写了一本《四千年前农夫》。在书中，他发出一个非常惊叹的疑问。他说，我们渴望了解，经过两千年或三千年甚或也许四千年之久的今天，怎么使得土壤生产足够的粮食来养活这三个国家稠密的人口？因为像这三个国家，人口密度非常高。为什么在这么高密度的人口国家，就这样一点点土地，能够养活这么多人。现在中国的人口13亿，我们的耕地是19亿亩，我们的人均耕地面积只有不到"一亩三分地"。但是我们还要实现现代化。所以我们怎么能够做到这样一个伟大的创举？其实呢，我们再回顾一下中华农业五千年的历史，就可以理解为什么我们可以做到这样一个伟大的传奇。一直到1995年依然有一些外国学者曾经预言"谁来养活中国？"但是对这样一个命题，中国的发展历史证明了：中国人民有能力、有足够的智慧，可以在这片耕地上养活中国人，还能够养活得非常好，非常健康。

一、认识五谷

生活中，经常提到"五谷杂粮"，五谷文化举足轻重，可谓人类文明之起源。据权威资料显示，人类在来自数十万年前的石器上观察到高粱的痕迹，说明五谷孕育了人类数十万年。人类将野生杂草培育成五谷杂粮，这不能不说是人类史上的一个壮举，五谷孕育了人类文明，同时告诉世人，人类与五谷的不解情缘。今天来认识一下五谷。

五谷是指五种谷物。对于五谷，古代有多种不同说法，最主要的有两种：一种是指稻、黍、稷、麦、菽；另一种是指麻、黍、稷、麦、菽。两者的区别：前者有稻无麻，后者有麻无稻。古代经济文化中心在黄河流域，稻的主要产地在南方，而北方种稻有限，所以五谷中最初无稻。两种不同的说法产生于不同的时期。

（一）介绍五谷

1. 稻

稻（俗称水稻、大米）（图7-4）。大米又名粳米，味甘性平，具有补中益气、健脾和胃、除烦解渴的功效。冬天室内暖气较热，空气干燥，早晚喝点大米粥，可以远离口干舌燥的困扰。特别需要提醒糖尿病患者的是，大米烹调方法不同，对血糖的影响不同。研究表明，等量大米煮成的干饭比稀饭对血糖的影响更小。因此，糖尿病患者早餐进食干饭有利于控制血糖。

有的地方气候干旱，不利于水稻的种植，因此有将麻（俗称麻子）代替稻，作为五谷之一。麻（图7-5）主要是用来农作生产的，它的茎皮，经沤制可以做绳子（麻绳）、麻衣、麻纸等，很耐用。去皮后的茎，可以当柴烧，可以盖房子，有点木质的感觉，目前皮与杆可提炼纤维，用于做宣纸等各种高档纸。

2. 黍

黍（俗称黄米）（图7-6）。黍去壳，就是黄米，黄米煮熟后有黏性，可以酿酒、做糕。由于不利于消化，现在基本上不用黍作为主食了。

图7-4 水稻

图7-5 麻

3. 稷

稷（又称粟，俗称小米）（图7-7）。生长耐旱，品种繁多，俗称"粟有五彩"，有白、红、黄、黑、橙、紫颜色的小米，也有黏性小米。中国最早的酒也是用小米酿造的。粟适合在干旱的地区生长。其茎、叶较坚硬，可以作饲料，一般只有牛能消化。现在主食基本上不用稷了。

图7-6 黍

图7-7 稷

小米味甘性平，有健脾和胃的作用，适用于脾胃虚热，反胃呕吐，腹泻及产后、病后体虚者食用。小米熬粥时上面浮的一层细腻的黏稠物，俗称"米油"。中医认为，米油的营养极为丰富，滋补力很强，有"米油可代参汤"的说法。

4. 麦

麦（俗称小麦，制作面粉用）（图7-8）。小麦味甘，性平微寒，有健脾益肾、养心安神功效。心烦失眠者可用小麦与大米、大枣一起煮粥服食。此外，麦麸含高膳食纤维，对高脂蛋白血症、糖尿病、动脉粥样硬化、痔疮、老年性便秘、结肠癌都有防治作用。

5.菽

菽（俗称大豆）(图7-9)：豆类的总称，古语云："菽者稼最强。古谓之未，汉谓之豆，今字作菽。菽者，众豆之总名。然大豆曰菽，豆苗曰霍，小豆则曰荅。"豆类制品也是中国人喜欢的食物之一。

大豆性平味甘，有健脾益气的作用，脾胃虚弱者宜常吃。用大豆制成的各种豆制品如豆腐、豆浆等，也具有药性：豆腐可宽中益气、清热散血，尤其适宜痰热咳喘、伤风外感、咽喉肿痛者食用。

图7-8　麦　　　　　　　　　　　　　　　图7-9　大豆

（二）发展历程

五谷的概念形成之后虽然相沿了两千多年，但这几种粮食作物在全国的粮食供应中所处的地位却因时而异。

五谷中的粟、黍等作物，由于具有耐旱、耐瘠薄，生长期短等特性，因而在北方旱地原始栽培情况下占有特别重要的地位。至春秋、战国时期，菽所具有的"保岁易为"特征被人发现，菽也与粟一道成了当时人们不可缺少的粮食。与此同时，人们发现宿麦（冬麦）能利用晚秋和早春的生长季节进行种植，并能起到解决青黄不接的作用，加上这时发明了石圆磨，麦子的食用从粒食发展到面食，适口性大大提高，使麦子受到了人们普遍的重视，从而发展成为主要的粮食作物之一，并与粟相提并论。儒家经典《春秋》一书中说："它谷不书，至于禾麦不成则书之。"可见，圣人在五谷之中最重视麦与禾。西汉时期的农学家赵过和氾胜之等都曾致力于在关中地区推广种植小麦。

汉代关中人口的增加与麦作的发展有着密切的关系。直到唐宋以前，北方的人口都多于南方的人口。但唐宋以后，情况发生了变化。中国人口的增长主要集中于东南地区，这正是秦汉以来被称为"地广人稀"的楚越之地。宋代南方人口已超过北方，有人估计是6：4；此后至今一直是南方人口密度远大于北方。南方人口的增加是与水稻生产分不开的。水稻很适合雨量充沛的南方地区种植，但最初并不起眼，甚至被排除在五谷之外。然而却后来居上。

唐宋以后，水稻在全国粮食供应中的地位日益提高，据明代宋应星的估计，当时在粮食供应中，水稻占7/10，居绝对优势，大麦、小麦、黍、稷等粮作物，合在一起，只占

3/10 的比重，已退居次要地位，大豆和大麻已退出粮食作物的范畴，只作为蔬菜来使用了。但是在一些作物退出粮食作物的行列时，一些作物又加入了粮食作物的行列，明代末年，玉米、甘薯、马铃薯相继传入中国，并成为现代中国主要粮食作物的重要组成部分。

二、闪耀智慧的三大标志作物

中华农耕文明，历史辉煌，稻作产业、以丝绸为代表的产桑产业和作为当今世界最大的饮品——茶叶产业，都贡献给了世界。中国农业不仅为养活人口众多的中国做出了突出贡献，更为世界的发展贡献了众多的成果。其中，水稻、蚕桑、茶叶就是三大标志性成果，这三种农作物至今仍在改变着人们的生活。

唐代许浑在《晚自朝台津至韦隐居郊园》中这样描述水稻：村径绕山松叶暗，野门临水稻花香。

水稻是我们为世界农业做出的一个巨大的历史性的贡献。回顾农业的进程，原始农业是从采集野生果实作为食物的，所以那时还不是一个真正的农业的形态。农业形态出现的一个最大的标志，就是要把野生的植物驯化为可栽培的植物，这就出现了农业。由于人的定居，产生了村落，村落出现了栽培农作物的行为。水稻现在已成为全球性的一种主要粮食。"稻米之路"就是稻谷在中国起源驯化以后传遍世界。早在两千多年前，水稻就传入朝鲜、越南、日本，之后传入东南亚、欧洲、美洲等地。如今的水稻种植已经遍布全球，是世界上分布最广的作物之一，已成为全世界一半人口的主粮。考古学家在湖南道县玉蟾岩遗址中发现了 4 粒距今 10 000 年前的水稻实物。这是我国迄今为止发现的最早的古栽培稻实物，也是目前所知世界上最早的稻谷遗存。这些考古实物研究证明，中国人工驯化稻谷的历史又向前推到一万年的历史。良渚文化遗址列入世界文化遗产名录，在良渚出现了巨量的稻米的碳化谷物，再一次佐证了水稻这样一种作为古代农业文明的重大标志在中国有着非常坚定的考古学证据和历史证据。

明代刘凤这样描述：山寺茶名近更闻，采时珍重不盈斤。直输华露倾仙掌，浮沫春磁破白云。

据说中国人饮茶始于神农时代，至今约有 4 700 年历史了。中国茶文化源远流长、博大精深，中国古代茶文化是非常发达的。古代的茶叫"吃茶"，茶是一种高度文明的标志。商周时期，中国就在世界上最早开始栽种茶叶；唐朝时期，茶叶传入日本，如今茶叶传遍全球。目前，世界上有一半的人口喝茶，将饮茶作为一种生活习惯。英国贵族的下午茶，也是茶传入后才有的习俗。

《诗经·七月》中这样描述桑蚕文化：蚕月条桑，取彼斧斯，以伐远扬，猗彼女桑。七月鸣鵙，八月载绩。载玄载黄，我朱孔阳，为公子裳。

中国是世界上最早从事植桑、养蚕、缫丝、织绸的国家。蚕丝已成为中国古老文化的象征。考古发现，距今 7 000 年左右的河姆渡文化就有人利用野蚕丝编织丝织物。黄河中游在距今 5 000 年左右有了蚕桑生产。农业一方面是为我们人类提供食物，农业一个重要

的功能是提供了我们现代工业的原料。蚕和丝就是由原料变成工业的重要标志。因此，曾几何时，欧洲的王室把拥有的一块来自东方的丝绸作为一种奢侈品的时候，中华文明已经传遍了世界。国家主席习近平在2017年"一带一路"国际合作高峰论坛开幕式的发言中说道："古丝绸之路鉴证了陆上'使者相望于道，商旅不绝于途'的盛况，也见证了海上'舶交海中，不知其数'的繁华。在这条大动脉上，资金、技术、人员等生产要素自由流动，商品、资源、成果等实现共享。"两千多年来，丝绸之路的驼铃声声、马嘶相闻、舟楫相望，国家、民族、单一区域等社会组织打破了藩篱，互通有无、友好交往，书写了人类历史的辉煌篇章。如今汇聚着开放、包容、合作、共赢价值理念的"一带一路"，正在秉承着悠久的历史传统，正在成为影响世界的和平之路、繁荣之路、开放之路、创新之路和文明之路。

三、源远流长的农学思想

生于斯长于斯的中国先民们对生养我们的土地有着炽热的感情，中国农业的发展离不开他们的智慧。中国农业文明是世界三大农业文明的起源地之一，中国农业文明也对世界贡献了源远流长的农学思想。这方面的宝库十分丰富。中国农业大学教授王毓瑚编纂的《中国农学书录》中，收录了中国古代542本农书。这542本农书凝聚了中国农业发展历史上形成的重大的理论实践成果。中国图书馆编制的《中国古农书联合目录》里面收入643种古农书，其中300余种流传至今。中国古代农书是中国农业发展史上不可或缺的有机组成部分，展现的是中国农业的实践史和思想史。中国古代农书大体分为综合性农书和专业性农书两大类。前者如《齐民要术》《农桑辑要》《王祯农书》《农政全书》《授时通考》等。后者如《耒耜经》《茶经》《司牧安骥集》《烟草版谱》《木棉谱》《金薯传习录》等。现存最早的农业文献是成书于公元前239年的《吕氏春秋》中的《上农》《任地》《辩土》《审时》四篇。其中，公认的四大农书：一是《氾胜之书》，是西汉晚期的重要农学著作，一般认为是中国最早的一部农书；二是北魏贾思勰的《齐民要术》，是现存最早、最完整、最系统的农书；三是元代的《王祯农书》，是一部从全国范围内对整个农业进行系统研究的巨著；四是明朝徐光启的《农政全书》，是一部集古代农业之大成，并吸收了西方科技知识的农学专著。通过这四本标志性的农书就能够深刻地理解中华农耕文明的辉煌和它的源远流长。因为历时几千年，农业的不断发展，我们记载的农业理论也在不断升华和提高，这就是中华农耕文明非常直接的发展渊源的历史佐证。

四、天人相参的生产传统

中华农业文明是世界历史上最讲究精耕细作的农业文明。我们的祖先能够发明这么伟大的农业创举，就是农业技术劳动的创新。中国传统农业在发展中形成了泽被后世的优秀生产劳动传统。其核心精华可以概括为：天人相参，精耕细作，追求人与自然和谐的天地人"三才"理论，已成为中国传统农业的基本指导思想之一。习近平总书记提出生态文明思想，这种生态文明思想跟中华文明中天人合一的思想是在渊源上相关的。《吕氏春秋》中有："夫稼，为之者人也，生之者地也，养之者天也。"《荀子·天论》中说，"天有其时，地有其财，人有其治，夫是之谓能参。"要从事农业，人的因素是一个最基本、最重要的因素。任何农业生产离不开土地，没有了土地，也就谈不到农业，土地能产多少，和地力、肥力有着密切的关系。因此，"生之者，地也。养之者，天也"。农业生产离不开外部环境，特别是古代地域自然灾害的能力又十分有限，因此怎么充分利用好、顺应好自然条件来产生最大的农业收益就十分重要。这些都是《吕氏春秋》历史巨作中对农业科学的总结。传统农业讲究参天地之化育，着力提高农业的生产能力，形成了土宜论和土脉论的土壤生态观。三宜论：因地制宜、因时制宜、因物制宜；变土肥田地力观：利用物物相生相克原理，进行生物防治等。

有关集约化土地的利用，中国农业是世界历史上最讲究精耕细作的一个农业文明。例如，多熟种植，包括中国人发明的套种。玉米中套种豆科植物，两者都受益，两者都是高产。中华古人已经证明了，玉米地里不能套种小麦，但小麦地里和玉米地里套种豆科植物是非常成功的。这是通过实践发明的农业耕作方式。一直到了 20 世纪，科学家们才发现它的科学原理在于小麦和玉米都是禾本科植物，两个种在一起是相互竞争的关系，都不能获得高产。而搭配豆科植物，双方和谐共生、各取所需，能够实现共同的高产目标。所以中华农耕文明，是先民用智慧创造出的农业壮举，同时也是最原始的农业劳动技术的创新活动。

五、农耕文明孕育的文化精神

当我们回溯五千年的中华农耕文明的时候，不禁要为古人的智慧鼓掌，正是他们用一项项巧夺天工的创新，推动着中华民族的不断前行。农耕文明是中华民族生产活动的劳动实践总结，是中华民族五千年前文明优秀传统文化的集中体现。回望历史，农耕文明恰如一部气势磅礴的歌谣，不同历史时期的同胞或浅吟低唱或引吭高歌，回旋的都是对我们这片土地的炽热的爱，展现的都是始终如一的爱国情怀。当我们翻阅拥有无限智慧的古人书籍的时候，赫然发现中华民族前行的密码。中华的农耕文明，在促进农业的发展、带动社会进步的同时，它也在深刻地影响着中国的文化，一部中国文化亦是一部中国农耕文化的发展史。从古农书中可以看到，中国农耕文明里，蕴含着对社会、政治、经济产生的诸多深远影响的一些历史文化的精髓。比如，东汉班固推崇的"洪范八政，食为政首"的理论框架，体现的重农主义是崇尚农业、以粮为本的传统农业文明的精髓，是贯穿古代思想文化的重要内核。直到今天，新中国历代领导人都把农业确保粮食作为国家农业的重中之重，就是"食为政首"，体现了民为邦本的人本理念。要依靠人民，要为了人民，也要服务人民。天人合一是中华民族的基本精神，包含了人与自然的和谐相处、生态平衡、环境保护与适度发展的有机结合，构成了当今社会可持续发展的核心思想。天人合一既是一种农耕文明也是一种社会政治治理思想的集中体现。我们有着自强不息的民族精神；有着注

重系统的整体思维；有重义轻利的群体本位。中华文化都是把个人利益放在民族国家利益之后，因此，我们民族有先天下之忧而忧，后天下之乐而乐的民族伟大精神。这种精神是中华民族几千年延绵不断发展的一个历史脉络。中国人很早就有御欲商俭的节用观点，耕读传家的伦理家风在农事劳作中实践节俭，理论与实践相结合。这些精神，都是中华文化的有机组成，也是中华农耕文明为中华文明注入的新鲜血液。

习近平总书记指出："历史是一面镜子，鉴古知今，学史明智。"重视历史、研究历史、借鉴历史是中华民族五千年文明史的一个优良传统。当代中国是中国历史的延续和发展。新时代坚持和发展中国特色社会主义，更加需要系统研究中国历史和文化，更加需要深刻把握人类发展历史规律，在对历史的深入思考中汲取智慧、走向未来。一个民族要不断前行，支撑它最重要的价值观就是它的历史和文化。"一带一路"的倡议，正逐步影响着全球。脱贫攻坚惠及了亿万同胞，必然有作物引进改良、有粮食安全观念，更有着精耕细作的制度，这样的中华农业的宝贵遗产依然在发挥作用。当今绿色发展深入人心，更是几千年来华夏儿女追求可持续发展、追求天地人和谐发展核心的体现。回望农耕文明五千年就是在寻找中华文明之魂，从历史中汲取智慧，走向未来。用古人的智慧、理念、制度指导当代大学生认知劳作，在劳动中成长、成熟，成为国家和未来的栋梁。

六、世代相传的农学智慧——二十四节气

（一）二十四节气的由来

一直以来，二十四节气在我国就有着指导传统农业生产和日常生活的重要作用，甚至在国际气象中，二十四节气更有"中国的第五大发明"之称。

二十四节气起源于黄河流域，是中国古代劳动人民长期经验的累积和智慧的结晶。远在春秋时代，就定出仲春、仲夏、仲秋、仲冬等节气。经过不断改进和完善，到了秦汉年间已完全确立二十四节气。公元前104年，由邓平等制定的《太初历》，正式把二十四节气订于历法。

（二）二十四节气的意义

二十四节气是中国人通过观察太阳周年运动，认知一年中时令、气候、物候等方面变化规律所形成的知识体系和社会实践，是中国先民在长期的农业生产中，根据天地运行及气候变化规律创造的时间制度。它不仅是中国人"天人合一"生态思想的体现，还浓缩着因时制宜、因地制宜、循环发展的生态智慧，成为中华民族传统文化的重要组成部分之一。

（三）二十四节气的内容

1. 春

（1）立春。立春雨水到，早起晚睡觉。要想庄稼好，一年四季早。

1）立春的气象、物候和农事特点。立是开始的意思，立春就是春季的开始，太阳位于黄经315°。立春是一个略带转折色彩的节气，虽说这种转折不是十分明显，但趋势是天气开始回暖，最严寒的时期基本过去，人们开始闻到早春的气息（图7-10）。

"一候东风解冻，二候蜇虫始振，三候鱼陟负冰。"说的是东风送暖，大地开始解冻。立春五日后，蜇居的虫类慢慢在洞中苏醒，再过五日，河里的冰开始溶化，鱼开始到水面上游动，此时水面上还有没完全溶解的碎冰片，如同被鱼负着一般浮在水面。

立春时节，农业生产仍要预防寒潮低温和雨雪天气的不利影响，做好防冻保苗的工作。小春作物长势加快，油菜抽薹和小麦拔节时耗水量增加，应该中耕松土，及时追施返青肥，促进作物生长。

图7-10　二十四节气——立春景象

2）立春民俗。

①迎春。在立春这一天，举行纪念活动的历史悠久，至少在3 000年前，就已经出现。祭祀的句芒也称芒神，是主管农事的春神。据文献记载，周朝迎接"立春"的仪式，大致如下：立春前三日，天子开始斋戒，到了立春日，亲率诸侯大夫，到东方八里之郊迎春，祈求丰收。

②鞭春牛。鞭春牛，又称鞭土牛，起源较早，后来一直保存下来，起源于先秦，盛行于唐、宋两代，尤其是宋仁宗颁布《土牛经》后使鞭土牛风俗传播更广，为民俗文化的重要内容。鞭春牛的意义，不限于送寒气、促春耕，也有一定的巫术意义。一般民间要把土牛打碎，人们争抢春牛土，谓之抢春，以抢得牛头为吉利。

③啃春。在我国各地农村总是把立春叫打春，而打春这天，乡人又有一个习俗，就是在立春时刻，无论大人、小孩都要啃吃几口萝卜，这种习俗称为啃春。

（2）雨水。在《二十四节气农事歌》中这样描述雨水：七九春雨贵如油，顶凌耙耢防墒流。多积肥料多打粮，精选良种夺丰收。

1）雨水的气象、物候和农事特点。雨水是二十四节气中的第二个节气，当太阳黄经达330°时，气温回升、冰雪融化、降水增多，故取名为雨水。

雨水：一候獭祭鱼；二候鸿雁来；三候草木萌动。此节气，水獭开始捕鱼了，将鱼摆在岸边，如同先祭后食的样子；五天过后，大雁开始从南方飞回北方；再过五天，在"润物细无声"的春雨中，草木随地中阳气的上腾而开始抽出嫩芽。从此，大地渐渐开始呈现出一派欣欣向荣的景象。

全国大部分地区严寒多雪之时已过，开始下雨，雨量渐渐增多，有利于越冬作物返青或生长，抓紧越冬作物田间管理，做好选种、春耕、施肥等春耕春播准备工作。对于以耕作为主的农民来说，他们所关心的是如何抓住"一年之计在于春"的关键季节，进行春

耕、春种、春管，实现"春种一粒粟，秋收万颗籽"的愿望。

2）雨水民俗。

①占稻色。"占稻色"就是通过爆炒糯谷米花来占卜当年稻获的丰歉，即预测稻谷的成色。成色足意味着产量高，成色不足则意味着产量低。而"成色"的好坏，就看爆出的糯米花多少。爆出的糯米花越多，则意味着年收成越好；而爆出来的糯米花少，则意味着是年收成不好，米价将贵。

②撞"拜寄"。"拜寄"这种在中国民间广泛流行的风俗，是借助、联合自然与社会力量共同促进儿女成长的直接体现。"拜寄"在中国北方也称"认干亲""打干亲"，南方多称为"认寄父""认寄母""拉干爹"等，其实也就是孩子认干爸干妈，往俗里说就是攀亲戚，按行为特征来说，它是一种民间的保育习俗。

（3）惊蛰。

1）惊蛰的气象、物候和农事特点。惊蛰是二十四节气中的第三个节气，太阳到达黄经345°时为"惊蛰"。惊蛰的意思是天气回暖，春雷始鸣，惊醒蛰伏于地下冬眠的昆虫。蛰是藏的意思。

一候桃始华；二候仓庚（黄莺）鸣；三候鹰化为鸠。惊蛰已是桃花红、李花白，黄莺鸣叫、燕飞来的时节，大部分地区都已进入了春耕。惊醒了蛰伏在泥土中冬眠的各种昆虫的时候，此时过冬的虫卵也要开始孵化，由此可见，惊蛰是反映自然物候现象的一个节气（图7-11）。

图7-11　二十四节气——惊蛰景象

"春雷响，万物长"，惊蛰时节气温回升，雨水增多。农民常把惊蛰时节视为春耕开始的日子。此时华北冬小麦开始返青生长，沿江江南小麦已经拔节，油菜也开始开花。

2）惊蛰民俗。

①祭白虎，保平安。从前，人们认为惊蛰这天，天上的雷声就是白虎的吼声，白虎会出来吃人。为保平安，要在惊蛰之日举行祭祀，求天神保佑，不让白虎出来害人。

②"打小人"驱赶霉运。惊蛰象征农历二月份的开始，会平地一声雷，唤醒所有冬眠中的蛇虫鼠蚁，家中的爬虫走蚁又会应声而起，四处觅食。所以，古时惊蛰当日，人们会手持清香、艾草，熏家中四角，以香味驱赶蛇、虫、蚊、鼠和霉味，久而久之，渐渐演变成不顺心者拍打对头人和驱赶霉运的习惯，亦即"打小人"的前身。

（4）春分。在《二十四节气农事歌》中这样描述春分：春分风多雨水少，土地解冻起春潮，稻田平整早翻晒，冬麦返青把水浇。

1）春分气象、物候和农事特点。春分是二十四节气中第四个节气，太阳到达黄经0°（春分点）时开始。这天昼夜长短平均，正当春季九十日之半，故称"春分"。

我国古代将春分分为三候："一候元鸟至；二候雷乃发声；三候始电。"便是说春分日后，燕子便从南方飞来了，下雨时天空便要打雷并发出闪电。

3月份，继惊蛰节气之后，又迎来了春分时节，是各种春种作物播种、种植的大忙季节，可谓"春分得意，农事繁忙"。但天气变化较大，注意春旱和"倒春寒"。

2）春分民俗。

①竖蛋。在每年的春分这一天，世界各地都会有数以千万计的人在做"竖蛋"试验。这一被称为"中国习俗"的玩意儿，何以成为"世界游戏"，目前尚难考证。不过其玩法的确简单易行且富有趣味：选择一个光滑匀称、刚生下四五天的新鲜鸡蛋，轻手轻脚地在桌子上把它竖起来。虽然失败者颇多，但成功者也不少。春分成了竖蛋游戏的最佳时光，故有"春分到，蛋儿俏"的说法。

②粘雀子嘴。春分这一天农民都按习俗放假，每家都要吃汤圆，而且还要煮好十多个或二三十个不用包心的汤圆，用细竹叉扦着置于室外田边地坎，名曰粘雀子嘴，免得雀子来破坏庄稼。

（5）清明。在《二十四节气农事歌》中这样描述清明：清明春始草青青，种瓜点豆好时辰，植树造林种甜菜，水稻育秧选好种。

1）清明气象、物候和农事特点。太阳到达黄经15°时为清明节气。在二十四个节气中，既是节气又是节日的只有清明。清明节的名称与此时天气物候的特点有关。到了清明节气，东亚大气环流已实现从冬到春的转变。西风带槽脊移动频繁，低层高低气压交替出现。

我国古代将清明分为三候，一候桐始华；二候田鼠化为鴽；三候虹始见。意思是在这个时节先是白桐花开放，接着喜阴的田鼠不见了，全回到了地下的洞中，然后是雨后的天空可以见到彩虹了。

"清明前后，种瓜种豆""清明谷雨两相连，浸种耕田莫迟疑""清明时节，麦长三节"，黄淮地区以南的小麦即将孕穗，油菜已经盛花，东北和西北地区小麦也进入拔节期。

2）清明民俗。

①荡秋千。秋千，意即揪着皮绳而迁移。它的历史很古老，最早称千秋，后为了避忌讳，改为秋千。古时的秋千多用树桠枝为架，再拴上彩带做成。后来逐步发展为用两根绳索加上踏板的秋千。打秋千不仅可以增进健康，而且可以培养勇敢精神，至今为人们特别是儿童所喜爱。

②踏青。踏青又称春游。古时叫探春、寻春等。清明时节，春回大地，自然界到处呈现一派生机勃勃的景象，正是郊游的大好时光。我国民间长期保持着清明踏青的习惯。

③放风筝。放风筝是清明时节人们所喜爱的活动。每逢清明时节，人们不仅白天放，夜间也放。夜里在风筝下或风稳拉线上挂上一串串彩色的小灯笼，像闪烁的明星，被称为"神灯"。过去，有的人把风筝放上蓝天后，便剪断牵线，任凭清风把它们送往天涯海角，据说这样能除病消灾，给自己带来好运。

（6）谷雨。在《二十四节气歌》中这样描述谷雨：谷雨雪断霜未断，杂粮播种莫迟延，家燕归来淌头水，苗圃枝接耕果园。

1）谷雨气象、物候和农事特点。谷雨是"雨生百谷"的意思，太阳到达黄经30°时为谷雨。

我国古代将谷雨分为三候："第一候萍始生；第二候鸣鸠拂其羽；第三候为戴任降于桑。"是说谷雨后降雨量增多，浮萍开始生长，接着布谷鸟便开始提醒人们播种了，然后是桑树上开始见到戴胜鸟。

谷雨时节，南方雨水较丰，每年第一场大雨一般出现在这段时间，对水稻栽插和玉米、棉花苗期生长有利。但是华南其余地区雨水较少，需要采取灌溉措施，以减轻干旱影响。

谷雨时节，气温偏高，阴雨频繁，会使三麦病虫害发生和流行，要根据天气变化，搞好病虫害防治。

2）谷雨民俗。南方有谷雨摘茶习俗，传说谷雨这天的茶喝了会清火、辟邪、明目等。所以谷雨这天不管是什么天气，人们都会去茶山摘一些新茶回来喝。

北方有谷雨食香椿习俗，谷雨前后是香椿上市的时节，这时的香椿醇香爽口，营养价值高，有"雨前香椿嫩如丝"之说。香椿具有提高机体免疫力，健胃、理气、止泻、润肤、抗菌、消炎、杀虫之功效。

谷雨前后也是牡丹花开的重要时段，因此，牡丹花也被称为"谷雨花"。"谷雨三朝看牡丹"，赏牡丹成为人们重要的娱乐活动。至今，山东菏泽、河南洛阳、四川彭州等地多于谷雨时节举行牡丹花会，供人们游乐聚会。

2.夏

（1）立夏。在《二十四节气歌》中这样描述立夏：立夏麦苗节节高，平田整地栽稻苗，中耕除草把墒保，温棚防风要管好。

1）立夏的气象、物候和农事。每年5月5日或6日，太阳到达黄经45°为"立夏"节气。这个节气在战国末年（公元前239年）就已经确立了，预示着季节的转换，为古时按农历划分四季之夏季开始的日子。全国大部分地区平均气温在18～20℃，正是"百般红紫斗芳菲"的仲春和暮春季节。

立夏：一候蝼蝈鸣；二候蚯蚓出；三候王瓜生，即这一节气中首先可听到蝲蝲蛄（蝼蛄）在田间的鸣叫声（一说是蛙声），接着大地上便可看到蚯蚓掘土，然后王瓜的蔓藤开始快速攀爬生长。

立夏时节，万物繁茂。古有："孟夏之日，天地始交，万物并秀。"这时夏收作物进入生长后期，冬小麦扬花灌浆，油菜接近成熟，夏收作物年景基本定局，故农谚有"立夏看夏"之说。

2）立夏民俗。

①称人。古诗云："立夏秤人轻重数，秤悬梁上笑喧闺。"立夏之日的"称人"习俗还流传于我国许多地区。人们在村口竖起一杆大秤，秤钩悬一筐，一般以家庭为单位举行，家中男女老少都要一一轮流过秤。以前没有磅秤，称人用的都是传统的大杆秤，使用时要用扁担穿过秤钮绳，由两人抬起来称分量。为了省力，多数人家称人时先把一条粗麻绳挂在横

梁、门楣等处，再将秤钮缚上。被称者多是双手抓住秤钩，身子弯曲悬空，待看秤花的喊出重量才双脚着地。如是老人小孩，则坐进长箩中称。司秤人一边称重，一边讲吉利话。

②吃立夏饭。每逢立夏前一天，儿童向邻家讨米一碗，称"兜夏夏米"。挖上点笋，"偷"点蚕豆，用点蒜苗。立夏日将兜得的米与食材在露天煮饭，饭上放青梅、樱桃等，分送日前给米的人家，每家一小碗。民间认为儿童吃后，可防中暑。

立夏饭里加有雷笋、豌豆、蚕豆、苋菜等佐料，含有"五谷丰登"的意思，立夏吃五色饭，还有一年到头身体健康的寓意。

（2）小满。小满小麦粒渐满，收割还需十多天，收前十天停浇水，防治麦芽和黄疸。

1）小满的气象、物候和农事特点。小满是二十四节气之一，夏季的第二个节气。太阳到达黄径60°时为小满。《月令七十二候集解》："四月中，小满者，物致于此小得盈满。"这时全国北方地区麦类等夏熟作物籽粒已开始饱满，但还没有成熟，约相当乳熟后期，所以称为小满。

我国古代将小满分为三候："一候苦菜秀；二候靡草死；三候麦秋至。"是说小满节气中，苦菜已经枝叶繁茂；而喜阴的一些枝条细软的草类在强烈的阳光下开始枯死；此时麦子开始成熟（图7-12）。

小满时节农事活动即将进入大忙季节，夏收作物已经或接近成熟，春播作物生长旺盛，秋收作物播种在即。各地需要做好春播作物的田间管理，同时注意防御大风和强降温天气对春播作物幼苗造成的危害。

图7-12　二十四节气——小满景象

2）小满民俗。

①吃捻捻转儿。捻捻转儿的做法是把麦地里灌满浆即将成熟的麦子先收上一畦半畦，再将收下的麦穗或烤熟或炒熟，想办法把麦粒搓出来。最关键的是把搓出的麦粒用石磨磨了，这样磨出来的就是绿莹莹像纸绳粗细的捻捻转儿了。

②食苦菜。春风吹，苦菜长，荒滩野地是粮仓。苦菜是中国人最早食用的野菜之一。

苦菜苦中带涩，涩中带甜，新鲜爽口，清凉嫩香，营养丰富，含有人体所需要的多种维生素、矿物质、胆碱、糖类等，具有清热、凉血和解毒的功能。

（3）芒种。芒种前后麦上场，男女老少昼夜忙，三麦不如一秋长，三秋不如一麦忙。

1）芒种的气象、物候和农事特点。芒种是麦类等有芒作物成熟的意思。芒种是二十四节气中的第九个节气。每年的6月5日左右，太阳到达黄经75°时为芒种。《月令七十二候集解》："五月节，谓有芒之种谷可稼种矣"。意指大麦、小麦等有芒作物种子已经成熟，抢收十分急迫。晚谷、黍、稷等夏播作物也正是播种最忙的季节，故又称"芒种"。

我国古代将芒种分为三候："一候螳螂生；二候鸥始鸣；三候反舌无声。"在这个节气中，螳螂在去年深秋产的卵因感受到阴气初生而破壳生出小螳螂；喜阴的伯劳鸟开始在枝头出现，并且感阴而鸣；与此相反，能够学习其他鸟鸣叫的反舌鸟，却因感应到了阴气的出现而停止了鸣叫。

芒种时节雨量充沛，气温显著升高，是小麦等有芒夏熟作物成熟和耕种的最忙季节。芒种至夏至这半个月是秋熟作物播种、移栽、苗期管理和全面进入夏收、夏种、夏管的"三夏"大忙高潮。

2）芒种民俗。

①安苗。每到芒种时节，种完水稻，为祈求秋天有个好收成，各地都要举行安苗祭祀活动。家家户户用新麦面蒸发包，把面捏成五谷六畜、瓜果蔬菜等形状，然后用蔬菜汁染上颜色，作为祭祀供品，祈求五谷丰登、村民平安。

②打泥巴仗。贵州东南部一带的侗族青年男女，每年芒种前后都要举办打泥巴仗节。当天，新婚夫妇由要好的男女青年陪同，集体插秧，边插秧边打闹，互扔泥巴。活动结束，检查战果，身上泥巴最多的就是最受欢迎的人。

（4）夏至。夏至时节天最长，南坡北洼农夫忙，玉米夏谷快播种，大豆再拖光长秧。

1）夏至的气象、物候和农事特点。夏至是二十四节气中最早被确定的一个节气。公元前7世纪，先人采用土圭测日影，就确定了夏至。每年的夏至从6月21日（或22日）开始，至7月7日（或8日）结束。夏至这天，太阳直射地面的位置到达一年的最北端，几乎直射北回归线（北纬23°26'），北半球的白昼达最长，且越往北昼越长。

我国古代将夏至分为三候："一候鹿角解"，夏至日阴气生而阳气始衰，所以阳性的鹿角便开始脱落；"二候蝉始鸣"，雄蝉都会鼓翼而鸣；"三候半夏生"，半夏是一种喜阴的药草，因在仲夏的沼泽地或水田中出生而得名。

夏至后进入伏天，北方气温高，光照足，雨水增多，农作物生长旺盛，杂草、害虫迅速滋长蔓延，需加强田间管理，高原牧区则开始了草肥畜旺的黄金季节。

2）夏至习俗。夏至日照最长，故中国绍兴有"嬉，要嬉夏至日"之俚语。旧时，人不分贫富，夏于日皆祭其祖，俗称"做夏至"。除常规供品外，特加一盘蒲丝饼。其时，夏收完毕，新麦上市，于是有吃面尝新的习俗，谚语说"冬至馄饨夏至面"，也带有尝新之意。

（5）小暑。小暑进入三伏天，龙口夺食抢时间，玉米中耕又培土，防雨防火莫等闲。

1）小暑的气象、物候和农事特点。太阳到达黄经105°时为小暑。《月令七十二候集解》："六月节。暑，热也，就热之中分为大小，月初为小，月中为大，今则热气犹小也。"暑，表示炎热的意思，古人认为小暑期间，还不是一年中最热的时候，故称为小暑。也有节气歌谣曰："小暑不算热，大暑三伏天。"指出一年中最热的时期已经到来，但还未达到极热的程度。

我国古代将小暑分为三候："一候温风至"，指四方均感受到温热的风，暑气吹至，热气逼人；"二候蟋蟀居宇"，指这时候蟋蟀开始自田野逐渐移入庭院；"三候鹰始鸷"，指幼鹰由老鹰带领，从鸟巢中飞出来，开始学习飞行搏杀猎食的技术。

小暑时节我国大部多忙于夏秋作物田间管理。棉花正值盛蕾期，夏玉米进入抽雄期。此时除要求充足的光热条件外，对水分的要求也很迫切。蔬菜生产注意排水防涝，畜禽养殖注意防暑降温。

2）小暑习俗。

①食新。过去民间有小暑"食新"习俗，即在小暑过后尝新米，农民将新割的稻谷碾成米后，做好饭供祀五谷大神和祖先，然后人人吃尝新酒等。据说"吃新"乃"吃辛"，是小暑节后第一个辛日。城市一般买少量新米与老米同煮，加上新上市的蔬菜等。所以，民间有"小暑吃黍、大暑吃谷"之说。

②小暑吃藕。民间有小暑吃藕的习俗，藕中含有大量的碳水化合物、钙、磷、铁、维生素、钾和膳食纤维比较多，具有清热、养血、去除烦躁等功效，适合夏天食用。鲜藕以小火煨烂，切片后加适量蜂蜜食用，有安神入睡之功效，可治血虚失眠。

（6）大暑。大暑处在中暑里，全年温高属该期，春夏作物追和榜，防治病虫抓良机。

1）大暑的气象、物候和农事特点。太阳到达黄经120°之时为"大暑"节气。"大暑"与"小暑"一样，都是反映夏季炎热程度的节令，"大暑"表示炎热至极。大暑至之后三十天称为三伏。"伏"有隐藏的意思，也就是说在大暑期间，人们要用隐蔽伏居的方法来避盛暑之热。

我国古代将大暑分为三候："一候腐草为萤"，指陆生的萤火虫产卵于枯草上；"二候土润溽暑"，指天气开始变得闷热，土地也很潮湿；"三候大雨时行"，指时常有大的雷雨出现。

"大暑"前后是一年中温度最高的时间，农作物生长也最快。早稻进入收获期，棉花进入花铃期，大豆正值开花结荚。大部分地区的旱、涝、风灾最为频繁，抢收抢种、抗旱排涝防台等任务很重。

2）大暑习俗。

①斗蟋蟀。大暑是乡村田野蟋蟀最多的季节，中国有些地区的人们茶余饭后有以斗蟋蟀为乐的风俗。

②鲁南地区"喝暑羊"。山东南部地区有在大暑到来这一天"喝暑羊"（即喝羊肉汤）的习俗。在枣庄市，不少市民大暑这天到当地的羊肉汤馆"喝暑羊"。

3. 秋

（1）立秋。时到立秋年过半，可能有涝也有旱。男女老少齐努力，战天斗地夺高产。

1）立秋的气象、物候和农事特点。太阳到达黄经135°时为立秋。立秋的"立"是开始的意思，"秋"是指庄稼成熟的时期。立秋表示暑去凉来，秋天开始之意。是一个反映季节的节气。立秋不仅预示着炎热的夏天即将过去，秋天即将来临。也表示草木开始结果孕子，收获季节到了（图7-13）。

古代分立秋为三候：一候凉风至；二候白露生；三候寒蝉鸣。意思是说立秋过后，刮风时人们会感觉到凉

图7-13　二十四节气——立秋景象

爽，此时的风已不同于暑天中的热风；接着，大地上早晨会有雾气产生；并且秋天感阴而鸣的寒蝉也开始鸣叫。

立秋前后我国大部气温仍较高，农作物生长旺盛，中稻开花结实，单晚圆秆，大豆结荚，玉米抽雄吐丝，棉花结铃，甘薯薯块迅速膨大，对水分要求都很迫切，此期受旱会给农作物造成难以补救的损失。

2）立秋习俗。

①摸秋。中秋节夜里，孩子们在月亮还未出来时，照例钻进附近的秋田里，摸一样东西回家。如果摸到葱，父母就认为这孩子长大后很聪明；如果摸到瓜果，父母就认为孩子将来不愁吃喝，事事顺利。人们视"摸秋"为游戏，不作偷盗行为论处。过了这一天，家长要约束孩子，不准到瓜田里拿人家的一枝一叶。商南县的居民在中秋节的晚上吃罢月饼后，让个子不高的小孩去摸高粱；没有男孩的人家去摸茄子；没有女孩的人家去摸辣子；小孩不聪明的人家去摸葱。

②贴秋膘。"贴秋膘"在北京、河北一带民间流行。这一天，普通百姓家吃炖肉，讲究一点的人家吃白切肉、红焖肉，以及肉馅饺子、炖鸡、炖鸭、红烧鱼等。

③秋社。秋社原是秋季祭祀土地神的日子，始于汉代，后世将秋社定在立秋后第五个戊日。此时收获已毕，官府与民间皆于此日祭神答谢。

（2）处暑。农时节令到处暑，早秋作物陆续熟。晚秋作物要管好，如水稻、玉米和豆薯。

1）立秋的气象、物候和农事特点。

①太阳到达黄经150°时是二十四节气的处暑。处暑是反映气温变化的一个节气。"处"含有躲藏、终止意思，"处暑"表示炎热暑天结束了。

②处暑第一候是"鹰乃祭鸟"，指小暑时学习猎捕的鹰已经可以捕得猎物；第二候是"天地始肃"，指天地肃杀之气渐起；第三候是"禾乃登"，指黍、稷、稻、粱（大粒的小米或高粱）等谷类到处暑已经成熟可以收成了。

③处暑是华南雨量分布由西多东少向东多西少转换的前期。因此，为了保证冬春农田用水，必须认真抓好这段时间的蓄水工作。高原地区处暑至秋分会出现连续阴雨水天气，对农牧业生产不利。

2）处暑习俗。

①祭祖。处暑节气前后的民俗多与祭祖及迎秋有关。处暑前后民间会有庆赞中元的民俗活动，俗称"作七月半"或"中元节"。旧时民间从七月初一起，就有开鬼门的仪式，直到月底关鬼门止，都会举行普度布施活动。

②放河灯。河灯也称"荷花灯"，一般是在底座上放灯盏或蜡烛，中元夜放在江河湖海之中，任其漂泛。放河灯是为了普度水中的落水鬼和其他孤魂野鬼。

（3）白露。白露满地红黄白，棉花地里人如海。早秋作物普遍收，割运打轧莫懈怠。

1）白露的气象、物候和农事特点。太阳到达黄经165°时，为"白露"节气。"白露"是反映自然界气温变化的节令。露是"白露"节气后特有的一种自然现象。节气至此，天气逐渐转凉，白昼阳光尚热，然而太阳一归山，气温便很快下降，至夜间空气中的水汽便遇冷凝结成细小的水滴，非常密集地附着在花草树木的绿色茎叶或花瓣上，呈白色，尤其是经早晨的太阳光照射，看上去更加晶莹剔透、洁白无瑕，煞是惹人喜爱，因而得"白露"美名。

白露一候鸿雁来；二候元鸟归；三候群鸟养羞。意思是说此节气鸿雁与燕子等候鸟南飞避寒，百鸟开始贮存干果粮食以备过冬。可见白露实际上是天气转凉的象征。

白露时节冷空气日趋活跃，常出现秋季低温天气，影响晚稻抽穗扬花，因此，要预防低温冷害和病虫害。"白露"正处夏、秋转折关头，气温日际变化大，暑气渐消，秋高气爽，玉露生凉，丹桂飘香。

2）白露习俗。

①白露茶。经过夏季的酷热，白露前后正是茶树生长的极好时期。白露茶既不像春茶那样鲜嫩、不经泡，也不像夏茶那样干涩味苦，而是有一种独特的甘醇清香味，尤受老茶客喜爱。

②吃番薯。民间认为白露吃番薯可使全年吃番薯丝和番薯丝饭后，不会发胃酸，故旧时农家在白露节以吃番薯为习。

（4）秋分。白露早，秋分迟，秋分种麦正当时，晚秋作物继续管，随熟随收不能迟。

1）秋分的气象、物候和农事特点。每年的9月23日前后，太阳到达黄经180°时，进入秋分节气。秋分与春分一样，都是古人最早确立的节气。按《春秋繁露·阴阳出入上下篇》云："秋分者，阴阳相伴也，故昼夜均而寒暑平。"秋分的意思有二：一是按我国古代以立春、立夏、立秋、立冬为四季开始划分四季，秋分日居于秋季90天之中，平分了秋季。二是此时一天24小时昼夜均分，各12小时。此日同春分日一样，阳光几乎直射赤道，此日后，阳光直射位置南移，北半球昼短夜长。

我国古代将秋分分为三候："一候雷始收声"，指秋分后阴气开始旺盛，所以不再打雷了；"二候蛰虫坯户"，"坯"字是细土的意思，由于天气变冷，众多小虫都已经穴藏起来了，还用细土封实孔洞以避免寒气侵；"三候水始涸"，指此时降雨量开始减少。

秋分时节，我国长江流域及北方的广大地区，均先后进入了秋季。秋分至寒露这半个月是秋熟作物灌浆和产量形成的最后关键时期，因此，要加强对农作物收获前的田间管理工作。

2）秋分习俗。

①祭月。秋分曾是传统的"祭月节"。如古有"春祭日，秋祭月"之说。现在的中秋节则是由传统的"祭月节"而来。据考证，最初"祭月节"是定在"秋分"这一天，不过由于这一天在农历八月里的日子每年不同，不一定都有圆月，而祭月无月则是大煞风景的。所以，后来就将"祭月节"由"秋分"调至中秋。

②竖蛋。与春分相同，秋分这一日也有"竖蛋"的习俗。

③送秋牛。秋分随之即到，其时便出现挨家送秋牛图的。其图是把二开红纸或黄纸印上全年农历节气，还要印上农夫耕田图样，名曰"秋牛图"。送图者都是些民间善言唱者，

主要说一些秋耕和吉祥不违农时的话，每到一家更是即景生情，见啥说啥，说得主人乐而给钱为止。言词虽随口而出，却句句有韵听。俗称"说秋"，说秋人便叫"秋官"。

（5）寒露。寒露时节天渐寒，农夫天天不停闲。小麦播种尚红火，晚稻收割抢时间。

1）寒露的气象、物候和农事特点。每年的10月8日前后（10月8日—9日），太阳移至黄经195°时为二十四节气中的寒露。"寒露"的意思是此时期的气温比"白露"时更低，地面的露水更冷，快要凝结成霜了。"寒露"节气则是天气转凉的象征，标志着天气由凉爽向寒冷过渡。

我国古代将寒露分为三候："一候鸿雁来宾"，指鸿雁排成一字或人字形的队列大举南迁；"二候雀入大水为蛤"，指海边突然出现很多蛤蜊，并且贝壳的条纹及颜色与雀鸟很相似；"三候菊有黄华"，指此时菊花已普遍开放。

寒露后，我国南方大部分地区气温继续下降，雨水减少，秋熟作物陆续成熟。寒露的到来意味着秋收秋种等农事需加紧进行，否则会影响到来年的丰收情况。由于地域不同，南北方农事各不相同。

2）寒露习俗。

①登高习俗。白露时节天气转凉，开始出现露水，到了寒露，则露水增多，且气温更低。此时我国有些地区会出现霜冻，北方已呈深秋景象，白云红叶，偶见早霜，重九登高节，更会吸引众多的游人。

②饮食习俗。寒露时节，应多食用芝麻、糯米、粳米、蜂蜜、乳制品等柔润食物，同时增加鸡、鸭、牛肉、猪肝、鱼、虾、大枣、山药等以增强体质；少食辛辣之品，如辣椒、生姜、葱、蒜类，因过食辛辣宜伤人体阴精。有条件可以煮一点百枣莲子银杏粥经常喝，经常吃些山药和马蹄也是不错的养生办法。

（6）霜降。霜降前后始降霜，有的地方播麦忙。早播小麦快查补，保证苗全齐又壮。

1）霜降的气象、物候和农事特点。太阳到达黄经210°时为二十四节气中的霜降。《月令七十二候集解》云："九月中，气肃而凝，露结为霜矣"。此时，中国黄河流域已出现白霜，千里沃野上，一片银色冰晶熠熠闪光，树叶枯黄，片片凋落。可见"霜降"表示天气逐渐变冷，露水凝结成霜。

我国古代将霜降分为三候："一候豺乃祭兽"，指豺狼开始捕获猎物；"二候草木黄落"，指大地上的树叶枯黄掉落；"三候蛰虫咸俯"，指蛰虫也全在洞中不动不食，垂下头来进入冬眠状态中。

"霜降"是重要的农作时期，是大秋作物完成收获的季节。北方霜降后即到了收获大白菜的时候。长江中下游及以南地区正值冬麦播种黄金季节，油菜一般已进入二叶期，南方开始大量收挖红苕。

2）霜降习俗。霜降时节，各地都有一些不同的风俗，就像大家都熟知的清明节扫墓、重阳登高、端午节吃粽子、中秋赏月等都是长久以来传承下来的节气民俗。关于霜降，百姓们自然也有自己的民趣民乐。

①吃柿子。在我国的一些地方，霜降时节要吃红柿子，在当地人看来，这样不但可以

御寒保暖，同时还能补筋骨，是非常不错的霜降食品。

②赏菊。霜降时节正是秋菊盛开的时候，我国很多地方在这时要举行菊花会，赏菊饮酒，以示对菊花的崇敬和爱戴。

4. 冬

（1）立冬。立冬地冻白天无，羊只牲圈要修固。冻水浇罢紧划锄，保墒增温苗舒服。

1）立冬的气象、物候和农事特点。立冬是冬季第一个节气，太阳位于黄经225°。由于此时地表夏半年贮存的热量还有一定的剩余，所以一般还不太冷。《月令七十二候集解》说："立，建始也"，又说："冬，终也，万物收藏也。"意思是说秋季作物全部收晒完毕，收藏入库，动物也已藏起来准备冬眠。因而，立冬不仅仅代表着冬天的来临（图7-14）。

图7-14　二十四节气——立冬景象

我国古代将立冬分为三候："一候水始冰"，指此时水已经能结成冰；"二候地始冻"，指土地也开始冻结；"三候雉入大水为蜃"，指野鸡一类的大鸟不多见了。

立冬前后，我国大部分地区降水显著减少。东北地区大地封冻，农林作物进入越冬期；江淮地区"三秋"已近尾声；江南正忙着抢种晚茬冬麦，抓紧移栽油菜；而华南是"立冬种麦正当时"的最佳时期。

2）立冬习俗。在立冬时节有补冬的习俗。立冬与立春、立夏、立秋合称四立，是古代社会中重要的节日。在农耕社会，劳动了一年，利用立冬这一天要休息，顺便犒赏一家人的辛苦。谚语"立冬补冬，补嘴空"就是最好的比喻。按照中国人的习惯，冬天是对身体"进补"的大好时节，俗称"补冬"。

（2）小雪。节到小雪天降雪，农夫此刻不能歇。继续浇灌冬小麦，地未封牢能耕掘。

1）小雪的气象、物候和农事特点。小雪，二十四节气之第二十节气，在公历11月22日，太阳到达黄经240°，表示开始降雪，雪量小，地面上无积雪。小雪节气由于天气寒冷，降水形式由雨变为雪，但此时"地寒未甚"，故雪量还不大，称为小雪。因此，小雪表示降雪的起始时间和程度，和雨水、谷雨等节气一样，都是直接反映降水的节气。

我国古代将小雪分为三候："一候虹藏不见"，指看不见雨虹了；"二候天气上升地气下降"，指天空阳气上升，地下阴气下降；"三候闭塞而成冬"，指天地不通，所以万物失去生机。因此，天地闭塞而转入严寒的冬天。

小雪节气，冰雪封地天气寒冷，但农事不能懈怠，大部地区农业进入冬季田间管理和农田基本建设阶段，也可利用冬闲时间大搞农副业生产，或进行农业技术的宣讲和培训。

2）小雪习俗。在农历十月有吃糍粑的习俗。糍粑是用糯米蒸熟捣烂后所制成的一种食品，是中国南方一些地区流行的美食。古时，糍粑是南方地区传统的节日祭品，最早是农民用来祭牛神的供品。有俗语"十月朝，糍粑禄禄烧"，就是指祭祀。

（3）大雪。大雪到来大雪飘，兆示来年年景好。麦子盖上三层被，来年枕着馒头睡。

1）大雪的气象、物候和农事特点。太阳黄经达255°时为二十四节气之一的大雪。大雪，顾名思义，雪量大。古人云："大者，盛也，至此而雪盛也"。到了这个时段，雪往往下得大、范围也广，故名大雪。这时我国大部分地区的最低温度都降到了0 ℃或以下。往往在强冷空气前沿冷暖空气交锋的地区，会降大雪，甚至暴雪。

我国古代将大雪分为三候："一候鹖鸥不鸣；二候虎始交；三候荔挺出。"这意思是说此时因天气寒冷，寒号鸟也不再鸣叫了；由于此时是阴气最盛时期，正所谓盛极而衰，阳气已有所萌动，所以老虎开始有求偶行为；"荔挺"为兰草的一种，也感到阳气的萌动而抽出新芽。

"瑞雪兆丰年"，大雪时节，北方田间管理已很少，积雪覆盖，为冬作物创造了良好的越冬环境。在江淮及以南地区，小麦、油菜仍在缓慢生长，要注意施肥，为安全越冬和来春生长打好基础。

2）大雪习俗。

①小雪腌菜，大雪腌肉。大雪节气一到，家家户户忙着腌制"咸货"。将盐加八角、桂皮、花椒、白糖等入锅炒熟，待炒过的花椒盐凉透后，涂抹在鱼、肉和光禽内外，反复揉搓，直到肉色由鲜转暗，表面有液体渗出时，再把肉连剩下的盐放进缸内，用石头压住，放在阴凉背光的地方，半月后取出，挂在朝阳的屋檐下晾晒干，以迎接新年。

②小雪封地，大雪封河。北方有"千里冰封，万里雪飘"的自然景观，南方也有"雪花飞舞，漫天银色"的迷人图画。到了大雪节气，河里的冰都冻住了，人们可以尽情地滑冰嬉戏。

（4）冬至。冬至一阳升，地下泉水动。开始数九天，天气日渐冷。

1）大雪的气象、物候和农事特点。每年的12月21日或22日太阳到达黄经270°（冬至点）时为冬至。冬至是农历二十四节气的第22个节气，冬至日太阳直射南回归线，北半球昼最短、夜最长。

中国古代将冬至分为三候："一候蚯蚓结；二候麋角解；三候水泉动。"传说蚯蚓是阴曲阳伸的生物，此时阳气虽已生长，但阴气仍然十分强盛，土中的蚯蚓仍然蜷缩着身体；麋与鹿同科，却阴阳不同，古人认为麋的角朝后生，所以为阴，而冬至一阳生，麋感阴气渐退而解角；因为阳气初生，所以此时山中的泉水可以流动并且温热。

冬至节气后，天气渐入严寒。在农业生产上，除继续进行防冻、积肥、深耕等工作外，还要注意人畜的安全过冬。

2）冬至民俗。冬至是我国农历中一个非常重要的节气，也是我国汉族一个传统节日，至今仍有不少地方有过冬至节的习俗。冬至俗称"冬节""长至节""亚岁"等。早在2 500多年前的春秋时代，我国已经用土圭观测太阳测定出冬至。

现在，一些地方还把冬至作为一个节日来过。北方地区有冬至宰羊，吃饺子、吃馄饨的习俗，南方地区在这一天则有吃冬至米团、冬至长线面的习惯。各个地区在冬至这一天还有祭天祭祖的习俗。

（5）小寒。小寒时处二三九，天寒地冻北风吼。窖坑栏舍要防寒，瓜菜薯窖严封口。

1）小寒的气象、物候和农事特点。小寒节气，二十四节气中的第 23 个节气。小寒时，太阳运行到黄经 285°。小寒之后，我国气候开始进入一年中最寒冷的时段。俗话说，冷气积久而寒。此时，天气寒冷，大冷还未到达极点，所以称为小寒。

小寒中的三候，其物候反映分别是："一候雁北乡；二候鹊始巢；三候雉始。"意思是说在候鸟中，一候，阳气已动，大雁开始向北迁移，但还不是迁移到我国的最北方，只是离开了南方最热的地方；二候，喜鹊此时感觉到阳气而开始筑巢；到了三候，野鸡也感到了阳气的滋长而鸣叫。

小寒时节，南方地区要注意小麦、油菜等作物追施冬肥，做好防寒防冻、积肥造肥和兴修水利等工作。寒冬季节应把握防御农林作物冻害的措施。

2）小寒民俗。古人对小寒颇重视，但随着时代变迁，现已渐渐淡化，如今人们只能从生活中寻找出点点痕迹。到了小寒，一般会煮菜饭吃，菜饭的内容并不相同，有用矮脚黄青菜与咸肉片、香肠片或是板鸭丁，再剁上一些生姜粒与糯米一起煮的，十分香鲜可口。

（6）大寒。欢欢喜喜过新年，莫忘护林看果园。春节前后闹嚷嚷，大棚瓜菜不能忘。

1）大寒的气象、物候和农事特点。大寒是二十四节气中最后一个节气，每年 1 月 20 日前后太阳到达黄经 300° 时为"大寒"。大寒是天气寒冷到极点的意思。这时寒潮南下频繁，是我国大部分地区一年中的寒冷时期，风大，低温，地面积雪不化，呈现出冰天雪地、天寒地冻的严寒景象。大寒是中国二十四节气最后一个节气，过了大寒，又迎来新一年的节气轮回。

大寒中的三候，其物候反映分别是："一候鸡乳；二候征鸟厉疾；三候水泽腹坚。"就是说到大寒节气便可以孵小鸡了；而鹰隼之类的征鸟，却正处于捕食能力极强的状态中，盘旋于空中到处寻找食物，以补充身体的能量抵御严寒；在一年的最后五天内，水域中的冰一直冻到水中央，且最结实、最厚。

大寒节气里，各地农活依旧很少。北方地区老百姓多忙于积肥堆肥，为开春做准备；或者加强牲畜的防寒防冻。南方地区则仍加强小麦及其他作物的田间管理。

2）大寒习俗。

①大寒迎年。按我国的风俗，特别是在农村，每到大寒节，人们便开始忙着除旧布新，腌制年肴，准备年货。在大寒至立春这段时间，有很多重要的民俗和节庆，如尾牙祭、祭灶等。只要大寒这个节气一到就是春节，为什么？因为下一个节气是立春，应该划分在另一个年头，但是立春往往出现两种情况，一种是在年前立春，一种是在年后立春，所以，一般都认为大寒是春节前的最后一个节气，大寒迎年要置办年货。

②吃八宝饭。八宝饭是汉族传统名点，流行于全国各地，江南尤盛。各地的配方大同小异，基本上是把糯米蒸熟，拌以糖、油、桂花，倒入装有红枣、薏米、莲子、桂圆等果料的器具内，蒸熟后再浇上糖卤汁即成。味道甜美，是节日和待客佳品。

七、劳动成果

（1）手绘一张清晰、色彩漂亮的二十四节气表格，并通过抽签的形式小组派代表上台进行演讲。

（2）种植一颗豆子，并观察其生长过程，形成生长日记，图文并茂，写下种植心得。

八、劳动评分

二十四节气任务评分表			
劳动时间	_____年_____月_____日		
劳动人员			
准备工作	1. 学习二十四节气内容，掌握二十四节气的由来、意义、农事、民俗活动等内容； 2. 手绘清晰、色彩漂亮的二十四节气表格，表格中应记录节气时间、农事、民俗活动等； 3. 利用腾讯会议录制二十四节气讲解视频（配 PPT）		
二十四节气任务得分标准			
内容		分值	评分
手绘表格色彩搭配合理		10	
二十四节气表格内容清晰，含有节气时间、农事、民俗活动等知识点		30	
讲解 PPT 制作精良，知识点准确		20	
讲解时，使用普通话，声音洪亮、语速平稳、生动、流畅、富有感染力，知识点突出		30	
视频录制效果好，能够露出人脸，表情大方、自然		10	
总分			

榜样篇

模块八
烹饪大师的珍馐典范故事

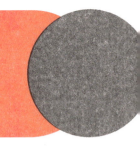

学习目标

【知识目标】

了解中华烹饪文化；掌握职业发展路径。

【能力目标】

结合行业楷模不怕吃苦、爱岗敬业、坚韧不拔的工匠精神，培养学生职业执行力。

【素质目标】

领略中华美食中的美与胸怀，培养民族自信心，激发学生学习榜样精神、工匠精神。

习近平总书记指出，要坚持实干兴邦，始终坚持和发展中国特色社会主义。只有在全社会牢固树立崇尚劳动、劳动光荣的"实干"精神，才能实现"兴邦"的伟大梦想。新时代中国特色社会主义劳动思想夯实了全民族"实干兴邦"的劳动实践观，鼓励以辛勤劳动、诚实劳动、创造性劳动成就伟大梦想。"人类是劳动创造的，社会是劳动创造的。"我们学习劳动教育课程的意义不仅在于理解劳动的真正内涵，更重要的是帮助同学们能够在未来顺利踏上职业劳动的道路。不仅能够成为行业中的佼佼者，同时自身能够从劳动中获得快乐和幸福，这样就最大限度地完成了劳动于我们每一个人的个人意义和社会意义。下面为各位同学介绍烹饪行业中爱岗敬业的典范，他们均出身平凡，却踏实勤劳，最终在努力中脱颖而出，其名字被篆刻在行业的里程碑中。希望同学们通过阅读，找到行业大师们的技艺特色，结合专业知识进行分析和消化。将自己的所感所想填入故事后的心得体会表中，记录成长过程中对劳动、对生活的感悟。

故事一：世界烹饪冠军将军级

烹饪文化大师李春祥

故事二：辽菜宗师王甫亭

故事三：徐子明的六十五载烹艺生涯

◆ 劳动故事心得

班级		姓名	
心得标题			
主人公专业杰出贡献			
所获成就的意义			
未来发展			
心得体会			

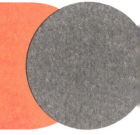

模块九
旅游人在青山绿水中的典范故事

学习目标

【知识目标】

掌握"绿水青山就是金山银山"理念的科学内涵与深远意义。

【能力目标】

在劳动中树立远大的人生观价值观，坚持走绿色和为底色的科学环保道路，做环保主义者。

【素质目标】

在社会中坚持埋头苦干、勇毅前行，在新的历史时期，贡献青春力量。

故事一：辽宁丹东——让绿水青山变成金山银山

故事二：深入践行"绿水青山就是金山银山"
理念　书写绿富同兴的贵州故事

故事三："绿水青山就是金山银山"
实践创新基地——江苏省徐州市贾汪区

❖劳动故事心得

班级			姓名	
心得标题				
主人公专业杰出贡献				
所获成就的意义				
未来发展				
心得标题				
心得体会				

模块十
设计师在浓墨重彩下的典范故事

学习目标

【知识目标】

了解汉服文化的历史渊源，掌握华夏服饰的文化内涵。

【能力目标】

能够结合行业楷模不怕吃苦、爱岗敬业、精益求精的工匠精神，培养学生的职业素养，在未来成为一名合格的劳动者。

【素质目标】

通过学习服装行业的典型人物，了解他们身上的故事，学习他们的榜样精神、工匠精神。

工匠精神是一种职业精神，它是职业道德、职业能力、职业品质的体现，是从业者的一种职业价值取向和行为表现。工匠精神是指从事某专业的人才在自己的领域范围对自身的技能和产品不断雕琢、精益求精的过程，它既是一种技能的臻于完善，更是在生产实践过程中凝聚而成的务实严谨、集中专注的可贵品质。

工作若只是熟练无误，则仅仅体现为"工"，而并未成"匠"。在《说文解字》中，"匠"乃木工也。从匚从斤。斤，所以作器也。疾亮切。 而在现代汉语中，匠多是对具有技艺灵巧、构思巧妙的人的敬称。工匠精神，并不是一朝一夕能成就，他需要一个人长时间专注于某个领域、某种职业或者某项发明、某种产品，而这个过程需要劳动者始终保持初心，锲而不舍，才能形成工匠精神。

故事一：汉服文化——我国服装文化的宝贵财富

242

故事二：始终坚守工匠精神，传承华夏服饰文明

故事三：一片"匠心"在汉服　河北工匠
耗时两年复制唐代"半臂"

故事四：精益求精剪裁国服华裳
——访全国劳动模范刘卫军

劳动任务

寻找本专业技能大师

1. 劳动目标

寻找本专业技能大师。

2. 劳动内容

深刻理解工匠精神，树立敬业、精益、专注、创新的工匠意识。以小组为单位，采取讨论法确定寻找本专业技能大师的方案，并落实寻找方案。

3. 劳动方法

本任务中涉及的劳动方法：

（1）收集信息资料。

（2）小组研讨。

（3）制定寻找方案。

（4）寻找技能大师。

（5）完成专业技能大师简介。

4.信息资料收集常用方法

（1）浏览器搜索。

（2）阅读相关书籍、报刊。

（3）观看或收听相应的频道。

（4）向相关人员进行咨询。

（5）购买专业机构的相关信息。

5.制定专业技能大师寻找方案

方案主要内容参考：寻找人物确定、寻找时间、寻找小组成员、寻找方式、寻找工作准备、寻找具体任务。

6.人物简介的方法

人物简介是简单介绍先进集体中的每个先进人物，或单个英雄、模范人物时，运用的一种应用文样式。目的在于激励先进，促使人们互相学习，互相鼓励，共同前进。人物简介的正文，通常包括被介绍人的姓名、性别、年龄、职业、突出贡献、获得的荣誉称号等。在介绍完人物的上述情况之后，必要时可以写一些歌颂、赞扬的话，对其贡献做出评价。举例如下。

××，男，汉族，××年出生，数控车工高级技师，××××年毕业于××学校，××××年进修取得学历。学生时期凭着出众的技能水平，经常在教学比武中获奖，××××年留校任教。××××年荣获××省数控技能大赛数控车工教师组一等奖；××××年获××省职业技能大赛数控车工教师组第一名，荣获"××省技术能手"荣誉称号，获"××省教学标兵"荣誉称号；××××年获××省百优工匠、五一劳动奖章，××××年被授予××市技能大师工作室领衔人。

7.劳动过程

（1）确定寻找小组。建议随机分组，可以采取学生循环报号法进行分组（如1到6循环报号，将全班分成6组）；也可以采用抽取扑克牌法进行随机分组（如所有抽到3的为1组）。

（2）收到任务，分析任务。教师下发寻找本专业技能大师的任务，各组接收任务后，确定具体任务、寻找方式、准备工作，完成劳动任务实施计划表。

（3）信息资料收集。应用信息搜集方法，确定本专业技能大师名单。

（4）小组研讨，完成寻找方案。

（5）落实方案，寻找技能大师相关资料。

（6）完成专业技能大师简介、劳动成果展示表。

（7）每个同学完成劳动心得体会。

❖ 劳动故事心得

班级			姓名		
心得标题					
主人公专业杰出贡献					
所获成就的意义					
未来发展					
心得体会					

模块十一
商业精英运筹帷幄的典范故事

 **学习目标**

【知识目标】

了解商业精英驰骋商场的故事，学习商业精英的商业道德、商业思想，以及开拓进取的精神。

【能力目标】

能够通过商业精英运筹帷幄的故事增长智慧、提升格局、开拓创新。

【素质目标】

培养学生的民族自尊心和民族自豪感，领悟"商之大者，为国为民"的商道真谛。

商业是以买卖方式使商品流通的经济活动，也指组织商品流通的国民经济部门。工商业是城市的主流和主导力量，先进发达的商业是现代城市经济发达的象征。商业兴起于先商时期的商国，形成初期是以物换物的方式进行的社会活动。后来发展成为以货币为媒介进行交换从而实现商品流通的经济活动。一个国家没有经济，就没有一切上层建筑。

故事一：任正非运筹帷幄，成就华为帝国

故事二：曹德旺的三种破局思维

故事三：俞敏洪——我命由我不由天

▶劳动故事心得

班级		姓名	
心得标题			
主人公专业杰出贡献			
所获成就的意义			
未来发展			
心得体会			

参 考 文 献

［1］卡尔·马克思，弗里德里希·恩格斯. 马克思恩格斯全集（第 44 卷）［M］. 中共中央马克思恩格斯列宁斯大林著作编译局，译. 北京：人民出版社，2001.

［2］卡尔·马克思. 资本论（第一卷）［M］. 北京：人民出版社，1975.

［3］习近平. 在庆祝"五一"国际劳动节暨表彰全国劳动模范和先进工作者大会上的讲话［N］. 人民日报，2015-04-29.

［4］中共中央国务院关于全面加强新时代大中小学劳动教育的意见［N］. 人民日报，2020-03-27.

［5］习近平. 坚持中国特色社会主义教育发展道路 培养德智体美劳全面发展的社会主义建设者和接班人［N］. 人民日报，2018-09-11.

［6］刘玉，王钰慧. 接地气，所以有朝气——东北大学推动"知行合一"让劳动精神落地生根［J］. 中国教育报，2020-05-11.

［7］曲霞，刘向兵. 新时代高校劳动教育的内涵辨析与体系构建［J］. 中国高教研究，2019（2）：73-77.

［8］鞠巧新，石超. 马克思劳动思想内涵新探——兼论对新时代劳动教育的指导意义［J］. 劳动教育评论，2020（3）：103-116.

［9］刘向兵. 劳动通论［M］. 2 版. 北京：高等教育出版社，2021.

［10］刘向兵，李珂. 论当代大学生劳动情怀的培养［J］. 教学与研究，2017（4）：83-89.

［11］王开淮. 劳动教育［M］. 北京：清华大学出版社，2021.

［12］刘国胜，柳波，袁炯. 大学生劳动教育［M］. 北京：人民邮电出版社，2021.

［13］潘维琴，王忠诚. 劳动教育与实践［M］. 北京：机械工业出版社，2021.

［14］潘维琴，王忠诚. 劳动教育与实践评价手册［M］. 北京：机械工业出版社，2021.

［15］何卫华，林峰. 大学生劳动教育理论与实践教程［M］. 厦门：厦门大学出版社，2019.

［16］徐国庆.劳动教育［M］.2版.北京：高等教育出版社，2021.

［17］李效东，陈臣，安娜，等.大学生劳动教育概论［M］.北京：清华大学出版社，2021.

［18］柳友荣.新时代大学生劳动教育［M］.北京：高等教育出版社，2021.

［19］班建武，曾妮.大学生劳动教育微课版［M］.北京：人民邮电出版社，2021.

［20］教育部职业技术教育中心.劳动教育读本高职版［M］.北京：高等教育出版社，2021.

［21］陈宇，高庆芳.劳动教育［M］.北京：人民邮电出版社，2022.

［22］范萍.劳动教育［M］.沈阳：辽宁教育出版社，2020.

［23］陈波.中国饮食文化［M］.2版.北京：电子工业出版社，2016.

［24］中共湖南省委党史研究室，湖南省中共党史人物研究会.二十世纪湖南人物［M］.长沙：湖南人民出版社，2001.

［25］中共中央党校出版社.习近平的七年知青岁月［M］.北京：中共中央党校出版社，2017.

［26］肖家鑫，许振超.干就干一流 争就争第一［N］.人民日报，2021-06-10.

［27］孟环.京东首批配送机器人上路［N］.北京晚报，2018-06-19.

［28］张丰.强制休息，困在系统里的外卖小哥终于可以喘口气了［N］.澎湃新闻，2021-12-02.

［29］史钟锋，董爱芹，张艳霞.新时代大学生劳动教育［M］.北京：清华大学出版社，2022.

［30］谢颜.大学生劳动教育［M］.北京：中国人民大学出版社，2022.

［31］任庆凤，陈静，徐春良.劳动教育［M］.北京：机械工业出版社，2021.

［32］赵鑫全，张勇.新时代大学生劳动教育［M］.北京：机械工业出版社，2021.

［33］王中华，张慧霞.乡村学校中层干部的职业倦怠及其化解［J］.继续教育研究，2022（9）：84-90.

［34］郭瞻予，房素兰.让快乐伴你成长——大学生心理健康教育读本［M］.沈阳：辽宁大学出版社，2012.

［35］中共中央　国务院《关于全面加强新时代大中小学劳动教育的意见》［S］.中华人民共和国教育部政府门户网站 https://www.gov.cn/zhengce/2020-03-26/content_5495977.htm.

［36］习近平：在教育文化卫生体育领域专家代表座谈会上的讲话［S］.央广网
　　　　http://baijiahao.baidu.com/s?id=1678551683841247708&wfr=spider&for=pc.

［37］吕罗伊莎，王调品，刘桦.劳动教育教程［M］.北京：北京师范大学出版社，
　　　　2021.

［38］聂峰，易志军.新时代劳动教育教程［M］.北京：电子工业出版社，2021.

［39］郭明义，巨晓林，高凤林.劳动教育箴言［M］.北京：中国工人出版社，2021.